U0347475

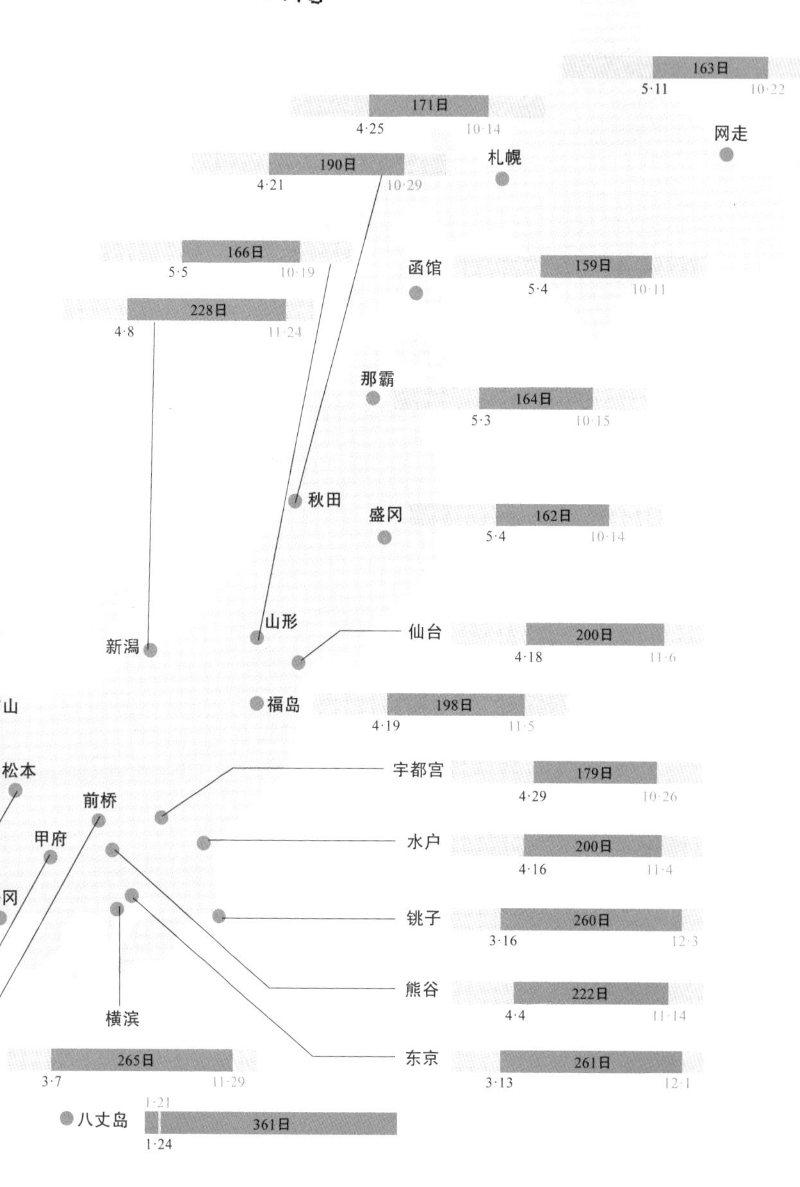
163日
5·11
10·22
171日
4·25
10·14
网走
札幌
190日
4·21
10·29
166日
5·5
10·19
函馆
159日
5·4
10·11
228日
4·8
11·24
那霸
164日
5·3
10·15
秋田
盛冈
162日
5·4
10·14
山形
仙台
200日
4·18
11·6
新潟
富山
福岛
198日
4·19
11·5
松本
宇都宫
179日
4·29
10·26
前桥
甲府
水户
200日
4·16
11·4
静冈
铫子
260日
3·16
12·3
熊谷
222日
4·4
11·14
横滨
265日
3·7
11·29
东京
261日
3·13
12·1
1·21
八丈岛
361日
1·24

后浪出版公司

园艺图鉴

[日]里内蓝 著 [日]藤枝通 佐野裕彦 岩立佳代美 绘
普磊 张艳辉 译

四川人民出版社

前言

积雪尚未完全融化的庭院内，雪滴花已经盛开。即使空气中的寒意没有散尽，土壤已感受到春天的气息，开始蠢蠢欲动。过不了几天，南面的河堤就会开出金光闪闪的黄色侧金盏花。秋天种上的球根推开头顶上的土壤，长出绿叶，光是想象就让人兴奋不已。观察庭院内每天的变化，乐趣无限。我所说的庭院并不仅限于自家房子，还包括平常散步看到的每一处自然风景。

先来试着种点什么，任何植物都行。或者，只是准备一个花盆，放在朝南的窗边。关键是与植物交流接触，种植失败几次也没有关系。植物必定给我们相应的反馈，还会带来意外的惊喜及快乐。

总想有意外收获的人、努力工作的人、需要培养耐力的人、善于思考的人、诗人，当然还有喜爱植物的人、喜爱昆虫及鸟类等动物的人，这些人都适合庭院种植。

庭院内充满各种趣味，包含了理科、数学、社会及美术等各学科的知识。通过挖坑翻土及工具的使用，还能让人增强体能。不依靠别人的指导，凭借自身努力体会到的乐趣和参与感，或许能够带来更多喜悦。体验越多，自己也会变得更加丰富多彩。

日本曾经是农业国，超过半数的人口从事农耕活动。那时候，人们生活的重点就是农业，就是想方设法使土壤更加肥沃，保障水源充足。现在，虽然农业人口在逐渐减少，仍然能够寻到懂得土壤、水的人进行交流。我们这些人彼此结伴，享受当下的庭院种植。

触摸土壤，培育植物，在与年龄无关的各种人交流的过程中锻炼自己，与拥有丰富经验的人成为朋友，这也是庭院种植的乐趣之一。

即便同样是每年春夏秋冬循环开花，庭院中的植物也会根据每年的气候而产生变化。看似循环往复，却能通过微妙差异的韵律让我们感动。人类社会之所以有诗歌、乐曲，或许就是从这种自然韵律中提炼而来。

一个人也行，和朋友一起也行，这也是庭院种植的乐趣之一。可以从食用蔬菜开始尝试，窗边的盆栽、花盆、路边等都能用作庭院种植，甚至是在空地上随便撒上种子。希望你能在本书中体会到庭院种植的独特乐趣。

目 录

第 3 章

庭院中使用的工具

第 4 章

庭院培土

第 5 章

开始庭院种植

第 6 章

健康培育的方法

第 7 章

繁殖的乐趣

第 8 章

庭院的礼物

园艺植物图鉴

蔬菜及水果图鉴

第1章

庭院种植梦

庭院内充满奇迹

谁都能成为园艺师

听到“庭院”这个词，你会想到什么？如果自己家有庭院，首先想到的肯定是自家的。如果家里没有庭院，或许会想到爷爷奶奶或叔叔在乡下的庭院，抑或亲戚及邻居的庭院。庭院，是一个充满个性的存在。植物从一颗小种子开始发芽长大，有的开花，有的结果。置身于五颜六色的庭院中，每日看着不同的花开，能够亲身感受自然的奇妙。

“无论住在何处，每个人都能开始种植，都能成为园艺师。一旦开始，便会迷恋其中。”这句话出自《我的花园伴侣》这本书，我读了之后就兴冲冲地开始庭院种植。自此之后，每天都有新的惊喜。

置身于庭院就是幸福

自从开始庭院种植之后，我就非常关注天气变化。连续晴天后盼着下雨，大风天担心植物被吹倒。太阳、云、雨、风、土壤、昆虫、植物等，都是庭院种植的一部分。彼此之间关系微妙，丝毫不能马虎。只要组合得当，就能创造出很棒的庭院。

庭院种植并没有统一的方法，谁都能按照自己的方式开始。而且，自然的强大力量对庭院种植影响极大，有时候甚至会发生意想不到的情况。正因如此，新手也能体会到满满的趣味，而且是一种长久持续的趣味。庭院种植并不是为了等待花开或收获蔬菜，而是享受置身于庭院中的幸福。

听庭院讲故事

读书也是乐趣之一

自从开始庭院种植之后，我更加关注周围的庭院，即便读书时也会特别在意关于庭院的细节描述。而且，喜欢植物的作家也不在少数。例如推理小说中也有许多关于庭院的描述，即使与庭院并无直接关系，但我依然很有兴趣。从国外引进的翻译书中，也有许多植物介绍。在全球物流发达的今天，大多数植物都能轻易获得，只要气候条件大致相当，基本都能培育成功。

萝拉·英格斯·怀德的作品《大森林里的小木屋》的续篇《新婚四年》中出现过一种从庭院采摘的大黄烹制而成的派。刚结婚不久，萝拉在招待客人时端出来的派居然忘了放糖。酸味十足的大黄，没放糖做成派简直难以下咽。于是，我也试着种大黄，并制作书中说的大黄派。

大黄

庭院种植就是享受

苏珊·希尔在《庭院小路》一书中写道："庭院种植就是享受，是充满希望的工作。"撒上豌豆或西梅的种子，或者嫁接玫瑰，这些都是将来的希望。庭院种植过程中，能够体会到或温暖或冷酷，或认真或散漫。

这本书最吸引我的是夜晚的庭院。正如书中所描述的，在难以入眠的夏季夜晚出来散步，月光映照出玫瑰、飞燕草、福禄考的影子，弯下身子能闻到百里香散发出的烟味，还有柠檬的清香，紧接着就被肉桂的香气掩盖。或者，摘下一段薰衣草，用手指碾碎后将油脂涂抹在手腕，清香可持续到第二天清晨。夜晚在庭院散步，竟然会有如此奇妙的发现。书中描述了许多我们梦想中的场景，好想在这样的庭院世界中长久停留。

《汤姆的午夜花园》

庭院中隐藏的秘密

每次重读菲莉帕·皮尔斯的《汤姆的午夜花园》，我都能感受到时间的奇妙。离家到舅舅的公寓过暑假的汤姆，听到公寓一层的大钟敲响了13点的钟声。13点？这座古老的大钟居然敲出13点的钟声？觉得不可思议的汤姆心中涌起冒险的兴奋，推开了庭院的门。里面并不是舅舅所说的堆满了废铜烂铁，而是开满了鲜花的花坛，还有茂密的红豆杉，以及很大的温室。于是，汤姆每晚都去庭院中散步，并在那里遇到了少女海蒂。实际上，这是他穿越到过去的冒险之旅。

庭院连结时间

“在庭院一角，一棵银杉树耸立其间，比其他的树更加挺拔高大。银杉树从藤蔓缠绕间伸出枝叶的姿态，犹如裹着围巾的婴儿伸出双手。”

“汤姆穿过龙须菜对面的菜园，菜园里有果树、草莓田、豆荚的支架以及被金属网围起的圈地等。圈地内种着木莓、鹅莓、红醋栗等树篱吸引鸟类，遮挡保护菜园里面的蔬菜水果。”

书中对庭院的描写极其细致、生动。据说，这些场景都是皮尔斯对自己童年时代家中庭院的真实写照。所以，我希望大家重新观察我们身边的庭院。如果有一棵大树，说不定就是奶奶或爷爷种的。认真调查庭院中植物的相关故事，体会其中各种乐趣。

《秘密花园》

在封闭的花园开始庭院种植

《秘密花园》是弗朗西斯·伯内特的作品。伯内特喜爱自然，对庭院种植也付出了许多努力。这本书中生动地描写了少女玛丽和少年柯林通过不懈努力将废弃 10 年之久的庭院翻修一新。如果你也是刚开始庭院种植，在这本书中会找到许多共鸣。播种之后的期待，除草帮助植物茁壮生长时的喜悦，第一次看见球根时的好奇，对玛丽来说都是前所未有的体验。“像洋葱一样的白色根是什么？”“那是球根，春天的花基本都是从球根中长出的。小的有雪滴花、番红花，大的有水仙，都是很漂亮的花。”

负责照顾玛丽的玛莎将能够与植物、动物等交心的弟弟柯林介绍给了玛丽。

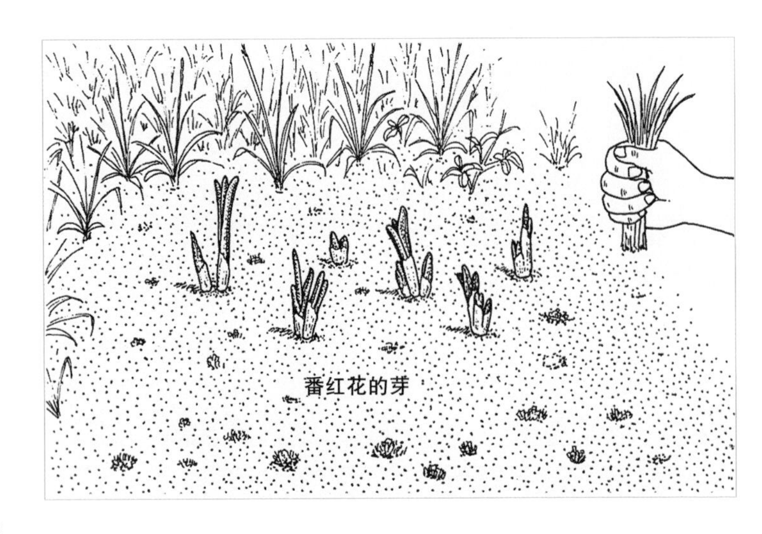

初学者适合种的植物

柯林拿着庭院种植工具和种子与玛丽初次见面的场景很有趣。“柯林从上衣口袋中取出一个皱巴巴的褐色纸包。他将纸包的绳子解开，里面是许多更小的印有花形图案的纸包。”

“木犀草是花草中气味最芬芳的，播撒在任何地方都能生长，罂粟也具有同样属性。这两种花都是发芽后开花，非常漂亮的花。”

而且，里面还有飞燕草的种子。看到纸包上面的字时，我并不知道木犀草和飞燕草是什么，专门翻找了相关植物图鉴。木犀草据说是一种香气十足的花，但在日本较为罕见。飞燕草又称“千鸟草”，属于毛茛科植物，这种草似乎较为常见。罂粟就是虞美人，我在脑海中勾勒出两种花构成的庭院，真的很开心。

生活在城市的小莲的庭院

创造世界通用学名的林奈

以女孩“小莲”为主人公的3册绘本，《小莲的小庭院》《小莲的12个月》和《小莲游莫奈花园》。本书的文字作者克里斯蒂娜·比约克和插画作者莉娜·安德森均出生于瑞典。之所以取名为小莲，与林奈草也有一定关联。林奈草以瑞典植物分类学家卡尔·冯·林奈的名字命名，表彰其对植物分类学的贡献。

林奈将所有植物统一用拉丁语整理命名（学名），开创了植物学新的分类系统。正因为有了学名，即使国籍不同，我们也能相互交流植物知识。比如说“凤仙花”一词是中文，如何解释也很难说通。所以，只要翻开植物图鉴找到其学名，再根据学名查找本国语言对应的植物，这样交流就能说通了。不同国家对植物的称呼各不相同，但以学名定义就会容易理解。

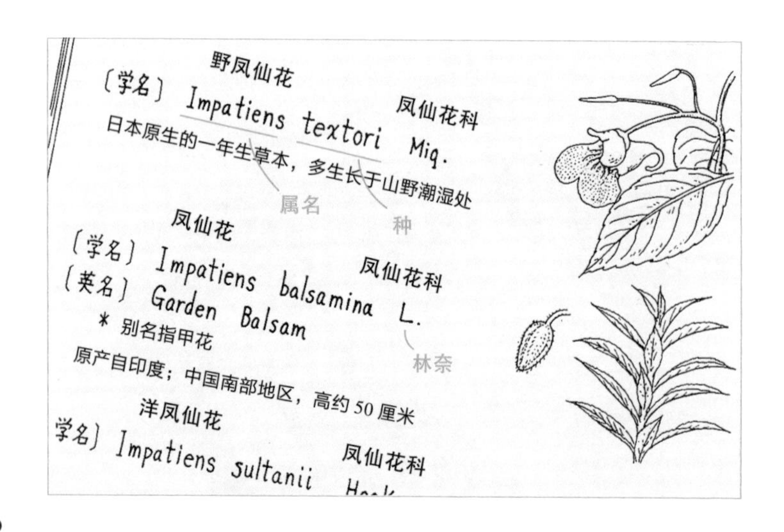

帮助小莲的布鲁姆爷爷

小莲生长于城市，特别喜欢植物，在公寓的窗边摆放着许多盆栽。住在同一栋公寓的布鲁姆爷爷教会小莲许多她以前不知道的植物知识。布鲁姆爷爷以前是园艺师，对庭院种植自然非常了解，熟悉的人也称他为“绿手指”，意为擅长培育植物的能人。

所以，如果你刚开始庭院种植，身边正好有庭院种植前辈能够帮助你，那是再幸运不过了。不用担心能不能遇到这样的人，仔细找找一定会有。如有可能，最好是有许多时间陪伴我们一起开展庭院种植的长辈，也是一种忘年交。从活力满满的小莲的故事中我学到许多，比如种植大蒜盆栽，可以将其细叶夹着面包吃，也可以制作成植物标本，还能装裱成挂饰，可谓乐趣无限。

有彼得兔的庭院

有菜地的农场庭院

彼得兔中出现的庭院包含田地、牧场等农家庭院，故事的舞台是英格兰北部的湖区。作者毕翠克丝·波特出生于伦敦，夏季通常在苏格兰及英格兰的湖水地区生活。喜爱自然和动物的波特在年近50之后彻底搬到湖区的Near Sawrey村，过着耕田、放羊的生活。

一群兔子来到农家菜地，其中有一只小兔子叫“彼得”。在湖边的森林中，生活着松鼠纳特金、鹦鹉布朗爷爷，池塘旁边是正在钓鱼的青蛙杰里米。还有鸭子杰迈玛，生活在山顶农场的某处。在波特的故事中出现的角色，其实就是农场周围实际存在的动物们。风景、农家周围的庭院植物、动物也是依据实际环境描写而成，让读者们魂牵梦绕，作为故事舞台的Near Sawrey村，至今访客依然络绎不绝。

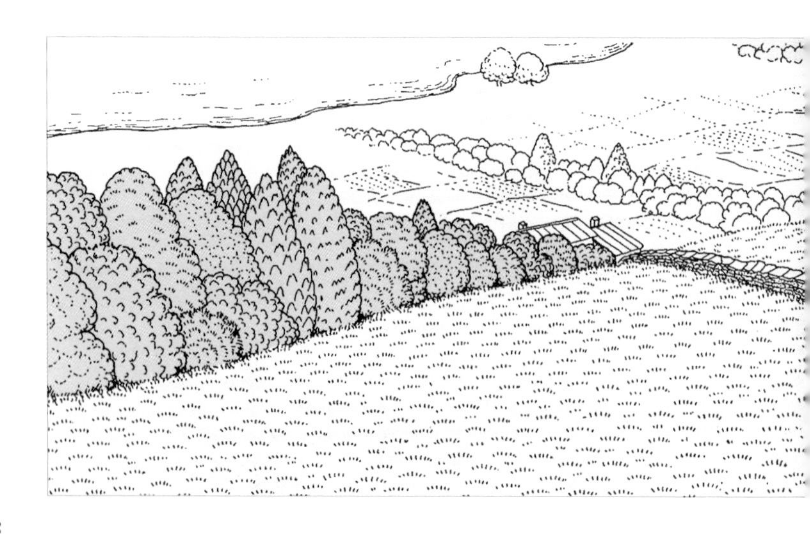

与动物们一起生活的快乐

波特作品的趣味在于从动物们的视角出发，巧妙描绘出人的生活和自然。之所以能够创作出这样的作品，是因为作者充满爱意地观察动物们的生活。如果在农场生活过，就应该知道兔子会啃食蔬菜，把农田弄得一团糟，大多数人都会将兔子驱赶走。但是，波特觉得兔子很可爱，并仔细观察兔子的行为活动，创作出人和兔子的故事。伯特认为每种动物都有独特的个性，不自觉地想与它们一起生活。

现代城市，人们并不喜欢与许多动物一起生活。在农村，人们也很讨厌狸猫、鹿、猴子、老鼠、地鼠。糟蹋自己辛苦种植的蔬菜的都是敌人，还谈得上观察吗？波特的世界与众不同，我们无法强求。即便如此，波特的故事也教会我们观察动物，了解它们生活的乐趣。

法布尔的庭院

想要能够观察昆虫的庭院

因一本《昆虫记》而广为人知的让·亨利·法布尔出生于法国南部的贫苦农家，他经过一番努力成为了教师，在小学及中学任教，同时继续从事喜欢的昆虫研究。读了法布尔写的东西，能够体会到观察及了解事物的乐趣。法布尔对自家庭院是这样描述的："我家的庭院位于最高的山丘上，是村子里最小的。庭院中有围种着虎杖的卷心菜田、芜菁田、皱叶莴苣田，这就是全部。"

法布尔的梦想就是拥有能够观察昆虫的庭院，每天过着安心研究学问的生活。但是，由于贫穷，这样的梦想并未实现。即使出版了一本书，也不够填补被克扣的课时费，生活反而更加贫苦。尽管如此，他仍然持续研究40年，终于获得了研究用地"法布尔梦想的庭院"。

法布尔获得的庭院

法布尔是这样描述获得庭院时的兴奋感受：“我朝思暮想的就是这个，不需要很多土地，被树篱围起，远离喧闹的街道。贫瘠的土地，被阳光晒得干裂，所以没人愿意要。但是，蒲公英、蜂类等就喜欢这样的土地。可以在这里仔细观察砂泥蜂、掘土蜂的生活习性，通过实验与它们对话。这就是我的梦想，40 年的血汗结晶终于成真。”

法布尔看着汇集着各种昆虫的庭院，开心地写道：“谁也不会在这贫瘠的土地中撒上哪怕一把芜菁的种子，却是蜂类的天堂。蓟类也能茁壮成长，附近的所有蜂类几乎都被吸引到这里。”长满地椒的碎石庭院内，法布尔观察着各种各样的昆虫，度过了幸福的晚年。

西顿的庭院

对野生动物生活感兴趣

因《西顿动物记》而为人所知的欧内斯特·汤普森·西顿出生于英国，6 岁时一家人移民去了加拿大。在加拿大，西顿的视野变得开阔，对鸟类等动物的兴趣决定了他此后的人生。在美术大学学习绘画的西顿立志成为画家，19 岁时去了伦敦，白天学习绘画，晚上在博物馆的图书室学习博物学。

再次回到加拿大及美国之后，西顿依靠画插画赚钱生活，同时整理一些动物相关的论文及故事。虽然生活贫困，但他对野生动物的兴趣越发增加，并将所有内容记录于笔记本中。荒野中奔跑的姿态优美的动物们、如同跳舞般行走的鸟类等，已经深深印刻于西顿的脑海中。

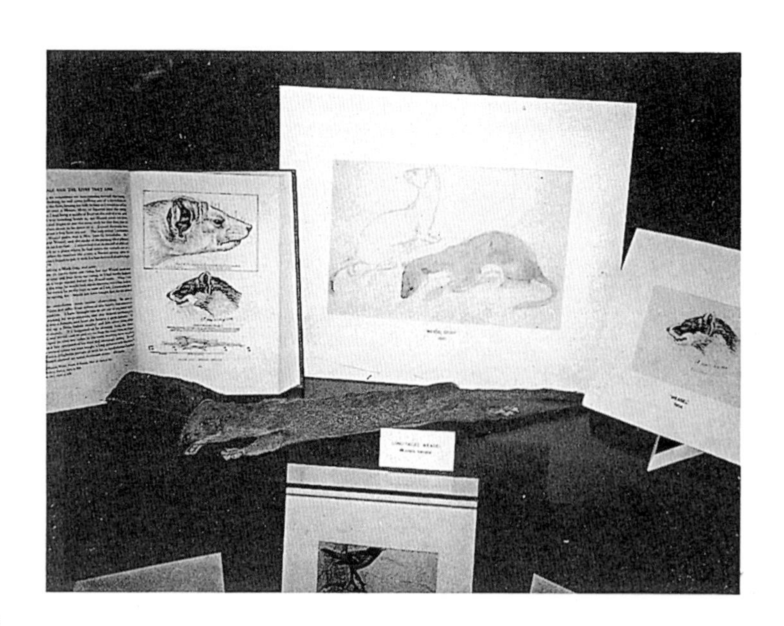

融入周围自然环境的庭院

西顿感觉依靠大自然生活的印第安人非常亲切。他 40 岁时还将周围的青少年们召集在一起，开展印第安木工技术活动，也就是现在的童子军的雏形。美国第一代童子军的团长就是西顿，大多数人都不知道。

对西顿来说，野生动物生长的场所如同就是自己身边的庭院。西顿选择度过余生的地点是印第安人较多的新墨西哥州的圣达菲郊外。70 岁时，他购买了山丘上的一块平整好地，搭建了房屋，将其命名为“西顿山庄”。现在已经没有任何人居住，但庭院依然保持原貌，与周围的自然环境完美融合。

牧野富太郎的庭院

汇集日本野生植物的图鉴

当我们看到一种植物，且不知道其名称时，通常会问熟悉植物的人。如果仔细说明叶片形状如何、茎部如何构成，花瓣的形状及片数等，熟悉植物的人就能在头脑中想到这个季节应该是什么植物，并把名称告诉我们。之后，再查阅图鉴确认即可。《牧野日本植物图鉴》汇集了基本全部日本山野中可见的植物。

牧野富太郎就是编辑完成此图鉴的人。他从小就对山野中的植物感兴趣，并进行了大量的采集调查。19 世纪 80 年代，日本还没有分类学，植物相关书籍只有用于制药的本草学书籍。富太郎就是从学习本草学开始，逐渐掌握植物的相关知识。

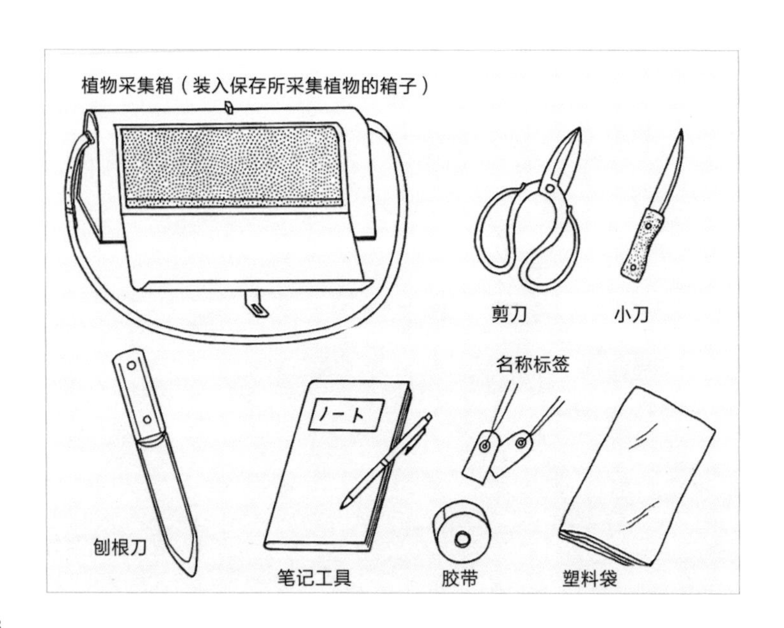

制作植物标本的趣味

富太郎对采集植物并调查其名称的热忱是常人难以想象的。无论生活如何贫困，他也不放弃对植物的热爱。并且，他还给采集到的未知植物定义全世界通用的学名。牧野富太郎被称为日本第一位植物分类学者，在其一生中发现和命名了 1000 种新种和 1500 种以上的变种植物。

富太郎 65 岁时，用与妻子一起攒下的钱买了土地，两个人终于有了自己的家，还在家的旁边建造了标本馆。在庭院内种植从日本各地采集到的植物是妻子的梦想，也是富太郎的梦想。但是，直至妻子因病离世，梦想也没有实现。富太郎眼中的庭院，或许包括日本所有的山野。

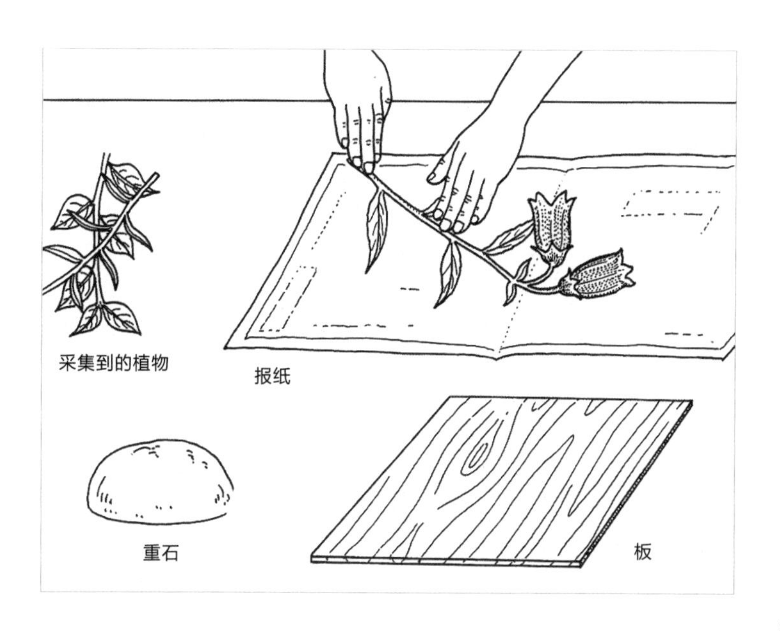

推理小说中的庭院

神父卡德法尔的草药园

推理小说中也将各种庭院作为故事的舞台，艾利斯·彼得斯的《神父的头巾》等“神父卡德法尔”系列就是其中之一。故事发生在12世纪的英国小镇及修道院，主人公卡德法尔神父在1096年参加了十字军。平日在镇上修道院内开垦草药园和菜园的卡德法尔忙于种植及草药的调配，发生案件时，会在草药园内进行推理。

随着案件的展开，我对草药园及其工作场所也产生了浓厚兴趣。草药园旁有一个从河流中引水形成的池塘，周围种着豌豆。作业场所整理地干干净净，杆子上晾晒着药材，架子上整齐地摆放着存放草药的瓶子罐子。读到卡德法尔煮药草和蜂蜜调制止咳水的场景时，就觉得庭院内要有这样的作业场所该有多好啊。

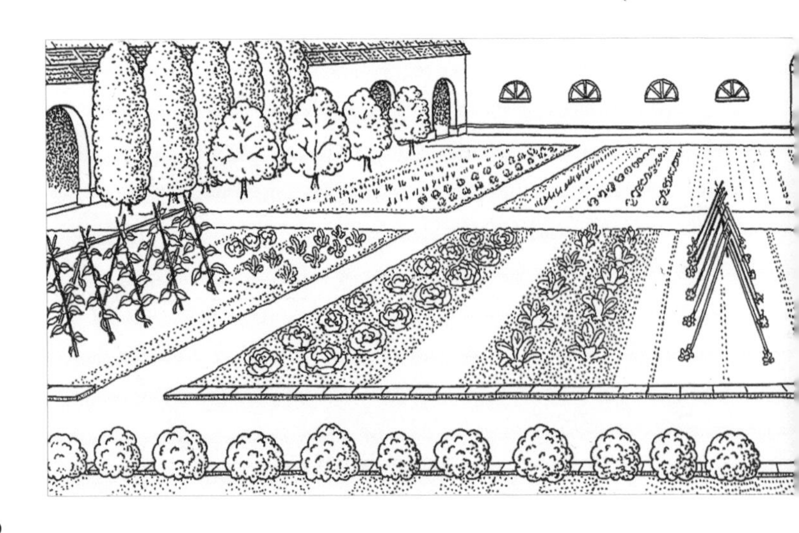

中世纪修道院内的庭院

在欧洲，修道院的历史非常久远。因为是自给自足的生活，种植蔬菜的菜园不可或缺。而且，治疗疾病所需的草药园也是必不可少的。关于英国的修道院庭院的记录中，最古老的是 1165 年的修道院图纸。长廊内侧，建有可散步或安静思考的内庭，中间设有井水或泉水。周围的墙壁边是蔬菜田，不远处就是草药园。

蔬菜种植区域规划整齐，在这古老的记录中出现了葱、大蒜、荷兰芹、卷心菜、叶用莴苣、洋葱、胡萝卜、黑橄榄、豌豆、茴香等。修道院的食谱中，经常出现使用容易保存的豆子制作的豆子汤等。在草药园内，种着洋地黄、罂粟、龙胆、乌头等药草。此外，还有百合、玫瑰、金银花、鸢尾、蜀葵、薰衣草等美丽花卉。

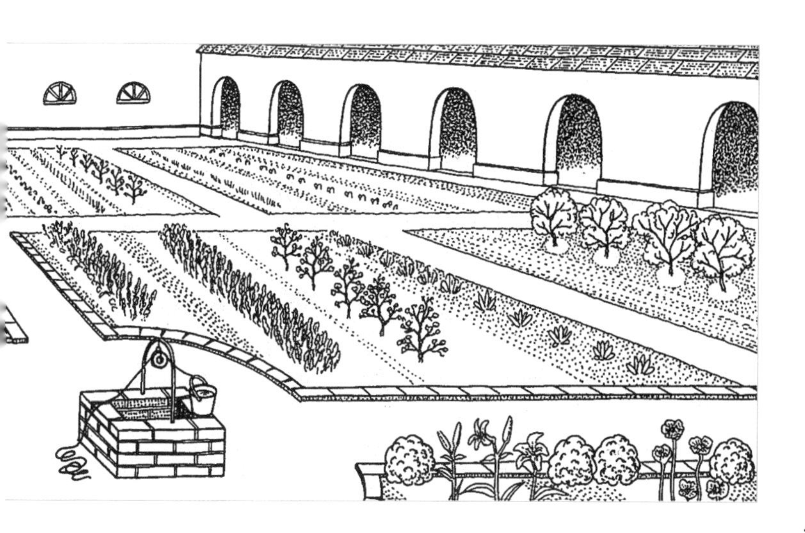

《一个园丁的一年》

有没有身高 1 米以上的园艺师?!

稍微懂点庭院种植的人读了这本书，都必会捧腹大笑。园艺师特有的幽默、任性等被毫无保留地展现了出来。这本书是捷克著名作家卡雷尔·恰佩克的作品，每一页都充满幽默感。

“园艺师用手指戳洞时，原本是为了捣碎土块，使土壤变得松软。只看外表，园艺师是趴下身子，屁股高高翘起。手脚像螃蟹一样张开，头像马吃草一样埋入膝盖之间。所以，正如在书中所说的那样，身高超过 1 米的园艺师是找不到的。”确实如此，在庭院内大多俯下身子工作。所以，需要经常舒展身体，否则定会腰疼难忍。

立标牌记录种了些什么

从 1 月至 12 月，庭院种植工作从未中断过。但是，我之前的所有失败经验都能在这本书中找到。比如，书中这么写道：“4 月的园艺师就是手上拿着树苗，在自己的庭院走上 20 遍，仔细寻找有没有哪里还可以种树的男人。”

开始庭院种植时，播种或植苗之后必须立起标牌记录。只不过，现在许多人对这项工作有所懈怠，种上当天还记得，隔天就会与其他植物弄混。手忙脚乱地寻找着哪个位置没有种东西的自己，简直就同书中的园艺师一样。所以，建议立标牌或记在笔记本上，总之记录工作是需要的。

《永续生活设计（朴门学）》

设计自己的庭院

1928 年，比尔 · 莫里森出生在澳大利亚的塔斯马尼亚，经历过渔夫、猎人等各种职业之后成为一名生物学家，并在大学任教。但是，他始终感觉周围的自然环境正在发生巨大变化，为此他惴惴不安。因此，他思考并设计出一种不破坏自然生态系统，也就是树木、蔬菜、花草及家畜等许多物种组合一起的生活状态。为了有效利用狭窄的土地，庭院设计至关重要。比尔 · 莫里森对此进行了总结，称之为“永续生活设计（朴门学）”。

所谓永续生活设计，就是从本质上考虑事物之间的关联。比方说，如果住宅和养鸡棚之间有田地，经过田地时就可以顺便拾些菜叶到养鸡棚，还能收集养鸡棚里面的粪便，用作田地中的肥料。我们的作用就是有效利用能量。此外，如果在鸡走动的范围内种上桑树等，掉落的桑葚就是鸡的食物。

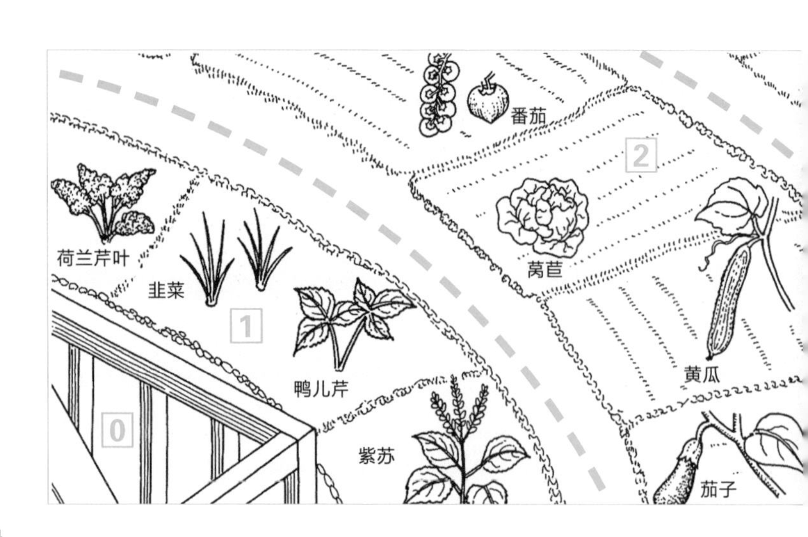

设计因人而异

永续生活设计的思想是我们进行庭院种植时的重要参考。自己庭院的方位如何考虑？光照条件是否因季节而不同？水源从何而来？北风（冷风）如何回避？根据实际情况，选择合适的植物，这就是庭院设计。

其次，将自己居住获得的场所定义为地点 0，附近依次分为地点 1、2、3、4 等。葱等每天使用的植物种植于最近的地点 1，用于调制沙拉的蔬菜类可以是地点 2，土豆或南瓜等一次性大量收获的种植于地点 3，地点 4 可种植不需要管理的植物。根据每个人的生活方式，种植内容各有不同。永续生活设计的范本就是自然，应仔细观察自然状态，也可利用传统的农业知识，并使用现代科技的材料，在不破坏自然的状态下生活。

伯班克的世界

培育新品种

卢瑟·伯班克这个名字很少有人听过，他培育出的花却广为人知，比如“大滨菊”等。伯班克是美国的品种改良专家，在其约50年的研究工作中，培育出花、水果、蔬菜、谷物等新品在3000种以上。作为个人的培育成果，这是个惊人的数字。

美国本土的雏菊原本如杂草般顽固，且开出的都是小花。于是，伯班克将其与欧洲的大花雏菊交配，培育出优质的雏菊。但是，伯班克对新雏菊的白度仍然不满意。之后，终于找到了一种日本的野草，它是雏菊的近亲，叶片多且花小，但花色纯白。最终，三个地方的品种混合而成的完美品种“大滨菊”诞生了。在伯班克的实验农场内，一直种植着许多苗类。他会给这些苗标上记号，选取其种子进行培育。

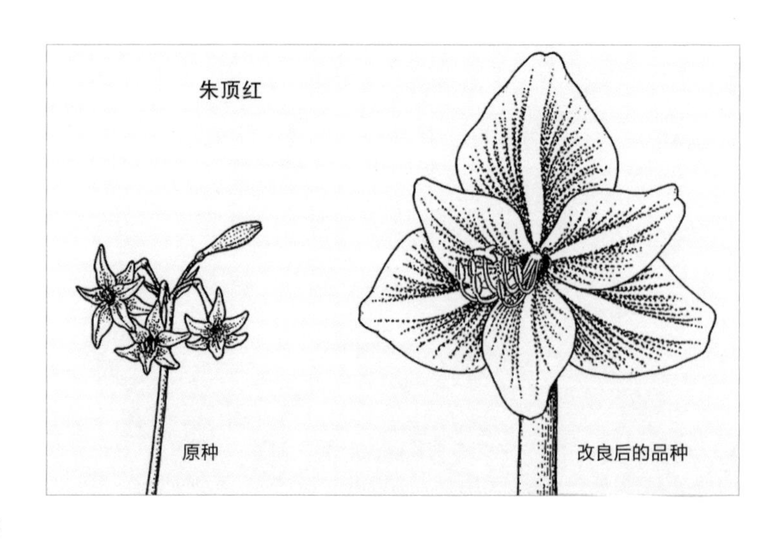

使全世界的种子生根发芽

1875 年，伯班克从出生地的美国东部移居至加利福尼亚州圣罗莎。在这片气候适宜的土地上，采集全世界各种植物的种子进行品种改良。培育新品种，必须从种子开始。当时土豆的种子非常难获取，他千辛万苦培育出的“伯班克土豆”在美国广受好评。

如此宝贵的种子必须小心使用，让其发芽。伯班克对土壤的描述是这样的：“我认为最优质的土壤，是按以下比例混合而成：50% 的粗砂，40% 含腐叶土的牧场或森林内的优质土。以此为底，再加上 10% 磨成细粉的苔藓或泥炭，以及 1%～2% 研磨细密的骨粉。如此一来，世界上任何地区的任何植物都能在这种土壤中生根发芽。”被称作“植物魔术师”的伯班克，对土壤的研究从未停止。

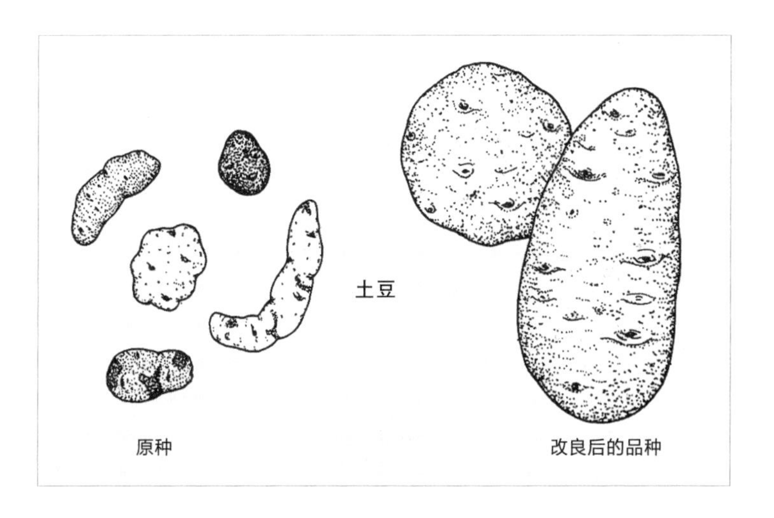

传播庭院乐趣的书

第 1 章中出现的书如下所示。庭院是植物的家，也是各种生物的活动场所。了解这些生物是如何生活的，能够感受到庭院的微观及宏观。作为参考，在此还列举了一些介绍庭院内活动的昆虫、两栖类、鸟类的书。在家中可以准备一些这类书，方便及时查找确认。只要记住其名称，之后见到会倍感亲切。

《新婚四年》 岩波少年文库
《庭院小路》 西村书店
《汤姆的午夜花园》 岩波少年文库
《秘密花园》 新潮文库福音馆书店
《小莲的小庭院》 世界文化社
《彼得兔故事集》 福音馆书店
《昆虫记》 岩波少年文库
《西顿动物记》全 10 卷 集英社
《牧野日本植物图鉴》全 3 卷 北隆馆
《神父的头巾》等“神父卡德法尔”系列 教养文库
《一个园丁的一年》 中公文库
《永续生活设计（朴门学）》 农文协
《植物培育》全 8 卷 岩波文库

●了解昆虫
《庭院及农田的昆虫》《日本的蝴蝶》 小学馆
●了解鸟类
《山野中的鸟》《水边的鸟》 日本野鸟协会
《鸟》 文一综合出版、《野鸟图鉴》 福音馆书店
●了解两栖类及爬行类动物
《日本的两栖类及爬行类动物》 小学馆
●了解哺乳类动物
《日本的动物》 小学馆

第2章

各种庭院

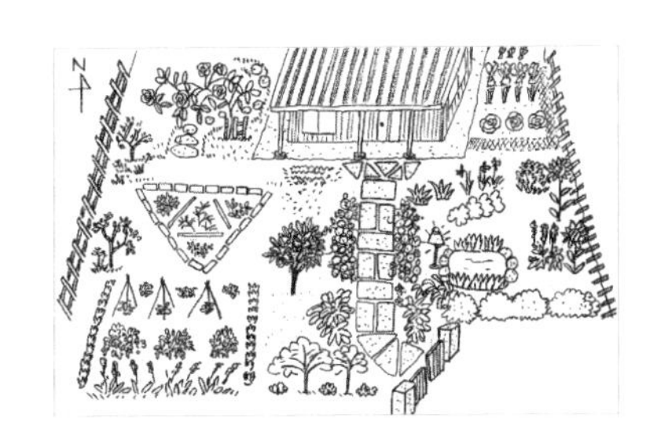

小小庭院

任何地方都能进行庭院种植

通过各种书籍，可以探索有趣的庭院世界。有故事中的庭院，也有现实中的庭院。今后我们创造的将是现实的庭院，可有些人并没有足够大建造庭院的场所。但是，即使没有建造庭院的院子或者住在公寓楼，也能进行庭院种植。例如，没有花盆，可以利用空饼干盒。用钉子在饼干盒的底部开孔，让水能够渗透。还可以用托盘放在底部防止水溢出，一个完美的手工花盆就此完成。

牛奶或酸奶的包装盒也能制作成花盆，同样在底部开孔后就能使用。1000 毫升的长牛奶包装盒，可以种植白萝卜或胡萝卜。

在饼干盒庭院内播种

饼干盒花盆制作完成后，开始填土。填土时，土壤稍稍露出盒子边缘即可。道路边也能找到土壤，获得足够的土壤并不成问题。实在找不到，也可以从园艺店购买。拿着装满土壤的袋子回家，本身就非常重，还有对庭院种植的沉甸甸的希望。从这份土壤开始，“我的庭院”由此诞生。

那么，种点什么好呢？逛逛园艺店，找一找想要种植的花或蔬菜的种子。如果是春季，建议种植朱顶红、矮牵牛、孔雀草等。发芽快，容易种植，且不会长得太大。如果是蔬菜，可以种植能够快速收获的小萝卜。

摆满盆栽

欣赏可爱的嫩芽

播种之后，用喷壶喷洒足够的水分。在发芽之前，必须保证土壤不干燥。播种及发芽之前的喜悦之情是无法言喻的。而且，说不定里面还夹杂着其他植物的新芽。之所以这么说，是因为从外面获取的土壤内大多含有杂草的种子。只要记住自己播种的位置，就能清楚分清。记不住也没有关系，随着植物长大就能逐渐分清。分清之后，拔掉杂草就

行。如果拔草时担心有可能影响到周围的植物，可以用剪刀剪断杂草的茎部。

我使用的是山土，所以里面通常会发出许多植物的芽。刚开始保持这种混乱夹杂的状态，自然而然地记住了许多植物的名称。之后，更是记住了各种植物的形态，相互簇生的状态也让人无比欢欣，让我每天都禁不住想要看一看花盆。

逐渐增加花盆数量

如果一个花盆不够，可以逐渐增加花盆。直径 15 厘米左右的花盆，正好能够容纳一棵苗。撒上的几颗种子培育至 2 ~ 3 厘米大小之后留下一棵，其余的移栽到别的花盆。没有竞争，植物生长更加健康。如果移栽，就需要准备多个花盆。或者，也可问问同样爱好庭院种植的朋友，肯定有多余的植物可以分给自己。

此外，在散步时能看到许多容器被用作花盆，如鱼店老板的塑料发泡箱、杂货店奶奶的旧锅、蔬菜店爷爷的木箱。在商业街逛一圈，可以发现许多巧妙利用的花盆。在墙角下，整齐摆放的各种花盆如同一个大花坛。我甚至还看过这样一张照片，在不能穿的旧鞋内装满土，种上仙人掌，这是干燥环境下特有的创意。

开满花卉的庭院

花卉或野草茁壮生长的庭院

花

池塘中盛开的凤眼蓝

花期长的美国薄荷

高山蓍

插芽繁殖的木茼蒿

原生郁金香

堇菜的花朝向南方

鲜艳橙色的欧洲百合

接连开花的矮牵牛

耐寒的洋牡丹

蝴蝶喜爱的大叶醉鱼草

大滨菊和高雪轮

窗边营造的小庭院

阳光灿烂的窗边

在窗边搭建花台，再将花篮、花盆等错落摆放。可搭建于窗户内侧，或者窗外也可。日照充沛的朝南窗边，最适合植物获取阳光。在寒冷的季节，透过玻璃沐浴着阳光，窗户内侧成为阳光房。在窗边种上香雪兰、三色堇等花卉，早一步体味春天的气息。日本也是一样，最近在窗边或阳台培育植物的人有所增多，不但能让路过的行人赏心悦目，还能把家装饰得更加美观。

有一点需要注意，夏季受阳光直射，花篮或花盆容易干燥，须挪移至阴凉处。或者，不挪移位置，用竹帘等遮阳也可。除了阳光直射，墙壁等反射热量也会导致窗边或阳台容易干燥。所以，土壤容量有限的花篮或花盆会干枯，植物也会随之枯萎。应牢牢记住这一点，尽情享受在窗边或阳台“搭建庭院”的乐趣。

适合有点马虎的人

如果每天观察盆栽的状态，就可随时掌握植物的状态或需不需要浇水。可以说，任何植物都能在窗边种植。但是，如果是有点马虎的人，建议尽可能种一些耐旱性较强的植物，比方说松叶菊、松叶牡丹、蓝费利菊等，这些植物的叶片本身含有水分，极其耐旱。将叶片摘下后种入土中也会生根，说明叶片水分确实多。

而且，这些鲜艳的花非常漂亮。特别是松叶菊，垂散生长，适合窗边盆栽。

百日菊是一种喜欢酷暑的植物，但需要时常浇水。说到夏季，向日葵必不可少，但也需要大量浇水。浇水越多，生长越快，也可尽情享受其生长变化的过程。在窗边或阳台种植时，尽可能选择形态各异的品种。

在庭院内种植蔬菜

小分区后种植蔬菜及花卉

叶用莴苣可一边间苗一边采摘食用

长大的瓠瓜

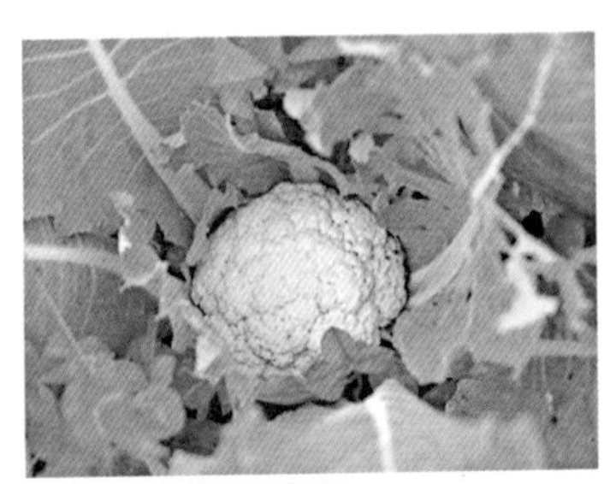

可食用硬花苞的花椰菜

水芹的漂亮白花

花及果实都可赏玩的豌豆

每天都能收获的黄瓜

某一天突然长大的卷心菜

春天开花的卷心菜

南瓜的雌花

杂草中的南瓜

花和蔬菜共生的庭院

花盆也能种植蔬菜

我们通常认为种菜就得有田地，很少有人尝试在狭小的庭院种菜。但是，一根黄瓜、一颗番茄、一颗花椰菜等只需要 30 ~ 40 厘米见方的土地就能种植。准备较大的花盆或容器，在阳台就能种植。而且，花卉和蔬菜能够一起种植。

一边欣赏着旁边的百日菊，一边剪下身边的青椒。还有红润诱人的小番茄，直接摘下就放入口中。秋葵也会开花，而且其漂亮的程度绝对不输任何园艺植物。或者，也可在墙角边种上四季豆等。在中国，种植花卉的地方叫作花园，种植蔬菜的地方叫作田地。但是，英语中都是一个词“Garden（庭院）”，庭院就是花园及田地。同一环境内种着花卉和蔬菜，并没有不和谐。最重要的是，这也是属于自己的独一无二的有趣庭院。

种植方便的小番茄

秋葵、青椒、甜椒、茄子、西蓝花、花椰菜、大豆等都不是体型太大的植物，与花卉一起种植是不成问题的。还有小番茄，很容易种植，只是无法自己支撑茎叶，需要立支架。而且，其耐病虫害能力强，是一种适合自家种植的蔬菜。黄色小花枯萎之后，结出红色果实。结果时间长，是一种从夏季至秋季都能享用的蔬菜。在堆肥充足的土壤中播种或植苗即可。收获之前需要等待 3 个月，但也是一段充满期待的时光。

话说回来，不是任何蔬菜都适合与花卉一起种植。比如，南瓜的藤蔓会匍匐扩散至整个庭院，土豆、番薯成熟后需要大面积翻土挖出。所以，这类蔬菜应该与花卉分开种植。

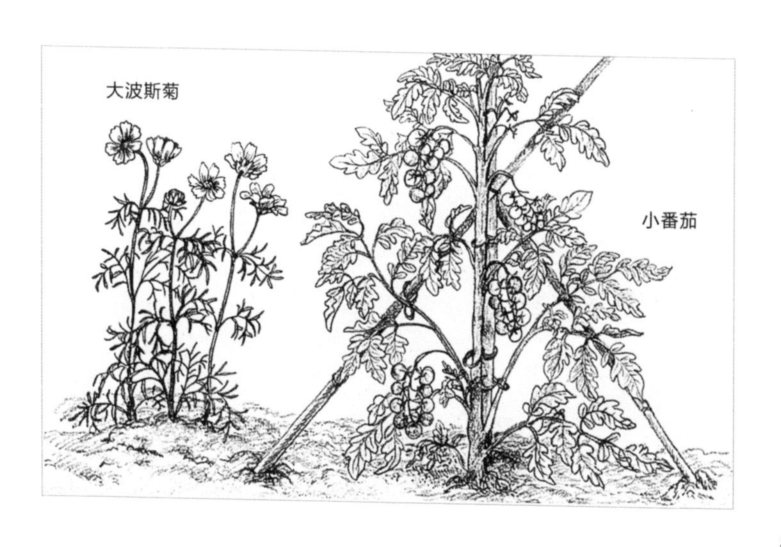

蝴蝶花园

初夏的布网蜘蛱蝶

姬百合上的斑缘豆粉蝶

夏季的百日菊上的赤蛱蝶

蛇眼蝶

春季的葱花上的冰清绢蝶

红灰蝶

初夏的大蓟上的金凤蝶

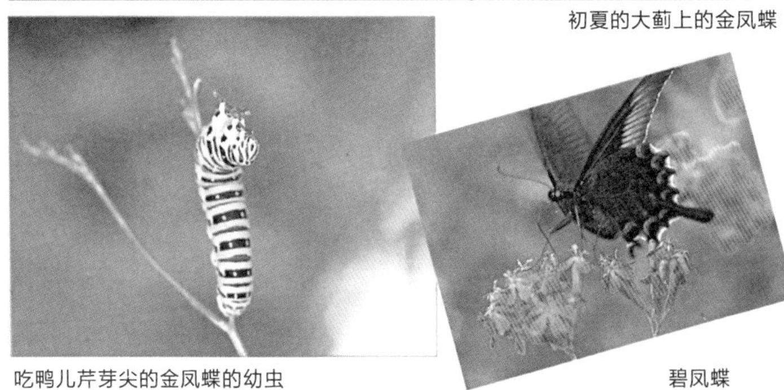

吃鸭儿芹芽尖的金凤蝶的幼虫

碧凤蝶

夏末的云豹蛱蝶

腐烂柿子上的琉璃蛱蝶

引来蝴蝶的庭院

成虫吸食花蜜，幼虫食草

蝴蝶飞到眼前的花上，一个劲儿地吸食着花蜜。这样的吸法，总担心会不会把花蜜吸干。橙色花纹的赤蛱蝶，翩翩起舞的孔雀蛱蝶。每一种蝴蝶都是如此美丽，且颜色及花纹各异。

各种蝴蝶有自己喜欢的植物，也就是被成虫吸食其花蜜的植物，或者在其身上产卵的植物。

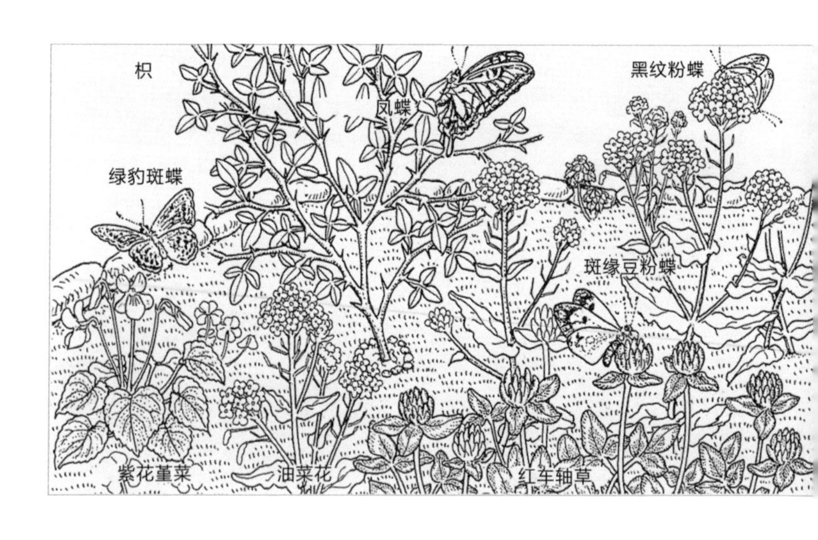

比如凤蝶，喜欢吸食杜鹃、野蓟、高雪轮、百合、百日菊等花卉的花蜜，在花椒、蜜橘、枳等植物的身体上产卵。菜粉蝶喜欢吸食蒲公英、紫云英等花卉的花蜜，在卷心菜、油菜、萝卜等蔬菜上产卵。只要选择相应的植物，就能吸引不同蝴蝶飞到庭院中。

最吸引蝴蝶的 3 种花

为了吸引蝴蝶，需要在前一年的秋天撒上高雪轮、大滨菊的种子，第二年春天撒上百日菊的种子。只要有这 3 种花，春季至夏季就能吸引各种蝴蝶。我真的这样做了，蝴蝶乐园也真的出现了。进行庭院种植工作的同时观察四周，晴天至少有 10 种蝴蝶在吸食花蜜。

夏季，这 3 种花吸引蝴蝶的能力极强。即使人靠近花，

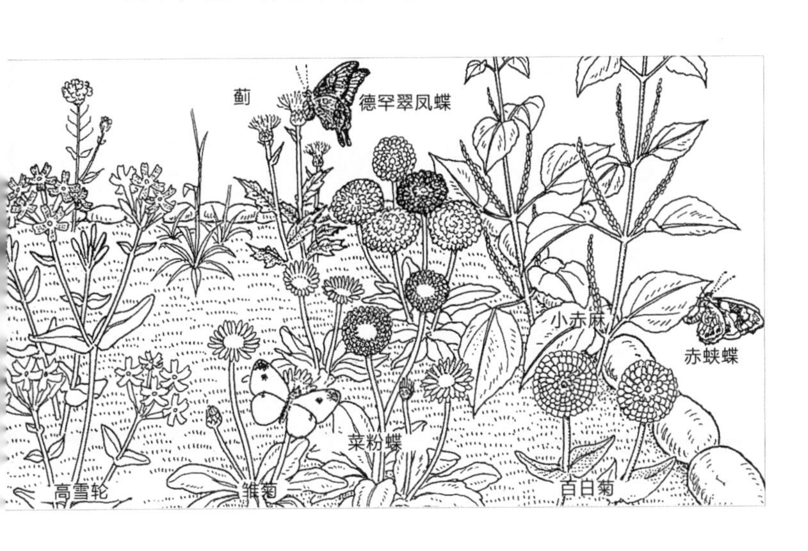

蝴蝶仍然安静地吸食花蜜。这种时候，甚至能听到蝴蝶振翅的声音。一个人置身于自然中有些惴惴不安，仔细聆听周围，细微的动静就能进入耳中。进行庭院种植工作的同时与蝴蝶共处，享受自然的安逸。

有水果的庭院

不用悉心照顾也能结出果实

只需一棵能够结出果实的树，庭院就会更加丰富多彩。花期结束后结出小果实，并继续胀大，颜色也变得鲜艳诱人。等到收获的日子，全家人一起或招待好朋友们一起品尝美味。如果不擅长照顾树木，推荐种植容易生长的柿子树。柿子树容易生长，放着不管也能每年结果。

在砂糖并不多见的旧时代，柿子也是一种宝贵的甜味剂。柿子还可晒干，制作成甜美的柿饼。剥掉皮之后，挂在绳子上晒干即可。等到秋季，将自己采摘的柿子制作成柿饼，别有一番滋味。除此之外，还有胡颓子、桑树、梅花、西梅、葡萄、蓝莓、鹅莓、红醋栗等容易种植。在温暖地区也可种植枇杷、无花果、杨梅。生吃也很美味，甜味不够也可加工成果酱。用自家庭院中采摘的水果制作而成的果酱，绝对是暖心的礼物。

鹅莓

红醋栗

花盆种植草莓

想要种植许多水果，但可利用的空间不够，这种时候，推荐种植草莓，有小花盆就行。买 2 至 3 株苗，将花盆整齐摆放于窗边。花期之后，白天将花盆移至室外，方便昆虫授粉。果实变得红色鲜艳即可食用，放入嘴中，自然清香扩散开来。水果店里也有售卖当天采摘的草莓，但肯定没有自家随吃随采的新鲜，毕竟采摘之后只需几秒就能放入口中品尝。

果期结束后长出新枝，将枝头埋入其他填好土的花盆中，就这么轻松，草莓就能成倍繁殖。此外，树莓也是庭院里的宝贝，可大致分为黑莓类和山莓类。采摘果实时，果实中带有穿孔的就是山莓。野外可见的野草莓、日本黑莓、山楂叶悬钩子都属于山莓类。

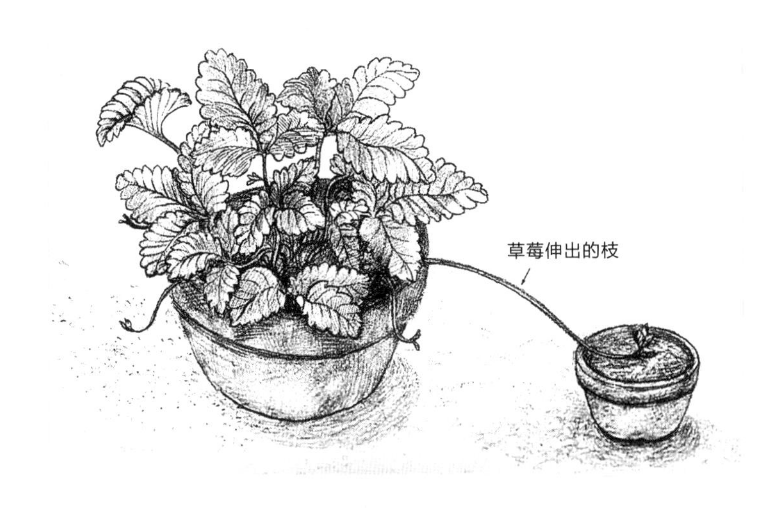

令人惊奇的庭院

巨大的乐趣

双手使劲张开才能勉强抬起的大南瓜，长度接近两米的丝瓜，叶片能够挡雨的蜂斗菜芽。即使种类相同，看到尺寸特别大的就会令人惊奇。我每年种植的瓠瓜呈浅绿色，长度可达 70 厘米。瓠瓜是一种擅长攀爬的蔬菜，其枝叶在人工搭建的棚架上攀爬生长，并结出果实，且果实会不断胀大变长。如果附近有树，瓠瓜还会攀附到树上。

在我的庭院内，瓠瓜通常攀附于胡颓子或桑树上，树的枝叶都被瓠瓜的重量压弯。这对树来说是一种负担，只能一边心疼着树，一边等待瓠瓜收获。瓠瓜攀爬的姿态令人兴奋，最后果实吊起的姿态更是令人感叹。

对比叶片大小

某年夏天，我得到了一棵蜂斗菜芽的植株，叶片很大。光照持续强烈的日子，通常不利于移栽。但是，我不得不尽快将其从地里挖出，并立刻在池塘附近挖坑埋下。长出的叶片会对移栽的根部造成负担，虽然可惜，却不得不剪掉许多大叶片。即便如此，剩下的部分仍然会枯萎。本以为这棵蜂斗菜芽已经完全枯萎，但它奇迹般地在第二年春天再次显露生机。而且，恢复健康的蜂斗菜芽比普通体积大一倍，令人惊奇。

除此之外，大黄这种植物也能长出大叶。茎部变红之后，可以将其制作成果酱。蜂斗菜芽和大黄的叶片都很大，有机会可以试着比一比哪个更大。

厨房花园

在灶台附近种植

厨房花园，也就是在厨房种植方便烹饪使用的食材。除了蔬菜，还有能够增添口感及风味的大蒜、韭菜、青椒、阳荷、紫苏、鸭儿芹等。制作手卷寿司时，无论需要紫苏还是阳荷，能随时摘取。使用的量虽然少，有和没有的区别却很大。加上一点，更加美味。

这种厨房花园尽可能设置于灶台旁边，摘取更加方便。

根据需要，还可随时搬移至庭院中。如果没有庭院，还可用花盆等摆放在窗边种植。能够随时随地采摘喜欢的食材，对于热衷于烹饪的人来说，乐趣无穷。而且，有了这些新鲜食材，烹饪也会变得轻松。即使讨厌荷兰芹气味的人，新鲜采摘的也能吃得下去。不久之前还在土壤之中享受水分滋润的荷兰芹，一会儿就成了一餐美味。

各种葱类随时取用

为了使料理的风味更佳，葱类必不可少。葱白部分较多的长葱、绿色部分较多的叶葱、野生的小葱等。而且，都是多年生草本，种上之后每年都能随时采摘。特别是小葱，只需埋在土壤中，每年都能发育球茎。无须庭院，种在花盆里，放在窗台即可。春季和秋季，绿色的葱生长快速，揪下之后就能直接使用。而且，还有漂亮的葱花可以欣赏。

虾夷葱

韭菜也属于葱类。而且，韭菜会开出漂亮的白花，可种植用于观赏。还有灶台上用剩的大蒜，一瓣瓣分开埋入土壤中就能繁殖。从土壤中钻出的大蒜，柔软、水嫩的姿态极其诱人。除了葱类，鸭儿芹、紫苏等也能用于烹饪。从花友处分点种子，播撒之后第二年就能自然繁殖。

气味芬芳的庭院

在玫瑰香气中睡下

散步时，庭院内散发着玫瑰的香气，每次都会情不自禁地被吸引去。孟春的瑞香、花椒，初夏的金银花、栀子花，还有夏末的山百合等，每一种都散发着甜美、独特的香气。将气味芬芳的花种植于庭院某处，到开花季节就会被幸福的气味环绕。我喜欢这种气味，但越是想记住越是容易忘记。所以，每年都很期待金银花、山百合等开花的季节。

《庭院小路》一本书中这样描述："在窗下种上香气十足的植物，坐在边上仔细欣赏。枝叶匍匐在墙壁上，不断延伸，似乎像是要钻入卧室。六月的夜里躺在床上，在玫瑰的清香气中睡着也挺不错。"在窗边种上芬芳的植物，打开窗户就是精彩、美好的庭院。

种上一棵气味芬芳的树

试着按照花期顺序，依次种植气味芬芳的树木。根据地域不同，花期稍有差异：瑞香（3月~4月）、紫丁香花（5月）、金银花（6月）、欧洲山梅花（6月）、刺槐（6月）、无花果（6月~7月）、金桂（9月~10月）等。调查确认自己居住地区适合种的植物，长成后体型大小等，然后再去园艺店购买。此外，这些都是通过插条或分株等繁殖，问别人要一根也能种植。种上一棵扑鼻香的树，这是营造出芬芳庭院的第一步。

即便没有庭院，秋季在花盆内种上洋水仙、山百合的球根或玫瑰，第二年春季或初夏就能闻到芬芳气味。如果愿意体验更浓郁的芬芳，推荐种植香草。香草就是各种香气的宝库，有许多我们从未体验过的香味。

香草花园

身边茁壮生长的香味草类

“香草”这个词经常听到，香草茶、香草料理、香草理疗等。“香草”一词最早在欧洲地区流行，是指所有带有香气的草类。现在，并不仅限于草类，许多木本植物的树叶也被称作“香草”。

香草种类有许多，包括紫苏、阳荷、鸭儿芹、小葱、韭菜、芹菜、薄荷、款冬等。

此外，还有许多不常见的植物，统称为“香草”。对比而言，中国的许多香草带有苦涩味，欧美的香草大多能够开出芬芳香气的花，最适合种植于欣赏花卉的花坛中。这些香草与野草一样坚忍顽强，只要土壤和气候合适，在中国也能健康成长。在园艺店内也能买到，可以试着建造气味芬芳的庭院。

触摸芬芳

鼻子靠近花或叶子，香味扑鼻的香草。用手触摸晃动的枝叶或茎部，更多香气散播出来。鼠尾草、牛至、迷迭香、罗勒、薰衣草等，每一种都散发着独特的香气。还有低矮的百里香，路过时被腿碰到，四周就会散发出清香。园艺店就能买到，或者从花友那里分来几棵。大多简单插芽、插条即可繁殖，适合初学者。

店里喝茶时用于装饰的薄荷叶，连着小茎一起带回家，在花盆内就能插芽繁殖。或者，将这些香草分开种植于小花盆内，放在厨房的窗边，随时取用。不仅人类喜欢香草的芬芳，还能吸引蝴蝶。特别是牛至、猫薄荷、洋甘菊，会吸引许多蝴蝶聚集一起。

享受庭院设计

庭院内植物生机勃勃

有些人想要庭院更加精致、漂亮，会认真思考花的颜色及布局。翻阅国外的庭院杂志时，会发现真的有许多很棒的庭院。粉色、紫色或白色等整体浅色系的庭院，深红色、浅粉色等同色系的庭院，种满玫瑰的庭院。任何一种庭院都能看出设计建造者的用心之处，也能让其他人感到赏心悦目。但是，比方说想要完全模仿一处英式庭院是非常困难的。首先，英国和中国的气候并不相同，即使种上同样的植物，也会塑造出完全不同风格的庭院。正因为如此，庭院设计才有趣。

植物同人类一样都是生物，必须全心全意思考设计。不仅仅是颜色及布局，有利于植物能够健康生长的环境因素也要切实考虑。而且，在生机勃勃的庭院内进行庭院种植工作，自己的心情也会更加美好。

覆盖地面的低矮花卉

喜光的植物种植于光照充沛的场所，喜半阴的植物种植于树下或房檐下方等。而且，还要考虑植物会长多大多高，将高矮不同的植物组合搭配。否则，好不容易找到光照良好的场所种植，如果被高大的植物遮挡，就不能健康生长。所以，原则上将高大的植物种在内侧，低矮植物种在外侧。

说到低矮植物，春季至夏季持续开放的堇菜也是其中之一。花朝向太阳，渐渐盛开。香雪球、雏菊也是低矮的花，但这些花在夏季的耐旱性较弱。所以，春季沐浴充足阳光后，夏季应选择阴凉的场所。如果在落叶树下方，恰好符合这种条件。种植于花盆时，夏季应挪移至阴凉位置。如果没有这样处理，也可在枯萎之后收集种子，作为秋季播种的一年生草本植物培育。

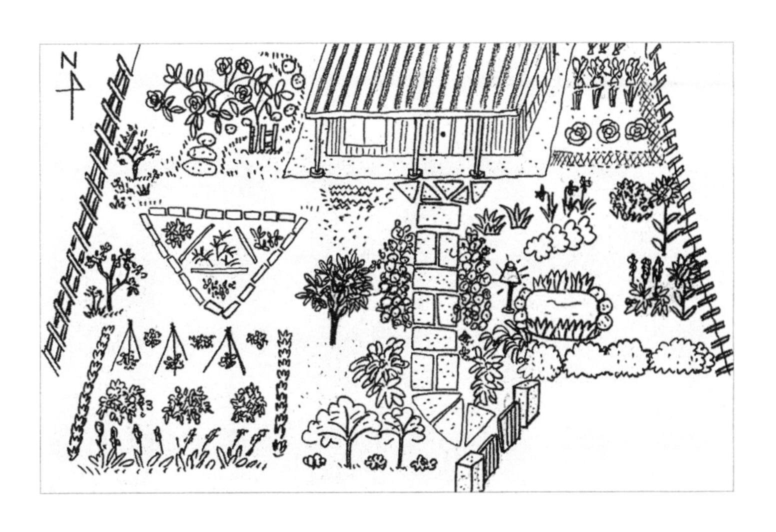

植入野草的庭院

野花野草也漂亮

粗放管理，由其自然生长的野花，以及蒲公英、春飞蓬、一年蓬等在任何地方都适合生长的野草，因为常见，或许并不是很起眼，但是，众多聚集一起盛开的野草野花也别有一番美感。而且，对我来说，这些野草也是庭院的重要组成部分。比如蒲公英就是庭院局部的点缀，生命力顽强且不需要打理，还能吸引蝴蝶吸食花蜜。

除此之外，薄荷、长萼瞿麦花、珍珠草、紫斑风铃草、玉簪等经常在意想不到的地方开花。如同动物尾巴般白穗的珍珠草，如风铃般摇晃的紫斑风铃草，花瓣顶端如丝絮般裂开的长萼瞿麦花，这些花的美丽并不输给园艺植物。而且，人们就是以这些野草为基础，改良出更鲜艳、更大的花。如此一想，这些原种花的美感更加特别。所以，有必要将这些漂亮的野花野草植入庭院某处。

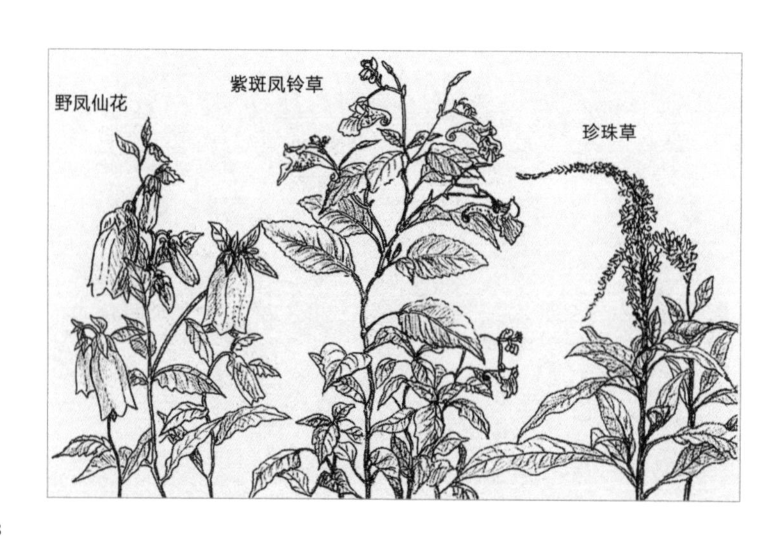

欣赏叶的绿

在小河、池塘或沼泽等湿润环境，长满许多紫斑风铃草。刚开始只是零星几个，本想着拔掉之后就没了。没想到它的繁殖能力很强，开出的花也如同摇篮般精致可爱。不知不觉间已经成为庭院景色的一部分。我们常见的羊齿、竹叶草等，在欧美国家极其罕见，多作为庭院中珍贵的景观植物。

或是刻意培育珍奇的植物，或是精心搭配看似普通的植物，庭院设计的思路各有不同。即使常见的野草，也具有大自然赋予的独特气质。所以，重新审视身边的野草，说不定就能发现其中之美，比如玉簪、一叶兰、芒草等在欧美国家就大受欢迎。再比如奶白色斑纹的玉簪，其叶片使庭院变得更加光鲜。野草绿叶的微妙色差及独特形状，给庭院增添了更多自然特色。

一棵大树

培育树木的乐趣

只要空间足够，最好种一棵大树。爬到树上向远处望去，从未见过的景色尽收眼底。或者，也可从鸟的视角观察庭院。在树上搭建木屋，实现儿时的梦想。其实，在美国曾有人在10米高的树上搭建木屋，并在里面生活了1年左右。树枝粗壮、结实的树，甚至能够挂上秋千。庭院里种着树木，住在里面的人也会幸福。即使现在没有拥有这样的庭院，仍然时刻憧憬着这样美好的梦想。

有些人自认为没有耐心等待树木成长，实际动手种上之后，反而会感叹其成长速度惊人。每天都能观察到变化，每一年的成长都很明显。春天，将小胡桃树的嫩芽种在庭院，第二年居然就能长到1米多高。

树木充分沐浴阳光

胡桃木、榛子树、板栗树、樱桃树等果树，能够结出奇妙的果实。如果想要树长得快，需要使其充分沐浴阳光。周围如果有遮挡光线的树枝或杂草，应该将其剪断。树木长大之后，枝叶就会四散而开。放任不管，枝叶就会相互缠绕，进而阻碍自己的生长，因此，需要我们帮其修枝。

为了使树木健康、繁茂，留下哪些树枝才好？站在稍远处，仔细观察树木。或者如同双手朝向天空展开，呈自然形态生长的枝叶保留，其余剪掉。期待第二年树木又会呈现出新的状态，带来更多惊喜。树木的成长过程真的很有趣！

各种生物聚集的庭院

庭院内上演的电视剧

身处庭院内，真的能够与许多生物相遇。蹲在地上种苗时，看到蚂蚁在搬运昆虫的尸体，蜜蜂在搬运蝴蝶的幼虫，还有飞蛾落入蜘蛛结的网中。采摘蔬菜时，能够发现雨蛙站在小番茄上伺机等待着昆虫，支柱顶端立着蜻蜓，秋葵花引来了蝴蝶，各种生物聚集于庭院。我经常会停下手头的工作，观察它们在做什么。

大多数场面都是谁被谁吃掉，偶尔也能见到互相帮助。古时候这么多报恩的故事，想必是因为当时的人们都在大自然中劳作，编出的故事也与日常生活息息相关。同一个庭院内，植物每天的状态不尽相同，在此生存的各种生物也有所不同。庭院内，每天都在上演新的电视剧。

昆虫、鸟等各种动物

有些虫虽然对植物有害，但还是希望不要盲目喷药。喷药后，有些害虫或许会死，但也有存活下来的。于是，就需要更强的杀虫药。杀虫药渗入土壤中，有利于培土的微生物也会被杀死。而且，鸟吃了虫之后也有可能死掉。

伤害植物的害虫如果发现得早，数量应该不多，可以用手清除。不适应徒手清除，可以戴上手套，或用毛笔清扫到容器内。没有喷洒杀虫药的庭院内，各种生物汇集于此，非常热闹。担心狸猫、獾偷吃蔬菜，可以在四周设置围网即可；担心刚种上的豆子被鸟啄食，就在上方搭设围网。彼此不伤害，共生共荣的方式必然能够找到。

引来青蛙的庭院

协助庭院设计的青蛙

在欧洲，人们常说："青蛙是园艺师的朋友。"对庭院内的植物来说，鼻涕虫、毛毛虫等是最大的天敌。为了预防各种虫害，小虫交给雨蛙，大虫则交给蟾蜍。

在荷兰，甚至还特意制作引诱青蛙的池子，并打上青蛙印记后售卖。专门制作的池子，不知道会不会引来青蛙，但是，就算在东京这样的大都市也会有青蛙出没。准备直径 40 厘米左右的浅盆，装满水后静等青蛙就行。青蛙有发现水源的能力，雨蛙的感应范围约 600 米，普通青蛙约 800 米，蟾蜍约 1200 米。是的，动物们的自然能力就是这么让人惊奇！

享受青蛙时光

在产卵的季节，青蛙会四处寻找水源。建造池塘在任何时候都行，但青蛙活跃期大多在冬眠之后的 3 月至 7 月。我将直径 60 厘米左右的塑料桶埋入地面，制作成小池子。制作完成后经过 1 个月到了 6 月份，偷偷观察池塘，会发现雨蛙露出小脑袋，真是神奇。再过不久，红蛙也来产卵了。红蛙的声音清凉干脆，令人痴迷。

最吵闹的是雨蛙，但其主要是在产卵季节鸣叫。制作小池子时如果担心孑孓（蚊子的幼虫），可放入金鱼、青鳉鱼、食蚊鱼。即使出现孑孓，也会被立即吃掉。

丰富庭院景色的池塘

欣赏水草花

无论池塘大小，只要庭院中有水，就能呈现别样情调。即便只是在阳台上放一个装满水的盆，也是别具特色的一种池塘。水是不可思议的物质，变化多端，久看也不会生厌。在池塘旁静静等待，会有水黾飞来，夏天还会有蜻蜓飞来产卵。不知不觉间，居然还有松藻虫在水里游动。在我的池塘里，麻雀也会过来饮水。

只要有池塘，还能看到水罂粟、睡莲等水草浮出水面。买来一枝水罂粟放入水中，很快就能大面积繁殖。如风信子般美丽的浅紫色花，渲染出别样景致。水罂粟是一日花，花枯萎后茎部也静静地下垂。这种植物在寒冷地区无法过冬，需要放在室内水槽中保温。气温回暖之后，重新搬到室外即可。除此之外，睡莲、日本荷根、水罂粟等也是能够开出漂亮花朵的水草。

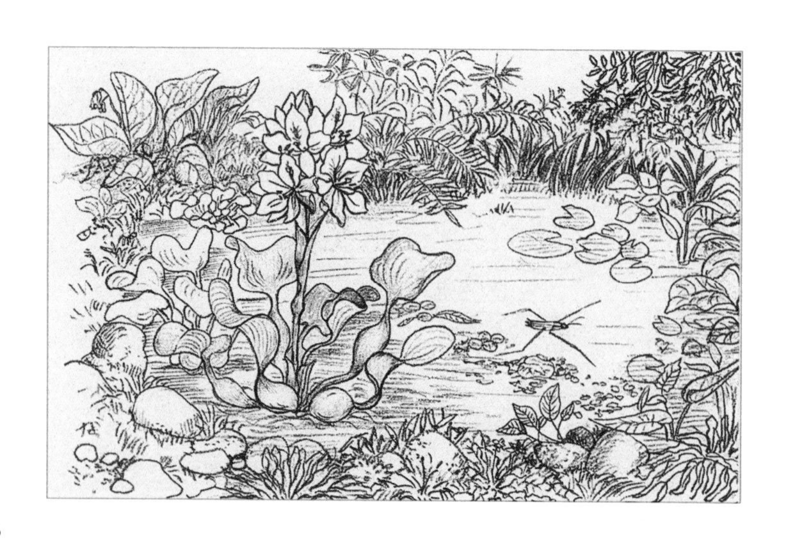

孕育自由生命的池塘

池塘中为何能够聚集许多生物?关键之一在于水的温度。白天被阳光充分温暖的水，即使到了夜晚也不容易降温，所以池塘能够聚集许多大河或大湖中没有的生物。正因为温暖的水，才被各种生物选为产卵场所。当然，与池塘的大小也有关系，如果池塘太小且日照连续，就会晒干水分。这时候，就要事先准备一桶水在太阳底下放置一天备用。特别是池塘中有鱼类等生物时，需要补充与池塘水温差不多的水。

放满水的池塘如果放任不管，可能会变得浑浊。但是，只需加入一些水草，池塘便会变得干净。特别是水罂粟，其疯长时甚至能在短时间内覆盖整个水面。池塘内还有不曾记得放入的贝壳，让我大吃一惊，有可能是被鸟带来的。池塘真是孕育着丰富的生命。

引来鸟类的庭院

种上鸟类喜欢的果树

庭院吸引鸟类。树叶之间隐约可见的是远东山雀，还有被山茶花吸引来的绣眼鸟，大声啼叫的是松鸦。相比人类，生活在更广阔世界的鸟类从空中俯瞰各处庭院，寻找食物、休憩场所或某种吸引它们的地方。为什么我的庭院会引来鸟儿？一边用望远镜在远处观察它们，一边思考这个问题也是有趣的。

树上结的果，这可是鸟类非常喜欢的食物。种上火棘、山桐子、日本紫珠、南天竺、东瀛珊瑚、灯台树、棕榈、桑树、茱萸等，一定能让鸟儿们发现。或许，在窗边放上这类植物的盆栽也行。清早，在鸟儿的叫声中醒来，这是许多人向往的理想生活。

洗浴和休憩的场所

在周围散步时常发现鸟类，逐渐也会了解哪些地方容易吸引鸟类。将自己发现的这类地方，在庭院中重现即可。鸟儿为了打理自己珍惜的羽毛，需要能够洗浴的浅水区。为了晒干弄湿的羽毛，还需要能够放心休憩的树荫。一边做着庭院种植工作，一边看着四周，鸟儿在沐浴，有的在打理羽毛，亲切自然的环境。

在我的庭院内，支撑蔬菜的竹竿上经常有牛头伯劳停留小憩。或许，它是盯上了某个昆虫或青蛙。到了冬天，在庭院内备好饵料台，让鸟儿饱餐一顿。或者，将饵料放在床边，也可将肥肉装入网兜内吊起，鸟儿很容易就会发现。就算没有立即发现，也不用着急，它是忧心安全问题，需要小心观察一番。

乐享校园风情

校园的欢乐记录

大家所在学校的庭院究竟是怎样的？是任何季节都有鲜花盛开的华丽庭院，还是能够观察牵牛花或向日葵的庭院？比如说适合观察的庭院，而且自身也喜欢庭院种植，这样庭院肯定吸引自己。

我在岩手县花卷市的“宫泽贤治纪念馆”发现了一份有趣的记录。当时，正好在举办“斋藤宗次郎特别展”，展示了《花城校花坛日志》。斋藤宗次郎是研究内村监三的著名学者，居然还保留着他当小学老师时的花坛日志。这是一份1905年的日志，那所小学就是宫泽贤治曾就读过的花城小学。当时，花城小学刚建好的校舍被大火焚毁，虽然之后再次重建，但大火后遗留的空地被改建为花坛。

这是一块东西方向延伸的土地，长40米左右，宽1.8米左右，足够宽阔。花坛的四周，被大火烧剩下的木材围起。特别喜爱植物的斋藤先生制作了搭建花坛的方案。

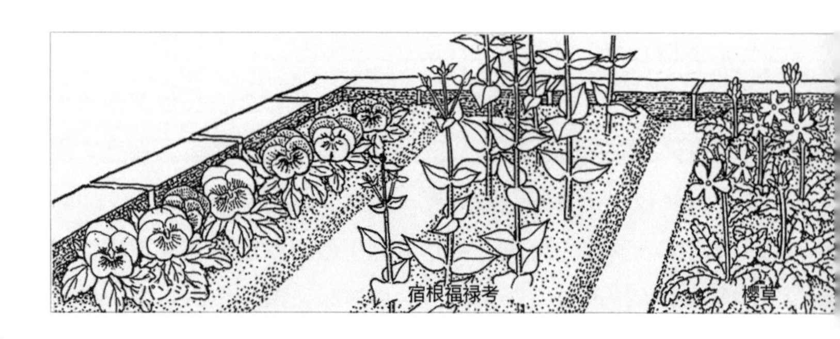

被 80 种植物填满的花坛

《花城校花坛日志》中有这样的一段记录:“将学校庭院内的杂草清除干净后,开始翻地培土。4 月 22 日,第一次播种。划分出 4 块分别长达 3.6 米的苗床,并按 A、B、C、D 命名,播种 40 种植物。4 月 23 日,种上勿忘我、春菊、矢车菊的苗。4 月 24 日,种上天蓝绣球、百合。4 月 25 日,种上洋地黄、雁皮。4 月 26 日,日落之后为香豌豆堆肥。”学校的教学工作结束后,搭建花坛的斋藤先生出现在人们眼前。

4 月 27 日是这样的记录的:“在不是苗床的区域施了水肥,水肥取自学校的排污渠。”也就是说,那是从学校厕所的化粪池中舀出的肥料。大约 90 年之前,他就能将老师及孩子们的排泄物充分利用,而且每天始终如一地记录着花坛的变化。之后,过了 5 月中旬,苗床内的种子开始发育,便按照字母顺序逐个移栽。6 月 6 日,采集三色堇的种子。最后,到了 6 月末,数一数,居然种了 80 种植物。极其有趣的花坛建造记录,现在读一读也能让人兴趣盎然。

乐园之梦

在庭院中创造快乐梦想世界

有没有听说过“乐园”或“天国”？与现实世界不同，那是充满快乐的地方。以前相信这样的地方一定是在山的深处或海的远方，可以称之为“桃花源”或“龙宫”等。“乐园”如同其字面意思，就是快乐的庭院。有花盛开，有鸟鸣叫，池塘里的鱼游来游去，各种动物安逸生活，舌头在树上舔一舔都是甜美的果汁。人在越接近自然的地方，越能感到幸福。但是，能在这样的乐园中生活的人并不多。正因为如此，乐园是人们的梦想，永远的愿望。

在现实世界中，也有很多人将这种乐园梦想通过各种形式的庭院实现。特别是拥有权力的人，可以使用大量金钱及劳力，建造精美绝伦的庭院。在中国或欧洲，这类庭院并不罕见。而且，现代的人们还在不断造访这些美丽的庭院。

各种乐园

所谓庭院，可以是许多人共同努力建成，也可以是一家人或一个人建成。这样的小庭院并不是为了给人参观，而且，能够长久完整保留的例子也不多见。但是，无论古今都有许多人乐于建造自己的庭院。庭院形成之后，必然有一些特点与建造者的性格相似。

比方说喜欢昆虫的人，如果种上一个吸引蝴蝶的植物，会倍感幸福。或者，有些人喜欢在庭院采摘新鲜草莓，用其制作蛋糕，也是很幸福的。因什么而感到幸福，每个人的答案或有不同。无论周围人怎么看，只要自己对自己建造的庭院满意就行，这也就形成了与自己性格相似的庭院。当然，庭院建造师等专业人员设计的庭院有其特殊的目的性。但是，这些专业人员的种植方法、各季节的养护方法等是值得我们学习的。

庭院中的蜂类也能成为朋友

大多数人看到蜂，第一反应就是赶紧躲避。蜂的种类极其多，但有危险的蜂却很少。不仅如此，考虑到蜂类有传播花粉的作用，我们还应该感谢它们。

在分散各地的花与花之间飞来飞去地搬运花粉，使植物能够结果，繁衍后代。喜欢吃美味蜂蜜的人，也不要忘记蜜蜂的功劳。草莓能够结果也是多亏了蜜蜂。即使各种蜂类在庭院中飞来飞去，只要不去主动招惹它们，是不会被攻击的。圆润可爱的黄蜂热衷于收集花粉，我们站在旁边也会被无视，只顾钻到花中吸食花蜜。不要害怕，试着观察一下自家庭院中都有什么蜂类？

可以种植蜂类喜欢的植物，或设置蜂房等。比如豆科植物，蜂类基本都喜欢。或者，只是种植车轴草也能吸引蜂类。西梅、樱桃等开花的水果它们也很喜欢。此外，用绳子将竹筒或细管等拴紧吊起，是泥蜂建造巢穴的基础。在空罐中填充海绵，就是黄蜂建造巢穴的基础。

将植物种在花盆中，放在室外也能吸引蝴蝶或蜜蜂，庭院世界将变得更丰富多彩。所以，庭院种植不仅依靠人，还有与所有生物的关系。

第 3 章

庭院中使用的工具

小工具箱

庭院种植所需工具

庭院种植工作需要什么工具？从最小的庭院开始考虑，比方说花盆等。首先，在花盆内装满土，抹平土壤表面后撒上种子或植苗。为了确保排水通畅，可以在花盆底部放上一块小石头。装土时，有移栽铲会很方便。如果是小花盆，可以使用旧的勺子、叉子、刀等。到厨房找找，肯定可以找到能用的工具。

用叉子抹平花盆内的土壤，再用刀划出横道，撒上种子。也可用筷子插出小孔，撒上种子。如果是植苗，可以用勺子挖出孔，将苗轻轻放入后回填。植物的叶、茎、根非常纤细，苗应轻拿轻放。即使操作过程小心仔细，细茎有时也会折断。有时，由于自己手指的粗细和力度，导致植物枯萎。所以，植物真的很可怜，会受到人类的粗暴对待。

使用洒水壶和喷壶充分浇水

对植物来说，平常只会被风雨吹打或被虫子侵害，相比之下人类触碰时的力度是非常大的，这点需要牢记。而且，通常埋入土中不见阳光的根部在移栽时露出土表，这是事关其生死的问题，所以，尽可能快的将其放回土壤中是关键。准备过程中，也可采用土壤包裹住根部或湿报纸包住根部等方法。如果动作慢了，植物可能就会枯萎。

接着，播种或植苗，并充分浇水。可以使用嘴细长的洒水壶等。浇水时不得太急太猛，否则土壤开好的孔会被冲塌，最好选用能够逐次少量出水的工具。喷壶则用于帮助发芽，使土壤表面湿润。就是这么轻松，所有庭院种植工具都齐全了。最后，用空罐或空箱作为工具箱，万事俱备。

方便使用的庭院种植工具

随着花盆数量增多，或者对庭院种植兴趣增大，就需要更多的专业工具。有了工具，庭院种植工作会更加轻松愉悦。刚开始，没必要全部聚齐。根据自己的使用需求，逐个添加最合适。本篇将介绍一些方便的庭院种植工具。

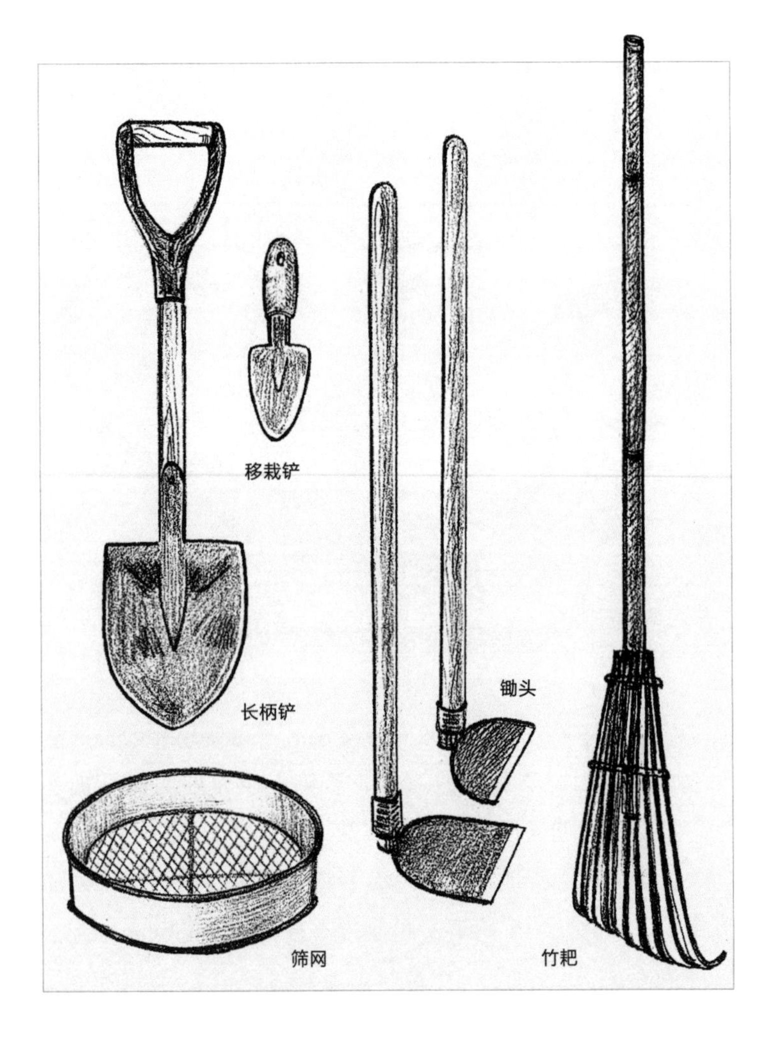

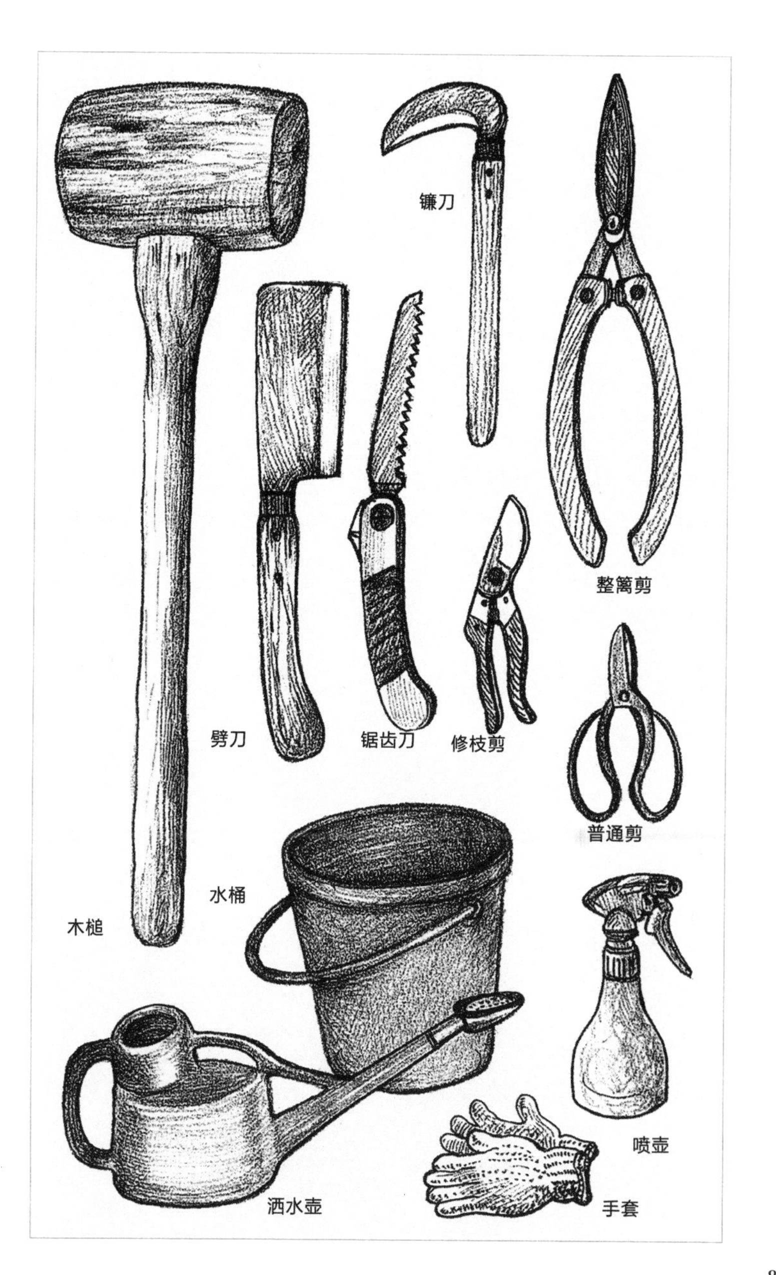
镰刀
整篱剪
劈刀
锯齿刀
修枝剪
普通剪
水桶
木槌
喷壶
洒水壶
手套

制作庭院镶边

用树木制作花坛围挡

空间再小或满地都是杂草，都能建造成令人开心的庭院。我是这样做的，首先用竹叶草或带有尖刺的木莓等围起庭院四周，并修剪到与身高相当，然后再正式开始庭院种植。庭院种植时手脚会被划伤，有时还会被修剪下的竹子等绊倒，即便如此也是开心的。将割下的野草及树枝收集起来，可以煮热水泡茶或烤山芋等。所以，庭院种植的每个阶段都是开心的。

如果面对一大片空旷的庭院，该怎么开始着手？通常，首先想到的就是“建造围挡”。如果不围起来，即使自己知道种了什么植物，别的人也会弄不清楚。可以使用石块、砖瓦、树枝等建造围挡。我家后山有间伐（将周围部分树砍伐的方式）的松树，正好用其圆木搭建围挡。

没有比树更有用的

刚砍下的树带有许多树枝，首先需要将树枝切掉。这里就要用到了劈刀，利用刀刃重的特点劈砍树枝。只听咔嚓一声，树枝便被砍掉。记住，劈砍树枝时需要与大人一起。树枝砍掉之后，接下来使用锯齿刀将树干切成所需长度。接着需要搬运，刚砍下的树含有水分、比较重，放置几年干燥后才会变轻，这也是从实践中获得的经验。庭院的形状可以是 4 根圆木排列成方形花坛，或利用 6 根圆木排列成六角形花坛。

此外，如果只是随意摆放，可能圆木会滚动，应打桩使其稳定。用劈刀将枝叶一侧顶端削尖（如同削铅笔），将其敲入土中。敲入时使用木槌等工具，这个工作需要很大力气。但是，锯齿刀、劈刀、木槌等工具使用顺手后，各种庭院种植工作都能胜任。

用石块镶边

石块的排列方式也有秘诀

有了石块，庭院种植效果就会更加丰富多彩。利用可搬运范围内的较大石块，将其装入水桶中搬运至庭院。若找不到合适的石块，也可从园艺店内购买文化石或砖瓦等。庭院内有了石块，真的会有更多变化。

如果采集的石块较多，也可作为庭院的镶边。当然，同样不是简单排列就能完成的。通常，我们都认为石块较大且平整的面朝上，但实际做法应该与其相反。先挖开一些土，大石块作为基底排列，用相邻的石块抵住支撑。通过相互作用力，使整体结构稳定。否则，长时间以后石块会滚落散开，甚至导致人员受伤。需要注意的事项不少，所以搭建石垣是需要技术的。如果发现周围有现成的石垣，可以仔细观察其结构如何。

建造迷你封闭花园

希望在小庭院内种植各种植物时，或者需要创造良好光照条件时，可以将土堆高。这样一来就需要多余的土壤，可以从其他地方运来或从园艺店购买。庭院大的也可挖土堆高，留下的坑还能作为小池塘。这时候如果有石块，就能围起来保护土壤，防止其被雨水冲走。

《朴门学》一书中有介绍到“草本螺旋”这个词，其实就是石块堆砌而成的庭院。从上方看像是蜗牛壳，石块呈螺旋状堆砌而成，石块之间填塞泥土，再种上每天使用的草本植物。实际自己搭建起来，确实比较实用。内侧背阴面种植鸭儿芹，上方种植甜椒及百里香，石块旁边种上耧斗菜，每年都能看到漂亮的花朵。

培土

使植物健康生长的土壤

搭建庭院的场所确定之后，接着就是如何使用土壤。在日本任何地方，各种土地上都茂密生长着野草野花，使用自家周围的土壤应该没有问题。而且，使用附近的土壤还能使植物更快适应当地环境，有助于植物生长。我的庭院内的土壤是一种红土，曾经用来烧砖的。费尽力气用长柄铲插下去，感觉依然坚硬。也就是说，这种土壤具有保水能力，是一种基本不含空气的黏性土壤。因此，我混入了腐叶土，这种土间隙大、富含空气。

混入腐叶土之后，土壤会变得柔软。从山上落叶林中挖出黑色腐叶土，装入大袋子中运回。这种时候，独轮车能够派上大用处。接着，用长柄铲将坚硬的红土挖出，与腐叶土充分混合。这种水分及养分均衡的土壤，能够使大部分园艺植物健康生长。

方便耕地的锄头

翻起或拍碎坚硬土壤时，长柄铲不可或缺。将大长柄铲的头部插入土中，脚踩上去，用身体施压，就能轻松翻地。坚硬的土块也能用长柄铲拍碎。重复此操作（耕地），土壤就会变得细密，富含更多养分，植物的根部也能够轻易散开。但是，耕地面积较大时，锄头比长柄铲更方便高效。锄头是用于翻土、捣碎土壤的工具，分为长头、短头、长柄、短柄等类型，可根据自身体格挑选合适的使用。

用锄头捣碎坚硬土壤时，一定会因工具的方便高效而感动。当然，刚开始使用时由于不熟练，还是会比较辛苦的。这是因为尚未熟悉自己和锄头的位置、翻土方向等。但正是在辛勤劳动的过程中熟练掌握使用秘诀，能让你逐渐享受到耕地的乐趣。

堆肥

使植物吸收的养分回归土壤

植物吸收太阳的能量，并以根部吸收的水分和空气中的二氧化碳等作为原料制造养分，再将这些能量及养分传送至全身使自己长大。植物的身体充满养分，自然状态枯萎后仍然保留着养分，腐烂之后养分再次回归土壤。此外，昆虫、鸟、狐狸、狸猫、貂、松鼠、老鼠等动物的粪便及遗骸经过一段时间后也会成为大地的养分。但是，庭院及农田的情况

却不相同。枯萎的植物会被清理干净，或者收获后有其他用途。长此以往，土壤会变得贫瘠，所以需要给土壤补充肥料。

最好的肥料就是最接近自然状态的。比方说，将落叶、蒿草、野草、动物粪便等作为原料搅拌，待其充分腐化之后形成堆肥。而且，也可加入我们吃剩的饭菜（蔬菜、鱼、肉等）。这种堆肥的方法比较简单。

剪下的枝或落叶尽可能收集

原料足够，就能自然形成肥料。夏季 2 至 3 个月，冬季 6 个月左右就能变成肥料。可靠的保存场所也是关键，否则会被猫狗或乌鸦等盯上，甚至导致恶臭四散。为了解决这类问题，可以购买不会散发出异味的生态桶（堆肥容器）。生态桶是一种外形稳定，且密封坚固的容器。厚度足够，常年使用也不容易老化。

能够买到生态桶当然好，购买不便时也可自己制作。准备一个带盖的塑料桶，用刀在底部划入切口，并用锯齿刀沿着桶的四周整齐切开。再将这个桶放入事先挖好的直径比桶稍大的坑内，使其稳定。存放的场所应选择背阴面，且方便倒入厨房的剩饭剩菜及庭院杂草。再加上落叶和割下的野草等，既不会产生恶臭，也能加速完成堆肥。落叶及土壤中含有的微生物及细菌会吞噬分解桶内的物质，使其养分回归土壤。

播种及育苗

在较浅的盒子或花盆内播种

从播种开始培育植物时，一种是直接在庭院或田地中播种，另一种是在其他地方播种培育，之后移栽。对于植物来说，尽可能不要更换培育场所。发芽阶段的植物较为虚弱，容易被土壤中的病虫害等击垮，或者被周围的野草等抢走养分。为了避免这类情况发生，将种子培育至健康茁壮的苗之前，放在能够经常看见的位置会比较放心。

非常细小的种子、数量少的种子或早春时节播种时，适合采用这种方法。专业术语称作“播种床”或“苗床”，但其实使用花盆、较浅的盒子即可。此时，使用筛网将较细的土壤筛入花盆或盒子内。我使用的是山土，并加入腐叶土。使土壤颗粒细密是这里成功与否的关键。

提升种子的发芽率

即使播种时再小心，有时也会出现不发芽的种子。因此，为了提升种子的发芽率，播种之前需要仔细对土壤消毒。将土壤放入黑色塑料袋内，袋口系紧后在阳光底下充分晾晒。夏季阳光直射条件下，1 个月左右即可杀死病原菌。使用过的花盆土经过这样处理之后，也能重新使用。需要的时间较长，却是最简单的土壤消毒方法。

如果想要尽快使用，可以将土壤放入蒸煮器具上高温蒸煮，也可放在铁板上烘烤。园艺店内售卖的蛭石土或珍珠岩土也是经过高温消毒处理的土壤。使用经过消毒的土壤，发芽率会大幅提升。只不过，细菌是移动的，土壤的杀菌效果并不能永远有效。但是，植物只要度过最艰难的虚弱时期，茁壮成长的概率非常高。

用洒水壶浇水

观察土壤状态后浇水

浇水也是有些秘诀的。每天在固定时间给植物浇水的人似乎很善待植物，实际并不完全如此。夏季日照持续时，这种浇水方式较为合适。但是，其他季节则不需要习惯性浇水。浇水太多，导致根部腐烂的情况并不少见。所以，浇水的关键在于观察植物是否需要水。

只需要仔细观察植物，就能明白什么时候需要水。也就是说，植物没有活力，土壤表面出现干裂、泛白，这些都是濒死状态的征兆，必须赶紧浇水。此外，播种或植苗等培育最初阶段也要大量浇水。植物在庭院内健康生长时，基本依靠自然雨水补充水分即可，根部会自行吸收土壤中的水分。

盆栽需要悉心浇水

说到浇水的工具，洒水壶必不可少。可拆卸的壶嘴，需要对植物根部大量浇水时壶嘴朝下，需要整体均匀浇水时壶嘴朝上。植物从根部吸收水分，使土壤中含有水分是关键，需要对根部周围附着的土壤充分浇水，并非花或叶。此外，庭院种植和盆栽的浇水方法有所不同。与能够对其放任不管的庭院种植相比，盆栽的土壤是有限的，且容易干燥。感觉到盆栽的土壤干燥时，需要充分浇水至盆底溢出为止。

浇水的方式有季节性区分。植物发芽生长快速时，大多是春季至夏季的成长期，需要大量的水分。冬季气温降低，根部获取养分迟缓，并不需要太多水分。而且，如果在傍晚浇水，甚至会导致根部冻结损伤。所以，冬季应当在清早浇水。

长时间外出时的浇水方法

通过水的流动方式了解土壤

给盆栽浇水时，有的会立即从盆底溢出水，有的需要等一会儿才能溢出水，这是由于土壤的状态有差异。如果是黏性土壤，水会缓慢流动。沙砾较多的土壤，水会瞬间流出。最好的土壤状态是保水性处于两者之间，且透气性良好的土壤。植物从根部吸取水分，进行呼吸，每天浇水导致土壤间隙缩小，造成植物呼吸困难。为了避免这个问题，混入腐叶土是关键。含腐叶土的土壤内带有细小间隙，可存储氧气，使根部得以呼吸。通过给盆栽浇水，逐渐了解花盆内土壤的特性也是很有趣的。

此外，给许多盆栽或庭院整体浇水时，准备一根橡胶水管会很方便。不用时绕回卷收器内，不会占用太多空间。到了夏天，还能在庭院中边浇水边淋浴。

避免长久外出期间盆栽枯萎

因急事外出忘记庭院内还种着盆栽，5 天后回家一看，外观看似健康的草莓苗其实已经不行了。花盆内的土壤有限，容易干燥，面对即将枯萎的苗，任何方法都是徒劳。如果事先将花盆移动至背阴面，说不定还能挽救。

为了避免 4 至 5 天外出期间花盆内的植物枯萎，有几种方法可行。准备发泡箱、脸盆或浴盆，放入较浅的水，再将花盆摆放入内，这是一种方法。或者，将用完的饮料瓶内注满水，在瓶底开小孔后放在土壤上面。根据瓶盖的松动状态改变出水量，也是个很棒的主意。自己也可以试着想想其他如何缓慢出水的方法。如果外出时间更长，可以考虑购买自动喷淋装置。这种装置是定时的，会定时定量浇水。

搭建支柱

避免植物被风吹倒

开花大的百合，植株高的波斯菊，这类植物都容易被风雨整片吹倒。看到其茎部折弯，会后悔没有提早搭建支柱。支柱就是预防植物倾倒的支撑，还能够矫正植物本体，使根部更加健壮。茄子、柿子椒、番茄等果实较重的蔬菜也需要搭建支柱。此外，豌豆、四季豆、黄瓜等藤蔓植物搭建支柱之后，能够促进其生长。

但是，支柱有时能够深插入土壤，有时难以插入坚硬的土壤，需要很大力气。这种情况下，如果用 3 根棒子搭建成三角形支柱，既不用插得很深，又能保持稳定，绝对不会倾倒。

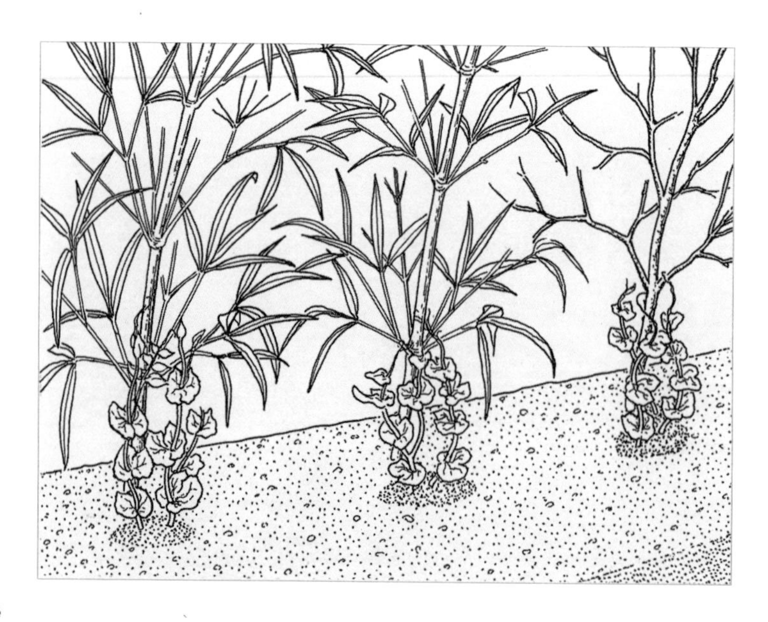

笔直或弯曲的树枝都能使用

我最喜欢简单、结实又耐用的 3 根支柱。那么，支柱如何取材？可以就地取材，找寻笔直的棒子等。如果家在竹林旁边，那就太方便了。如果是别人承包的种植林，可以与主人商量并告知缘由，砍下几根应该没有问题。不要忘记事先准备锯齿刀和方便搬运的绳索。笔直的支柱可用于任何植物，带有小枝叶的支柱可用于豌豆、四季豆等豆科植物。

即使居住于城市，也有获得支柱的机会。路边景观树修剪下的树枝，附近种植园内丢弃的树枝等。弯曲的树枝最适合豆科植物了。平常留意周围，就能意外发现许多支柱材料。除此之外，还能从园艺店购买塑料支柱。

固定于支柱

插入支柱时保证根部完好无损

在植物茎部附近插入支柱后，可能会对根部造成损伤。因此，与植物稍微隔开一点距离插入支柱，并用绳子将茎部和支柱拴在一起。或者，在种上植物之前先插入支柱，这样最为安全。如果是幼苗，可以先插入细支柱，等到苗长大了，仍然需要更加结实的 3 根支柱。最初的细支柱与之后 3 根中任意一根拴在一起就行。

支柱和茎部拴在一起时，打结的部位应保留一定空间，否则茎部长大变粗后就会被绳子勒住。记得有一天我蹲在地里摘黄瓜时，发现绳子已经勒紧陷入茎部内，慌慌张张地赶紧剪断绳子。绳子已经紧绷绷，再过不久黄瓜可能就蔫了。为了避免这种情况发生，打结时一定要保留空间。

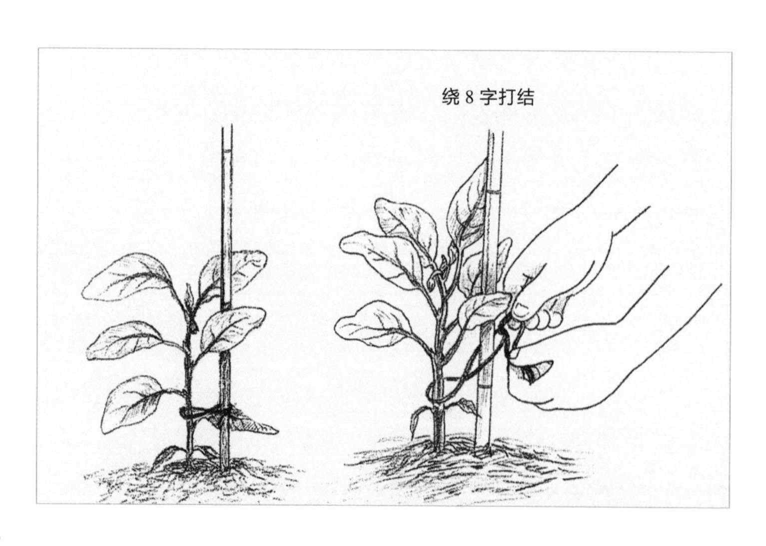

绳子和剪刀随时必备

我通常会准备便宜、常用的麻绳，需要时剪开使用。麻绳用久之后也是自然纤维，不会对自然造成伤害，可放任不管。但是，塑料绳等非自然纤维剪掉之后应及时捡起作为垃圾处理，避免其混入土壤中。此外，束紧面包袋的扎带柔韧性好，可轻松固定，重复使用。

将剪刀、扎带等一起存放于盒子内，使用时更方便。我每次去庭院时，肯定会在口袋里装上10根左右剪成20厘米的麻绳，总是有一些需要与支柱拴在一起的植物等着我。此外，固定支柱时，还可以使用铁丝，此时就要用到钳子。铁丝能够固定的更紧，而且，拆下之后的铁丝还能重复利用。

收获

用刀或剪刀小心采摘

除草莓、豌豆以外，庭院中还有洋葱、土豆、卷心菜、四季豆、茄子、番茄、黄瓜、玉米、南瓜、黄豆、花椰菜、菠菜、白菜等。从春末开始至夏季及秋季，各种果实大丰收，忙得不亦乐乎。

有洋葱、土豆等一次性采摘的蔬菜，也有番茄、黄瓜等根据果实成熟时间采摘的蔬菜。像小番茄这样的，可以直接徒手摘取，但是，大部分蔬菜如果徒手触碰，可能导致植物本体损伤。为了防止植物根茎损伤或尚未成熟的果实落地，应该用剪刀或刀小心采摘。豆类、番茄、黄瓜、茄子等适合使用剪刀，卷心菜、白菜等叶菜适合使用小刀从根部切下。切下之后，放入筛子或篮子内即可。蔬菜新鲜水嫩，收获真美好。

高处应使用梯子

四季豆等藤蔓豆类多缠绕于支柱向高处生长。即使是黄瓜，有时候也会长在手触碰不到的高度。面对从下依次向上生长的果实，只能站在椅子上摘取。如果站在椅子上高度都不够，只有使用梯子了。准备一个可调节高度的铝制梯子，使用非常方便。有了梯子，连椅子都不需要了。

站在梯子上，用剪刀咔嚓咔嚓摘取豌豆或四季豆，会感到非常幸福。站在梯子上，从高处向远望去，与平时所见庭院风景有所不同，而且风吹到脸上的感觉也不同。每次我都不想走下梯子，想在更接近天空的梯子上观赏庭院。此外，洋葱、土豆等从地里挖出的蔬菜为了防腐，也要吹风干燥。洋葱可以穿上绳子吊起，土豆可以放在报纸上方，风吹几天即可。

采集种子

花期结束后的另一种乐趣

给我们及昆虫带来欢乐的花期结束之后，立即剪掉有点操之过急。花期之后，还保留有珍贵的财产——种子。看到满满美丽图片的园艺书时，总会想建造这样充满花卉的庭院需要多少年？试着开始采集种植，就会明白下一年植物规模扩大 100 倍也不是难事。

一朵花也能采集到许多种子。波斯菊、百日菊、向日葵

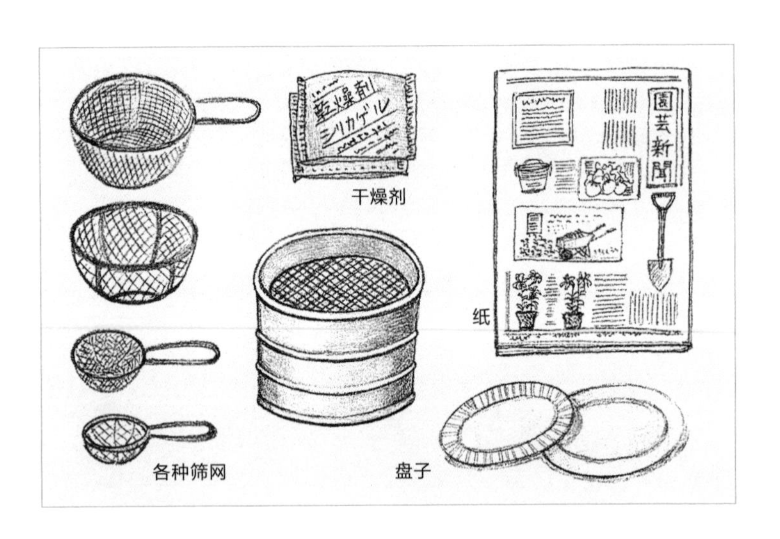

等菊科植物看似花瓣的部分其实就是一朵朵花，其中包含数量惊人的种子。试着数数一朵耧斗菜的花内种子，居然接近 200 个。买来种子建造充满花卉的庭院非常辛苦，但自己采集种子，过程会更有趣。首先，等待欣赏美丽的花卉。接着，花期结束之后，等待种子充分成熟。最后，拿着容器，开始采集种子。

种子的保存

采集种子的容器可以是盘子等。我每次去超市购物时，都会将鱼、肉的包装托盘留下使用。种子可能会被清晨的露水弄湿，也会被雨水淋湿，所以，需要将其均匀摊开，放置干燥。接着，将枯萎的花及杂质等清除干净。混入杂质后容易产生霉菌，长出虫子。

筛选种子时，使用筛网会很方便。可以使用网眼逐渐变化，筛选矿物质的专用筛网，也可使用厨房常用的筛网。请尽可能准备网眼大小不同的筛网或过滤器。经过各种筛网之后，大小杂质被过滤掉，只剩下种子。接着，将干燥后的种子放入小纸袋内，再一起放入带有干燥剂的空瓶或空罐内保存。冬季，在没有暖气的房间或没有阳光照射的环境下存放。

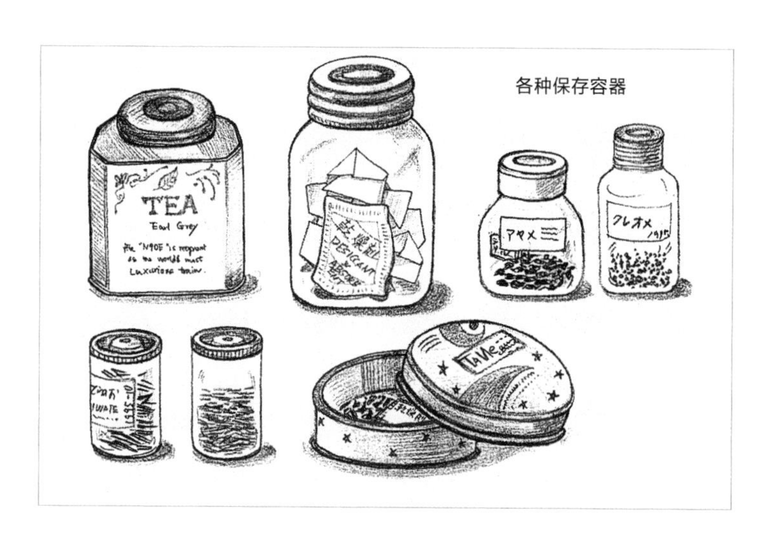

各种保存容器

利用剪刀修剪

好想全部拥有的剪刀

修剪枯萎的枝叶，剪掉四周的杂草，庭院内使用剪刀之处较多。在庭院散步时总有这样的感叹："这里需要修建了！"此时，尽可能拿着剪刀散步。可以剪掉妨碍植物生长的杂草，也可修剪杂乱交错的树枝，用处多多。这类用途的剪刀通常称作"修枝剪"。

修枝是指修剪枝叶，使枝叶整齐均匀结果，保持各部位光照合适，摘掉多余的芽等。平常使用的文具剪刀也能派上用场，但推荐使用更方便的各种庭院种植专用剪刀。用于采摘果实的普通剪刀，用于剪断较粗树枝的弹簧修枝剪，有了这两种剪刀会很方便。总而言之，尽可能选择轻便的、适合自己的庭院种植剪刀。

使用剪刀不能靠蛮力

如果有一把整篱剪，会更加方便。只需双手持手柄，轻轻用力即可剪断。可修剪掉细小的嫩枝叶，使树枝整齐平滑。还可修剪较高的杂草，或者距离较远的树枝，也能伸长双手使用。即使碰到坚硬的树枝，也不需要太用力就能剪断。

使用时并不靠蛮力，任何剪刀都是这样。只要刀刃按正确角度对齐，无须太用力就能剪断。例如使用整篱剪时，感觉拿住手柄的双手手腕稍稍向内侧转动，这样就能轻松剪断。如果是带弹簧的修枝剪，其刀刃大小会不同。通常刀刃粗的一边朝上，刀刃细的一边朝下。即使在树枝粗大无法立即剪断时，也绝对不能扭转剪刀。使用时刀刃垂直对齐，避免刀刃损伤过快。任何人在重复多次使用过程中都能掌握诀窍。

庭院养护

树木养护所需锯齿刀

养护树木时，锯齿刀必不可少。因为有的粗大树枝连修枝剪叶无法剪断。修整树形之前，先隔开一段距离观察树木的整体外形。由此，找到朝着各方向无序杂乱生长的树枝，以及与其他树枝重合的树枝和不自然的树枝等。接着，双手向上展开，对照树形，超出双手的树枝也要修剪。如果遇到较粗的树枝，可以使用锯齿刀从根部切断。切到一半之后，再从对称方向继续切，直至完全切断。

第一次购买锯齿刀时，刀刃长度 20 厘米左右的较为合适。并且，尽可能选择可折叠式，存放安全。刀刃也有粗细之分，这是根据被剪切物体区分使用的。剪切较细的竹子时，可以使用细刀刃。刀刃垂直于树枝，一只手紧紧握住竹子，另一只手拉动锯齿刀。

用于除草的工具

镰刀是一种方便除草的工具。镰刀与地面保持水平，轻易就能除草。此时，决不能将刀刃朝向自己。从右向左挥动镰刀时，向前突出的腿部是非常危险的。所以，使用任何刀具时一定要注意安全，避免受伤。

除草镰刀的刀刃长度也各有不同，可以先试着使用10厘米至20厘米的。此外，除草时附近如果有细心栽培的花卉，挥动镰刀可能会切断花卉。这种情况下，可以用剪刀剪掉杂草，或者连根拔起。即便如此，也有杂草容易除去，有的却难以除去。对于根深蒂固的杂草，应当使用能够翻动根部的工具。

搭建池塘

器皿中装满水就是池塘

庭院内如果有池塘，可以种植水草，也可养鱼，放任不管还能引来青蛙。搭建池塘看似非常辛苦，其实只要简单地埋入塑料膜就行。或者，挖坑后放入装满水的容器，这也是池塘。有些人会觉得铺设塑料膜不太美观，刻意用树枝或木板等围住四周。其实，只要在周围种上植物，一个月以内就能使池塘融入庭院环境中。

有人担心池塘周围太高，青蛙等无法越过，不要担心，只要沿着草地等，雨蛙就会立即寻迹而来。其次，如果需要更大的池子，要用长柄铲挖出更大的坑，并装满水。只是这种池塘刚开始装满水，一段时间后水逐渐减少。少安毋躁，土壤为黏性，其间隙被逐渐填充，水最终会得以保存。

铺设塑料膜的池塘

为了防止水渗漏，可以在挖好的坑内铺设塑料膜。各种不同尺寸的塑料膜可以在农产品商店购买。如果较薄，可以使用两层。最关键的是确认塑料膜是否存在损伤、裂口等。水会从这些部位漏出，使得所有工作变得徒劳。铺设塑料膜之后，在边缘用石块或砖瓦固定。可以将挖出的泥土填充于石块或砖瓦之间，使其紧紧压住。或者，也可使用水泥加固石块或砖瓦。水泥只需溶于水就能轻松使用。溶解调制水泥时，可使用水桶等。池塘建成之后，用橡胶水管注入水。

刚建好的状态总感觉与庭院环境不协调，但不久之后便会有泥土、枯叶等存积，感觉不到里面铺设了塑料膜。此外，园艺店内也有售卖各种池塘容器，将其埋入土中来建造池塘也是一种方法。关键是放置时要注意保持水平。

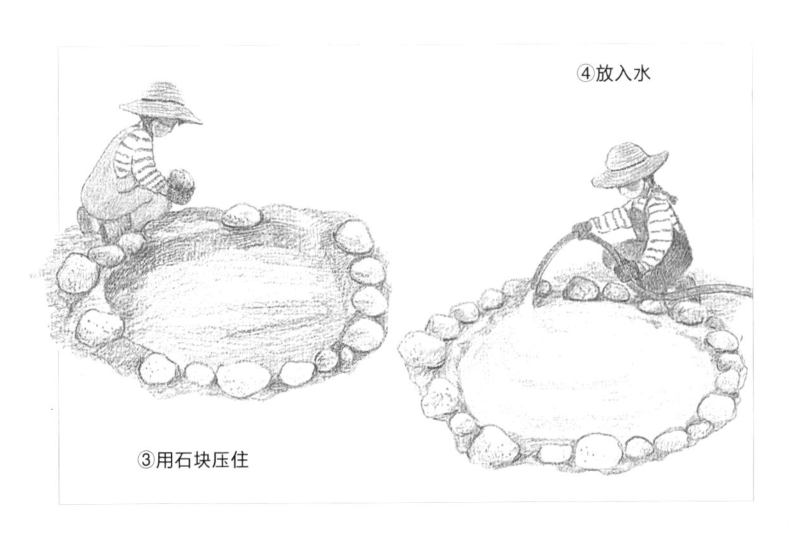

庭院中设置灯光

享受夜晚的庭院

有的花在傍晚盛开。醉蝶花长长的雄蕊如同芭蕾舞者的纤细手指，完美盛开在眼前。傍晚时分，月见草的花瓣会逐渐摇动、盛开。就像在观赏慢镜头电影，能够通过自己的眼睛看到花的盛开过程。在月见草前放把椅子，坐在椅子上静静等待傍晚的那一刻，真的很兴奋。

花在夜间也能一直盛开。并且，有些白天的花在夜晚继续开着，有些则闭合。夜间散步时能够发现植物不同寻常的一面，令人惊喜。可以拿着手电筒去散步，但在庭院中设置灯光，会发现更多精彩。比如我就在池塘旁边设置了灯光。照亮四周的同时，引来许多虫子，虫子落入水中又成为鱼的饵料。

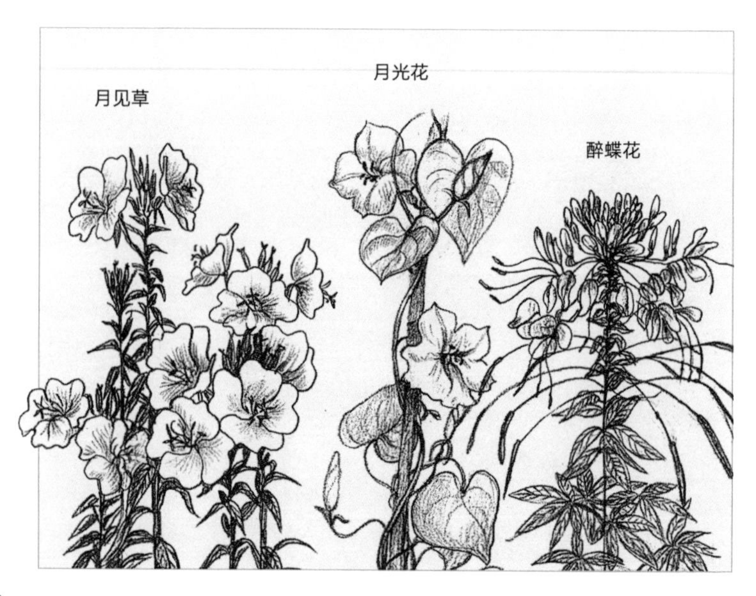

设置室外灯光

夜晚，虫子成群结队聚集于灯光下，鱼也会游动于灯光照射的水面。池塘极其热闹，与白天截然不同，有时还能吸引来锹形虫。市面上也有专门的庭院灯，但价格较高。所以，可以购买便宜的室外射灯，再稍加改造即可。

灯光、电源是必备条件。房屋外墙如果有插座，可以接上电线使用。如果没有室外插座，只能将窗户稍稍打开，从家中引线。此时，如果有卷收器绕起的电线会很方便。固定灯具的支柱可以使用树枝，用木槌将树枝紧紧敲入地面使其无法移动，再用灯具附带的卡箍夹住。为了避免雨水进入，最好加设灯罩等。

工具养护

工具使用完放回工具架

将用完的工具放回工具架是理所应当的，但我总是忘记。比方说，在使用剪刀摘取辣椒时，中途需要其他工具就直接跑回家。在此过程中，又遇到其他情况，就把辣椒田旁边的剪刀忘得一干二净。不知不觉，许多工具就这样不见了。等到第二年，剪刀在草丛中出现了，真是对自己又好笑又可气。可是，剪刀早已锈迹斑斑。

为了避免类似失误，应该在目视可及范围内设置工具架。剪刀一类可以用绳子挂在墙上，或者放入挂在墙壁上的口袋内。总而言之，先选好合适位置，一眼就能分辨各种工具的相应位置就行。无论何人使用后，都能放回原来的位置。如此一来，庭院种植工作也会变得轻松。

刀具需要研磨防锈

长柄铲、锄头等较大工具可集中放置于工具存放处，也可放置于不会淋到雨的屋檐下。这些工具使用后带有泥土，用扫帚加水冲洗掉之后放回原位。如果任其湿漉漉的，可能会生锈。特别是锯齿刀、剪刀、镰刀等刀具类，最怕被弄湿。虽说如此，使用过程中难免沾上草叶的汁水等。收拾时养成用毛巾擦拭的好习惯，工具的使用寿命会大幅延长。

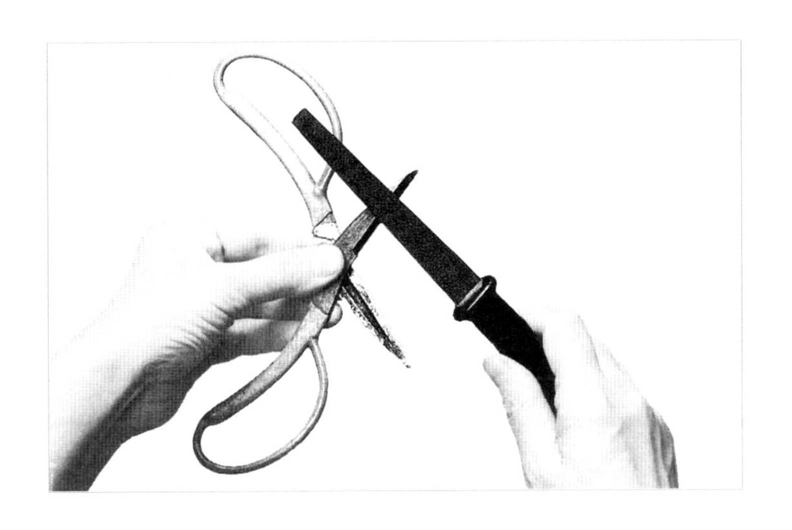

特别是剪刀，需要经常使用，应仔细养护。水洗后用毛巾擦拭，最好再涂上机油。研磨则是个技术活，尽可能交给专业的刀具店处理。自己处理时可购买锉刀，沿着刀刃研磨，且避免碰到刀刃背面。研磨镰刀时同样先将小磨刀石淋湿，再将刀刃贴合磨刀石进行研磨。如此养护之后，以后使用更锋利。

随身庭院种植工具

夏季必备的帽子

进行庭院种植工作时，一定要随身携带手套。播种或种植小树苗时，虽然徒手操作更容易，但是，耕地、抬水、除草等许多庭院种植工作都需要佩戴手套。草、树木带有细小尖锐的毛或刺，容易弄伤手。手套可以多准备几双方便更换，即使沾满污泥，只需洗洗晾干就能再次使用。其次，还要准备长袖 T 恤和长裤。以上装备齐全后，可有效减少手脚被划伤。

此外，还有酷暑时节必备的帽子。庭院种植工作中，经常忘记时间。阳光强烈时，长时间劳作会中暑。带帽檐的帽子、遮住侧脸的帽子等会很有用处。不要嫌麻烦，带好帽子再去庭院。

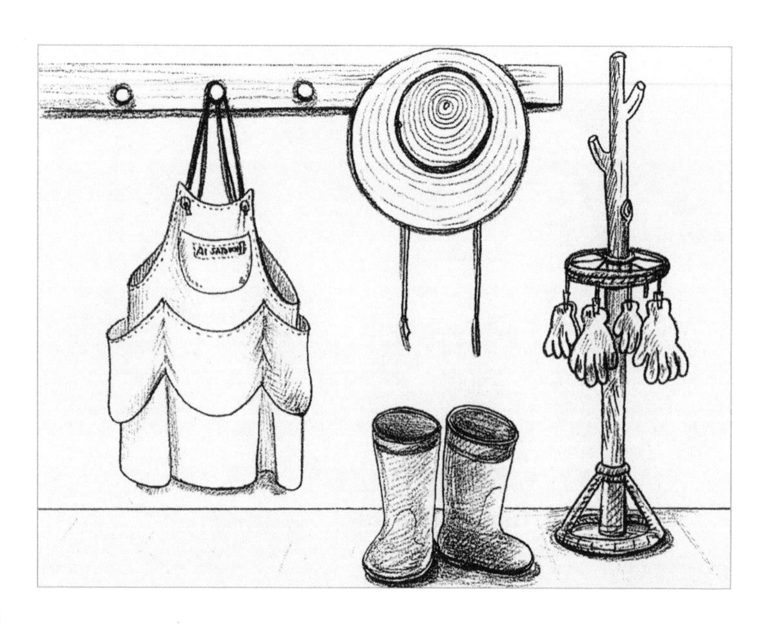

方便的口袋

进入庭院时，我喜欢穿长胶鞋。即使地面潮湿泥泞，也不用担心脚被弄脏。而且，能够有效预防脚踝被蚊虫叮咬。下雨天，庭院工作也停不下来。地面湿润时，是最适合移栽苗木的日子。插条大多在梅雨季节进行，也是基于这种理由。富含水分的地面，对新生植物来说就是天堂。进行这类作业时，长靴、带帽子的雨衣等必不可少。

此外，庭院种植工作时穿上带口袋的工作服会很方便，可以装入剪刀、绳子、锯齿刀等各种工具。比如说，带口袋的背心、带口袋的围裙（庭院种植工作服）。也可在牛仔服上缝制口袋，亲手制作庭院工作服。此时，最好将口袋制作的又大又深，避免工具掉落。

难懂的植物术语

庭院种植书中，经常会发现平时没见过的术语。这就是植物术语，了解了这些术语的含义，庭院种植工作也能更轻松。

花芽	开花的芽。大多为圆润胀大的形状。
叶芽	能长出叶或茎的芽。大多比花芽更加细长。
花茎	蒲公英等茎部顶端只有花，没有叶片的部分。
雄花	有雄蕊，无雌蕊的花。
雌花	有雌蕊，无雄蕊的花。
两性花	雄花或雌花为单性花。与此相对，一朵花中带有雄蕊和雌蕊的花为两性花。
自花授粉	同一朵花中雄蕊的花粉与雌蕊结合后结出果实。如堇菜、豌豆、稻子、麦子等。
异花授粉	一种植物结合其他植株的花粉后受精并结出果实。如菊花、桔梗、猕猴桃等。
一日花	花开当日就闭合。如牵牛花、扶桑花、鸭跖草等。
胚珠	位于种子内，由子叶、胚轴、幼根等构成。种子内，已经包含初始的叶片。
根毛	根是支撑植物身体，并从土壤中吸收水分及养分的器官。最粗的是主根，旁边长出的是侧根，实际吸收水分及养分的细毛状根就是根毛。
乔木	4 米以上的高树，树干和枝叶的区分明显。
灌木	4 米以下的矮树，如杜鹃花等树干和枝叶的区分不明显的树。

第 4 章

庭院培土

庭院种植就是培土

在看不见的地底生长的根系

本篇内容中，包含对植物生存方式的思考。在我们看不见的地底，植物的根系在土壤内扩张生长，支撑着自己的身体，同时吸收水分和养分。水分和养分经由茎部传递至地上的叶片，再与叶片吸收的二氧化碳混合一体，制造出淀粉。根部输送原料，叶片以此为基础，同时通过阳光照射，将能量储藏起来。由此形成的养分，使植物的身体变得强大。

当我们看到地上的茎部和枝叶开始长出时，地下的根部已经在土壤内茁壮成长。从土壤中吸收水分及养分的根是位于侧根的根毛。对于植物来说，根毛至关重要。

交由大自然中神奇的土壤自己处理就好

根部拼命吸收水分及养分后，土壤中的水分及养分就会相应减少。但是，这无须担忧，水分可通过雨水补充，养分可由落叶、干枯的植物、动物的粪便及遗骸等分解而成，并不断渗入土壤中。

帮助完成这个过程的包括蚕食落叶的蚯蚓及鼠妇虫、蚕食遗骸的埋葬虫及土鳖。此外，还有螨虫、线虫、菌类及各种微生物也能在土壤中细密分解物质。通过许多生物的活动，在土壤中形成空隙，使空气得以进入。优质土壤中，包含大量水分、养分、落叶及动物遗骸分解而成的有机物质。在这样的土壤中，任何植物都能健康成长。

太阳
氧
二氧化碳
动物
植物
各种微生物在分解有机物，使土壤肥沃。
土鳖、
鼠妇虫等
蚯蚓、独角
仙的幼虫等
粪金龟

土壤是什么？

岩石碎裂后就是细土

细想一下土壤到底是什么？土壤就是岩石经过长时间风化而成的细小颗粒，再加上动植物的遗骸等混合而成。在山里，岩石上生长着苔藓，裂缝中还能发现植物。一点点土壤就能让植物的根部抓住，长时间附着于岩壁。岩石碎裂后，以各种大小不同的颗粒形态被河川运走。我将后山的溪水引入庭院的池塘内，雨水充沛时，经常发现引来的流水中混杂着植物的枝叶碎片。如不时能将其舀出，会堆积许多。

如同这般，水流将碎裂的岩石颗粒、动植物遗骸等加工得更加细小，逐渐运送至下游，堆积于河流缓和的地区。这种地区的土壤充满养分，是非常优质的土壤。古代的人类已经懂得找寻这类地区，并在此生活。既有生存必需的水源，还能种植作物等。偶尔会发生洪水，但它也会使土壤更加肥沃。

了解自己周围的土壤

根据岩石碎裂后的颗粒大小，可分为砾石（颗粒直径 2 毫米以上）、沙砾（0.01 ~ 2 毫米）、黏土（0.01 毫米以下）。自然状态下的土壤，应该包含这些所有颗粒。

庭院种植书中，如下所示进行土壤分类。书中经常出现的专业术语或许有些拗口，但最好记住。沙土（河沙堆积而成地区，沙 80%、黏土 20% 左右的比例。）、填土（河流洪水之后堆积而成的土壤，沙 40% 以下、黏土 60% 以上的土壤，大多成为水田。）、壤土（沙和黏土基本相同比例的土壤，适合培育大多数植物的土壤。）、腐殖质土（动植物的遗骸堆积而成的土壤，带有强酸性。）、火山灰土（火山多的日本较为常见，喷发形成的火山灰堆积后，再由微生物等分解而成的土壤，又称“垆坶质土层”。）

那么，也开始调查一下自己周围的地形、地质是什么样的吧！

了解土壤的性质

通过植物种类了解土壤的性质

只要有空地，放任不管也能长出植物。那是因为，总有能够适合这种土壤的植物生存。所以，观察自然界中的植物，能够了解土壤的性质。车前草、杉菜、艾草、车轴草、蒲公英、钱苔等生长于酸性强的土壤。繁缕、荠菜、猪殃殃、早熟禾生长于接近中性的土壤。

火山较多的日本等国家，土壤中含有硫成分，大多呈酸性。石楠花、杜鹃花、栀子花、玉簪、铃兰、花菖蒲等在强酸性土壤中也能生长。所以，这些植物非常适合日本等国家的土壤。酸性土壤中难以生长植物，包括香豌豆、非洲菊、金盏花等花类，以及菠菜等蔬菜类。而且，大多植物生长于弱酸性至中性之间的土壤中。

形成团粒的优质土壤

如何才能将酸性强的土壤调配为接近弱酸性或中性的土壤？其中之一就是利用石灰。石灰原本是动物的骨骼、贝壳沉入水底后形成的岩石，带有强碱性。可以将石灰撒在土壤上，连土壤一起翻耕。石灰在园艺店有售，也可使用草木灰。草木灰呈碱性，将草木焚烧后取用即可。这样处理之后，酸性减弱的土壤就能使更多植物健康成长。

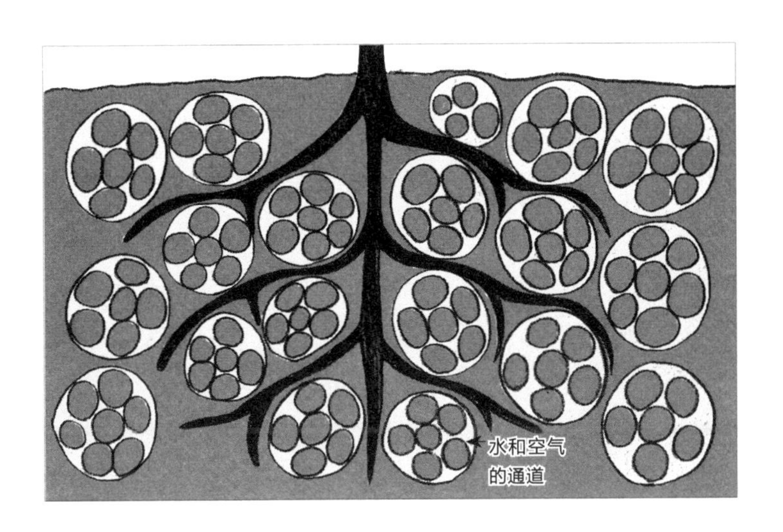

优质土壤是指一颗颗的土壤颗粒聚合成团粒结构的土壤。团粒之间的缝隙大，水和空气容易通过。随着缝隙内的水分增多，空气就被挤出，水减少则空气进来，这就是两者的关系。目前尚不能解释为什么会形成团粒，想必与蚯蚓和微生物在土壤中的活动有关。对植物的根系来说，腐叶土等团粒结构的土壤是理想的土壤。

营养均衡的土壤

生存着大量生物的肥沃土壤

在土壤中，存在着各种各样肉眼看不见的菌类及微生物，以及肉眼能够分辨的蜱虫、线虫、蝼蛄、蚯蚓、蜈蚣、蜘蛛等。在地表附近或地底深处，各种环境下生存着大量生物。那么，土壤中到底包含多少微生物？

在肥沃的土壤中，一个拳头大小的空间就能容纳数十亿微生物。对于这些微生物来说，那里就相当于地球上的陆地及海洋。在地底生存的生物从土壤中含有的空气中吸取氧气，进行呼吸。所以，土壤中所含缝隙是储存空气的重要场所。蚯蚓的巢穴、蜈蚣、老鼠的洞穴等，有助于地底生物的活动。

与地底生物共存

用铲子挖土时，经常能够挖出蚯蚓。敲碎土壤时，总感觉会冒出蜈蚣，挺吓人的。卷曲粗壮的蚯蚓，偶尔也能迅速移动，但是有蚯蚓的土壤让人放心。这是因为如果没有蚯蚓，说明土壤内可能含有农药。虽然农药能够减少病虫害，却也会杀死土壤中的微生物。

培土，这种工作最好交给土壤中生存的各种生物来处理。植物的根系得以伸展，很大程度归功于在土壤中活动的生物。自然土壤的微妙均衡状态，绝不是人类能够创造出来的。对于地底世界，我们知之甚少。但是，地底发生了什么？各种生物如何生存？光是想象就能让人开心。

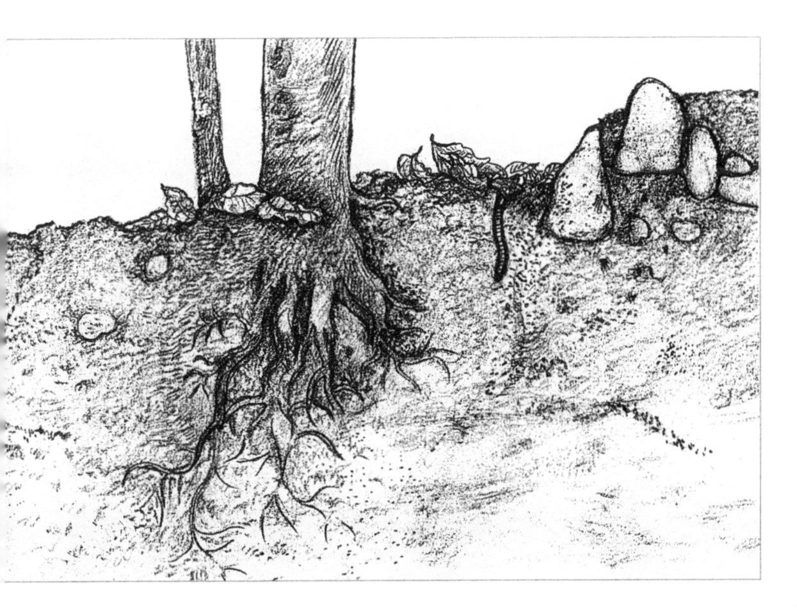

蚯蚓帮你分担庭院种植工作

帮助耕地的蚯蚓

前面已经说过，带有缝隙的团粒结构土壤是最优质土壤，保水性优良，且空气及水分都能顺利流通。植物枯萎腐烂后形成的腐殖土就是带有许多缝隙的土壤，蚕食植物的蚯蚓的粪便形成的团粒也是这种土壤。这种蚯蚓的粪便，经常可以看见。

庭院里如果有长期放置的花盆或石块，可以搬开观察一下。如果发现几颗小圆球状的土颗粒，那就是蚯蚓的粪便。蚯蚓在地面挖洞，白天藏在洞里，晚上出洞活动，蚕食落叶及各种腐化物质。接着，将头埋进洞内，粪便排出土表。在此活动过程中，蚯蚓使土壤更加细密。所以，只要有蚯蚓在，就能帮我们耕地。蚯蚓如果知道自己作用这么大，说不定也很开心。

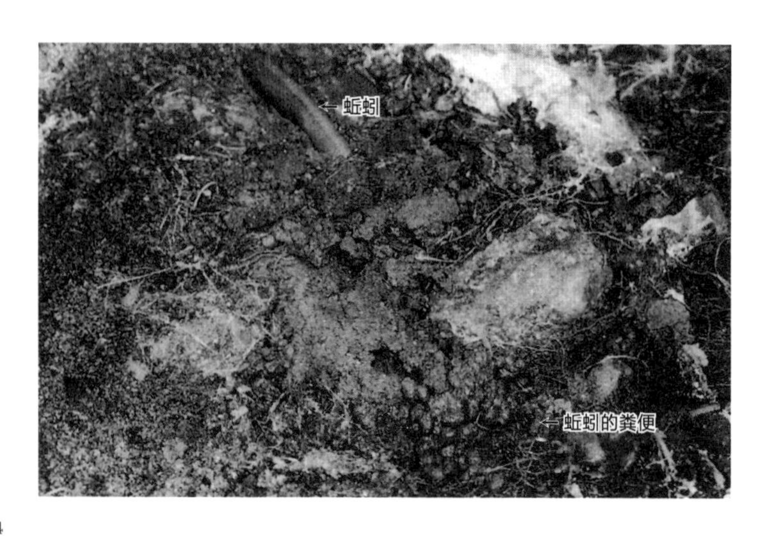

植物就喜欢蚯蚓粪便形成的土壤

达尔文这位大科学家也研究过蚯蚓。当时，达尔文对英国总是在地底发现遗迹感到奇怪，在对其研究过程中发现了蚯蚓的作用。蚯蚓在地面挖洞，将土壤挖出，再将粪便排至土壤中。其粪便的量也是惊人的，根据达尔文的研究，有些地方的蚯蚓在 10 年内居然能够积累约 5 厘米厚的土。如果旁边有石块，石块就会沉入土中相应的深度。如此一来，遗迹等经过很长时间必然会被埋入地底。

掩埋遗迹的蚯蚓，这是多么巨大的作用！通过蚯蚓的作用，落在地上的种子也能埋入土壤生根发芽。蚯蚓创造的团粒结构土壤对植物的根部来说是最优质的土壤。包含氧、水分及养分，让根部顶端的根毛得以延伸。对于关心庭院种植的我们，蚯蚓可是帮助培土的朋友。

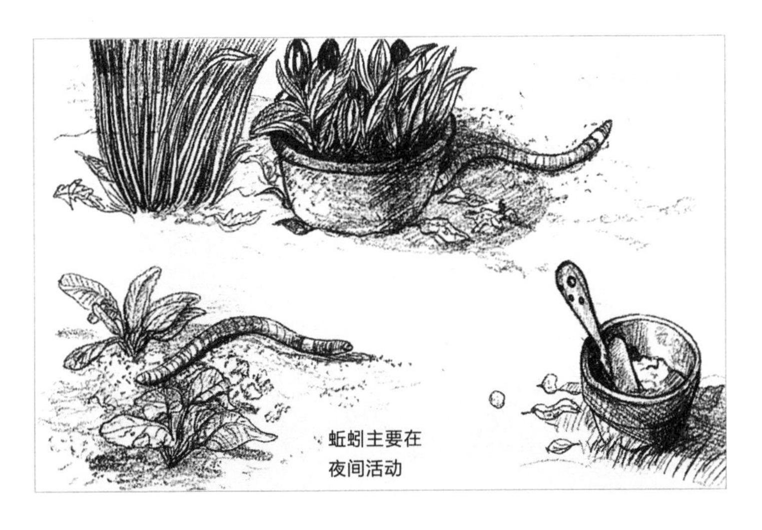
蚯蚓主要在
夜间活动

商店里可以买到的土壤

盆栽需要小心培土

对于植物来说，我们必须准备能够使其根部茁壮生长的优质土壤。只要添加腐叶，任何土壤都能变成优质土壤。但是，盆栽时，需要更仔细地调配土壤。盆栽内的土壤分量有限，如果植物与花盆内的土壤不相配，其根系将无法正常生长。直接种植于庭院和盆栽，培土的条件也不相同。

种植于庭院时，只需稍稍翻地，之后任其自由生长即可。但是，盆栽如果这样简单处理，肯定会枯萎。必须考虑土壤的透气性、保水性，需要混入腐叶土及沙子。还要经常观察土壤是否足够，不足时也可以从园艺店内购买。园艺店内售卖各种土壤，通常盆栽用土壤是几种土壤混合而成。园艺店内售卖的土壤在下一页中有详细介绍。

黑土 日本东北地区的火山灰堆积而成的地表土壤。是一种质地轻且柔软的土壤。透气性不太好，但保水性良好。

红玉土 黑土下方的黏土状红土。这种土壤经过筛选之后，分为大、中、小三种规格。颗粒整齐统一，透气性良好，保水性良好。

鹿沼土 日本栃木县鹿沼市福井的黄色土壤。筛选过的小颗粒土壤，保水性及透气性均良好。

泥沼土 水田底部及河川中积存的土壤。用于砖瓦、墙壁的灰色黏土状土壤，具有保水力，透气性良好。

轻石 火山脚下采集的石子。带有小孔，透气性非常良好，具有一定保水性。

桐生沙•富士沙 日本群马县桐生市福井和富士山采集的沙土。均是由火山喷发形成的沙土，保水性不佳，但透气性良好。

河沙 碎裂岩石的细密颗粒被河流搬运堆积而成的物质。无保水性，但透气性良好。

泥炭苔 湿地中水苔堆积腐蚀而成的物质。呈纤维状，保水性及透气性均良好。

草炭土 湿地中芦苇等堆积而成的物质。草化成的土，保水性良好，但透气性不佳。

水苔 湿地中生长的水苔干燥而成的物质。保水性及透气性均良好。

腐叶土 落叶堆积腐化而成的土壤。保水性及透气性均良好。

鞣皮 造纸工厂中将树皮切细后发酵而成的物质。透气性良好，但保水性不佳。

蛭石土 云母碎片聚集而成的蛭石烧结后产生的物质。保水性及透气性均良好。

珠光泥 珍珠岩烧结而成的物质。如同轻石，带有小孔，保水性及透气性均良好。

花坛培土

调配透气性良好且具有保水力的土壤

此处所说的花坛是指不使用花盆等，而是直接种植于庭院。也就是说，利用庭院原有土壤进行调配。如果原本就是柔软且透气性良好的土壤，直接种上就可以。但是，坚硬且使用过的土壤需要处理后才能使用。这里推荐每年进行一次处理，选在没有太多花卉的冬季。积雪地区，可以在初冬或融雪后的初春进行。

将腐叶土和堆肥放置于地面，均匀撒入石灰。接着，用长柄铲或锄头翻耕。等到春季播种时就会成为优质土壤。通过混入腐叶土及堆肥等，使用过的坚硬土壤也能使水分和空气顺利通过，植物的根部能够充分吸收氧气及养分。此外，石灰能够降低土壤的酸性，使其更适合植物生长。而且，这些添加物都能自己调配制作。例如，落叶腐烂而成的腐叶土、厨房剩饭剩菜形成的堆肥、草木灰等。

自行培土

使土壤变得肥沃的物质，都能自己调配制作。如果量不够，还可以从园艺店内购买，腐叶土、堆肥、石灰都可以买到。但是，尽可能不要全部依靠购买，试着自己动手。庭院种植的乐趣就是自己触摸土壤，使土壤变得肥沃，并感叹其变化。事实上，售卖的土壤也是从某地挖来，装入袋中售卖而已。到底是从什么样的地方挖出来的？那些明显是从湿地挖出的土壤，是否会破坏湿地的自然环境？

购买土壤之后，自然对土壤的情况有所关心，也可以同朋友们一起进行调查。开始庭院种植之后，即便是去旅行，也会不自觉地关注当地的庭院，经常会给我带来许多美好的灵感。学习庭院种植相关的各种知识，都会拓宽自己的视野。

盆栽培土

专业达人调配盆栽土

盆栽时，使用敲碎的庭院土对花草不利。这是因为盆栽需要经常浇水，这会使得土壤中的空气被挤出，土壤之间的缝隙被压缩，透气性变差。根部成长需要吸收土壤缝隙内所含空气及水分。而盆栽内的土壤容量有限，难以创造透气性及保水性良好的条件。但是，庭院种植达人可以通过以下方式调配盆栽土。

混合黑土、红土、淤泥土之后堆积到30厘米左右高度，在其上方放入总厚度达到5厘米左右的鸡粪、牛粪、油渣、骨粉、石灰等肥料。以此顺序，重复堆积达到1米左右高度。每月用长柄铲将其搅拌一次，使空气混入，放置3至6个月后即可使用。这是一种经验积累而成的培土方法。

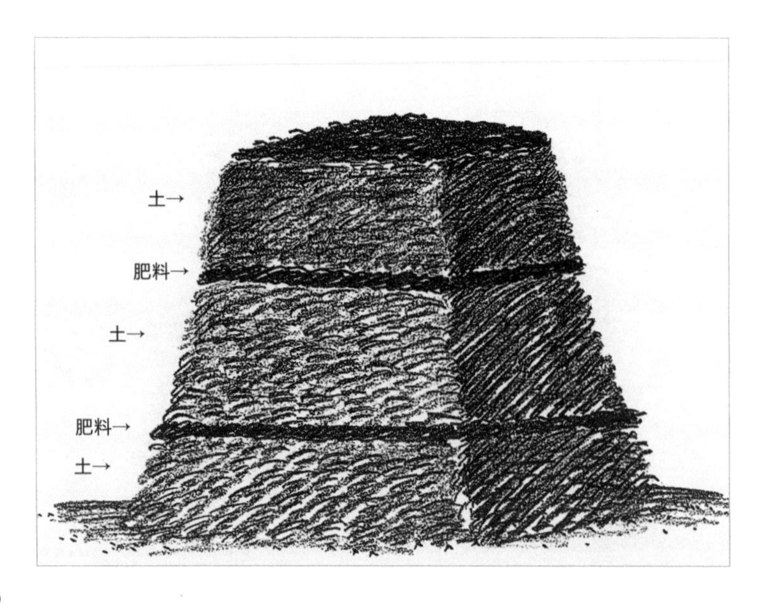

自己调配盆栽土

如果有时间，可以自己调配盆栽土。准备两桶庭院土、两桶腐叶土，每桶土内各放入 1 ～ 2 杯鸡粪、油渣、骨粉及石灰的混合物（使用可获取的材料即可），在庭院角落放置 3 个月以上。需要经常搅拌使其混入空气，促进内部的微生物活跃作用。如果需要尽早用于盆栽中，可以在庭院土中混合腐叶土后使用。如果没有庭院土，也可购买小颗粒的红玉土。

此外，园艺店内也有售卖已经混入腐叶土和肥料的培养土，也可直接使用。但是，种植花卉时如果需要大量土壤，自己调配会更加方便。在阳台调配时，可使用塑料水桶。

肥料的作用

19 世纪初的争议

植物为什么会从一颗小种子发芽长大，进而开花结果？很久以前人们便有这种疑问。那么，植物到底是靠吸收什么长大的？仔细观察土壤，除了水分，只有植物及动物的遗骸等。以此为基础，德国的农学家泰厄认为，在土壤中加入堆肥是关键。让这些有机物溶解于水中，再被土壤吸收。

与其相反，德国的化学家李比希则提出了植物的营养全部以无机物的形式被吸收的观点。也就是说，形成有机物的磷、硫、钙、镁、钾、铵被根部作为无机化合物吸收。特别是叶、茎生长不可或缺的氮，有助于长出花及果实的磷酸，促进根部发育，使植物茁壮的钾等，这些元素起到了巨大的作用。在各执一词的情况下，通过试验验证得知，植物的营养是以无机物的形式被吸收。

肥料及土壤的结构都很重要

李比希认为，应该通过化学肥料补充被农作物从土壤中夺取的养分，与现代的农业思路相通。在土壤中，小生物蚕食碾碎堆肥等有机物，将其转换为无机物。其实，这种被土壤直接吸收的无机物就是化学肥料。20 世纪 60 年代后半期，日本也曾推广通过使用化学肥料扩大农业生产。但是，刚开始农作物确实大幅增收，但土壤本身形成营养成分的能力减弱，病虫害随即增多。为此，不得不开始使用农药。长久考虑，按照李比希的理论考虑植物和化学肥料的关系并不合理。

植物以无机物的形式吸收养分，李比希的思路是正确的。但是，根据目前的认知，团粒结构等土壤自身结构对植物更为重要。基于这一点，认为堆肥重要的泰厄也是正确的。

给土壤施肥

植物与各种要素相关

沿着李比希的思路继续研究，植物本体的组成方式和植物吸收营养的方式已经清晰。用干燥机干燥植物，使其水分干燥后点燃，最后剩下草木灰。燃烧掉的是氧、碳、氢、氮等有机物。剩余草木灰的成分包括钾、磷、钙、镁等近20种元素。因此，将这些元素加入土壤之中就是肥料的思路。我们给植物施肥，肯定想要植物能够全部吸收，但事实并非完全如此。

植物吸收溶于水的营养成分时，需要消耗许多能量。这种能量的源泉就是通过光合成的淀粉，如果阳光不足，淀粉数量减少，根部吸收营养的能力就会减弱。而且，根据农作物种类的不同，所需肥料也有所差异。对植物来说，肥料、阳光，以及使空气及水分能够顺利进入土壤都是必备条件。

尽可能模拟自然循环

植物染上病虫害，急忙使用农药。农药就是毒药，有毒才能消灭病虫害。但是，农药并不只是杀死病虫害，使土壤变得肥沃的各种生物也被一同杀死。喷洒的农药还会在空气中散播，下雨后又会渗入土壤中。对我们身体也有害，迫使我们远离庭院。可是，能够放心自由接触、品尝、采摘的庭院，才是自然健康的庭院。那么，如何才能给土壤注入能量？其实，答案就是自然循环。枯萎的植物、动物的粪便及遗骸回归土壤中，土壤就能始终保持健康。也就是说，应该以堆肥作为肥料的核心。需要大量肥料的蔬菜，增加堆肥量即可。这种有机肥料中既有化学肥料，也富含许多其他物质。

在庭院中堆肥

与蔬菜店、海产店搞好关系

堆肥在第 97 页已有说明。刚开始庭院种植时，随时需要堆肥。所以，准备几个生态桶，并让其处于随时可用状态。首先，至少准备两个大小适中的生态桶，一个用于堆肥过程，另一个用于存放堆肥原料。如果桶太大，需要的时间过久，最终会导致腐烂。

蔬菜碎叶、剩饭剩菜等许多东西都能倒入生态桶内。猫狗的粪便，鸟吃剩的饲料碎渣也都可以放进去。只要是天然物质，什么都行。如果原材料不够，可以在附近收集。蔬菜店每天都会剩下许多菜叶，海产店每天也会有许多肢解残渣，这些都是很好的堆肥原材料。同这类店铺商量，一定会给你一些的。如果只是这类原材料，可能产生太多腥气、臭气，最好添加一些树枝、落叶、杂草等。

将天然原材料加入土壤中

如果有大量的落叶、树枝当然再好不过。树枝切小段之后加入生态桶中，放得越多，桶内的异味越少。但是，即使放得再多，过几天掀开盖再看，里面的东西已经陷下去许多。随着水分减少，内容物的体积也会缩小。往下按压，还能继续放入。等到装满装实之后，等待其完成堆肥吧。

原材料腐烂发酵会产生热量。在此热量条件下，寄生虫的虫卵也会被杀死。经过两个月左右，用长柄铲在桶内搅拌。如同翻土一样，将长柄铲插入，然后上下翻动。即使出现霉菌也没有关系，最终都会变成土壤。大约 3 个月之后，桶内物质变黑。气温越高则发酵越快，腐烂变黑也就越快。可以亲眼见证一下天然物质变成土壤的一部分。

肥料的前世今生

人类也是自然循环的一部分

自然界所有物质都会转换为土壤，人类也不例外。以前，人死了就直接埋在土中，很长时间之后就会化成土。现在大多是火化成骨灰，但骨灰不久之后也会撒入土壤中，所以也可以说是土壤的一部分。饲养的动物死后，同样会将其自然埋在土中。不要认为人就是例外，其实人也是自然循环的一部分。

给农作物施肥就会茁壮生长，这个道理古时候的人们就已懂得。肥料可以是植物枯萎后的物质，也可以是动物的粪便或人的排泄物，将这些混入土壤翻耕，爷爷奶奶的时代就是如此做的。所以，我们身体排出的物质是很好的肥料。

缺少肥料的从前

听农村的奶奶说:“以前缺肥料，会在即将用尽的肥料罐内多加几次水，尽可能省着用。”如果自己家里不够，还能从邻居那里借用。获取肥料很困难，但农民依然从事艰辛的农业劳动。人类融入自然的时代，或许已经终结，因为难闻、脏等理由，经由抽水马桶，排泄物经过处理之后就流向大海等。

以前人们进行庭院种植工作时，是如何获取肥料的?用量如何?许多事值得了解。知道这些情况的人，仍有许多。培土、堆肥及种植，这些问题都可以向他们请教。我就是从爷爷奶奶那里获得了许多宝贵的经验。

调配绿肥

绿肥就是绿色天然肥料。我们通常看到的肥料是经过长时间腐化发酵而成，但绿肥是将绿色茂盛的植物直接混入土壤中作为肥料。这种方法在很久以前就已使用。什么植物能够成为绿肥呢？比如苜蓿、紫云英、油菜花等。特别是豆科植物，可以使土壤变得肥沃。豆科植物根部的根粒菌能够形成小瘤体，这种根粒菌的小瘤体能够摄取土壤中的氮元素，形成氮化合物。摄取氮元素，对植物来说帮助巨大。根粒菌到底是什么？如果有苜蓿，可以拔出来仔细观察。

在田边，秋季稻田收割结束后开始播下紫云英的种子，春天就是美丽的紫云英田。同一时期，用于榨取菜油的黄色油菜花也会盛开，作为家畜饲料的大麦及黑麦垂下沉甸甸的麦穗。这些植物就是土壤的最佳肥料。

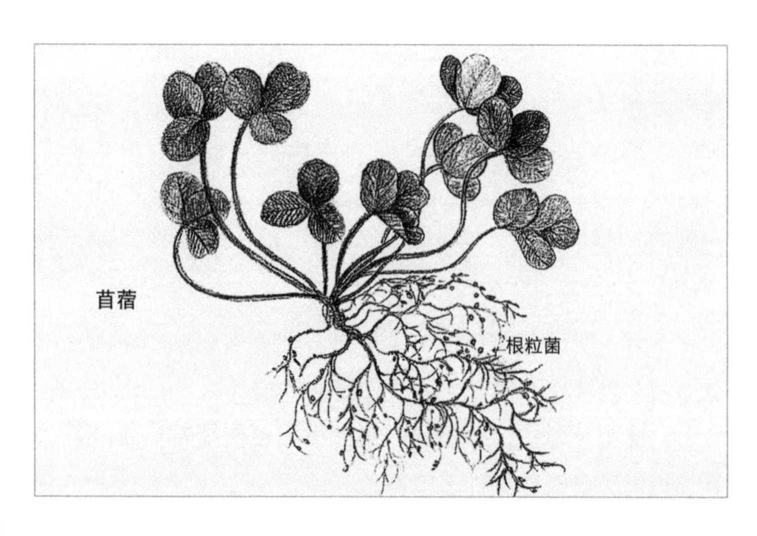

在庭院种植苜蓿及紫云英

13 世纪的欧洲，开始采用轮作的种植方法。比方说，将土地分为小麦、大麦、芜菁和苜蓿等种植区域，每年按顺序轮换种植。在日本，北海道地区种植蜜瓜比较出名的人也有采用类似的方法，三块地分别种植苜蓿、小麦及蜜瓜，且每年轮换种植。此外，苜蓿及小麦还能作为绿肥。这是历经了几百年，被一代又一代人巧妙利用的耕种方法之一。

我的庭院中也需要利用绿肥，所以种了一些苜蓿。苜蓿长得很快，长大后就切下用于堆肥。而且，油菜花真的很漂亮。根据庭院的面积，也可找些黑麦或小麦的种子进行种植。叶片的绿色，弯下的麦穗，有与花卉不同的美感可供欣赏。

商店里可以买到的肥料

效果快慢不同的肥料

在园艺店内确实能够买到许多种类的肥料，堆肥、鸡粪、牛粪、油渣、骨粉等。这些都是有机肥料，能够给土壤增添能量。我们在庭院内堆肥时，可以将鸡粪、牛粪、油渣等混合一起使用。还可以从米店买些米糠添加进去。这些肥料的价格都比较便宜，可大量调配使用。肥料的效果快慢各有不同，硫酸铵（氮肥）、过磷酸钙（磷肥）、氯化钾（钾肥）、氢氧化钙、化学肥料（由氮、钾、磷等三种成分混合而成）等无机肥料见效更快。

肥料这种东西，并不是越多越好。每一种肥料都具有很强效用，千万不能直接施加于根部。只有在这些肥料溶解于水之后，植物才能通过根系吸收其营养成分。所以，对植物来说，溶于水的液肥状态最容易吸收。

堆肥　由植物残体和动物残体混合而成的肥料，给土壤增添能量。作为基肥（种植前施加的肥料）大量施加。

油渣　将油菜榨油后剩下的残渣进一步捣碎而成的肥料，也可以大豆为原料。含有氮元素。

干鸡粪　鸡粪干燥之后制成的肥料。经过发酵，难闻气味有所减少。含有氮、磷等元素。

牛粪　含有氮、磷、钾等元素。与堆肥配合使用，效果更好。

骨粉　将动物骨头蒸过之后，制作成粉状的肥料。富含磷酸。

米糠　米精制处理之后的残余物。可加入堆肥中。

白云石粉　含有氧化镁（苦土）的石灰。用于中和酸性土壤。

氢氧化钙　不含氧化镁，但效用与白云石粉相同。

化学肥料　为了使蔬菜健康、茁壮成长，加入氮、磷、钾等元素，作物容易吸收，见效快。但缺点是遇水容易流失，难以长效发挥。

液肥　液体状态的肥料，有的可直接使用，有的稀释后使用。效用强烈，如浓度过高，可能有损根部。液肥的优点在于作物生长过程中具有追肥效果。与售卖的化学肥料有所区别，液肥也可自制。

油渣液肥　有机肥料溶解于水，作为液肥使用。例如油渣液肥，将油渣和水按 1∶10 的比例混合，盖上使其腐化。放置 2～5 个月（气温高的夏天会提早腐化），再将其上方的清液用水稀释 10 倍后使用（此浓度足够发挥所需效果）。虽然有难闻气味，却是可以常年使用的有效肥料。

各种培土方式

从力所能及的事情做起

在此之前，培土、调配肥料已经详细介绍过了，关键是理解其重要性。之后，根据自家庭院及植物的具体情况，试着自由组合搭配。如果是我，第一年会使用除过杂草后剩下的红土，再买来苜蓿的种子，适量播撒于土壤中。接着，在种植蔬菜的位置翻地，放入堆肥。但是，由于庭院种植工作实在太多，我都有几次甚至未完全准备好就开始播种了。

即便如此，有些植物也在健康成长，让我又惊又喜。出现失败情况，理由并不仅限于土壤、肥料等问题，气候也有很大影响。所以，实际动手尝试最重要，应该相信植物本身的顽强生命力。

堆肥改变土壤

播撒的苜蓿已经四处生长。还可播种适合作为优质绿肥的聚合草。需要时，可大量切割用于堆肥。苜蓿或聚合草都能自己繁茂生长，有时甚至让我忘了还需要种植其他植物。苜蓿能引来豆粉蝶吸食花蜜，或在叶片上产卵。聚合草也能引来许多蝴蝶、蜜蜂等。

坚硬的土壤通过堆肥，第二年会变得相当松软。第一年忙于耕种，之后四处放上堆肥，就能感受到堆肥的持久效果。土质变好之后，庭院种植工作也会变得轻松。含有养分及水的土壤中，能感受到植物的根系正在茁壮发育。

我们的身体和土壤的关系

据说，即使播撒同样的蔬菜种子，不同土地上长出的蔬菜的口感也有所差异。之前听一户农民这么说过:“搬家至15公里以外的地方，种出的土豆口感完全不同。”看来，即使种上同一种蔬菜，土壤的差异也会对口感产生影响。

植物从土壤中吸收水分及养分，土壤成分不同，则含水量也有所差异。由此，对于蔬菜和肉类都吃的人类来说，的确会产生很大影响。我们的身体健康与土壤密切相关，这个道理早就知道，但未曾认真思考过。

交通发达的现代社会，很远的田地内种植的蔬菜也能快速方便地运送至全国各地，我们每天品尝着各种土壤赐予的食物。只能吃所在地附近的蔬菜及肉类，那可是几十年前的事了，如今连国外的蔬菜都能轻易买到。

比如南瓜，自己庭院种植的南瓜，农田内大规模种植的南瓜，从美国进口的南瓜，口感各有不同。其口味差异，与土壤、水及肥料的成分存在着微妙关系。土壤孕育出的食物就是带有这样的特质。能够品尝各国各地区的食物当然再好不过了，但是，在我们生长的土地上种植作物才是最合乎自然的。在我们眼前，考虑土壤和水的健康，同时种植合适的作物才是生存之本。

第 5 章

开始庭院种植

确定庭院风格

喜欢什么样的庭院？

土壤准备好之后，就想赶紧开始庭院种植。但是，在此之前需要制定庭院种植计划，确定种植哪些花卉等。其实，制定计划也是非常有趣的过程。首先，最重要的是弄清自己想要什么风格的庭院。

可以翻阅庭院种植、旅游、家装等主题杂志，试着找寻自己喜欢的庭院。找到喜欢的庭院之后，着手计划如何实现这样的庭院。葡萄架很棒，布满玫瑰的栅栏非常漂亮，夏橙果树让人赏心悦目，窗边摆上花盆能够随时欣赏到美丽的花朵，喜欢蝴蝶飞来飞去，保留野草自然生长的状态等。在思考各种喜欢的理由的过程中，自己想要的庭院就会逐渐成形。

保护自己的圣地

能够按照自己的喜好使用庭院的一部分，真的非常幸福。利用花盆等，从窗边开始庭院种植也不错。无论如何，行动才是关键。也许有些人告诉你这样做不行，或该拔掉杂草后再种植等。但是，开始庭院种植之后，这里就是自己的圣地。坚守自己的做法，不被外人打扰。在荒凉的土壤上播种或植苗，庭院不会很快形成，更不会一开始就开满鲜花，但是在播种的瞬间，庭院中已经开始发生各种奇妙的事情。

逛逛园艺店

思考每个季节能种植什么植物

花卉的花期各有不同，思考庭院内如何在每个季节都能盛开鲜花很重要。有些花可以常年存活，有些花只能存活一年。比如说，春季至夏季盛开的堇菜、三色堇、雏菊、鞘冠菊、大滨菊等，初夏至秋季盛开的洋凤仙、松叶菊、松叶牡丹、矮牵牛、硫华菊、百日菊、千日草、金盏花等，还有秋季盛开的一串红、波斯菊、杭菊等都是能够长时间观赏的花

卉。从这些花中挑选种植，或者搭配其他花卉，使庭院一直盛开鲜花。

此外，桔梗、玉簪花等宿根植物的根部能够常年存活，每年到了季节就会开花，不需要费心管理。冬季，在无霜降的温暖地区，适合种植老鹳草、蓝费利菊等宿根植物。还等什么，赶紧试着考虑一下自己庭院的花卉组合。

在园艺店了解各季花卉

园艺店内，售卖四季需要的各种花卉的种子、植苗及盆栽。特别是春季和秋季，花卉的种类会大幅增加。步入满是花卉的园艺店内，选择哪些让人犹豫不决。依照我的经验，花苗便宜的大多是本地植物，生命力强。通常，数量越多，价格也就越便宜。而且，植物的价值并不是由价格决定的。同样预算，有些就能将庭院点缀得更加美丽。

有时遇到快要凋谢的盆栽，还能以非常实惠的价格购得。如果是宿根或球根植物，更要买来种在庭院内，第二年还能观赏到美丽的花卉。所以，到了园艺店可以试着问一下："我想在院子里种些花草，这个季节什么植物合适？"园艺店的人肯定非常乐意帮助你。我很喜欢园艺店的氛围，大家都是喜欢庭院种植的，而且聊的都是植物的话题。

各种一年生草本花卉

春播一年生草本和秋播一年生草本

一年生草本是指从发芽至生长开花、枯萎的所有过程在一年以内的草本植物。牵牛花、向日葵、百日菊、青葙、波斯菊等春季播种之后夏季至秋季开花，称作春播一年生草本。与此相对，香豌豆、矢车菊、金盏花、虞美人等秋季播种之后下一年春季开花，称作秋播一年生草本。两者播种之后成长的速度均很快，而且能大量繁殖，最适合初学庭院种植的人。不同于这些一年生草本，地上部分枯萎后也不会死亡，每年都会开花的植物就是多年生草本。

了解植物不适宜的季节

如果了解植物原本在什么样的气候环境下生长，就能了解这种植物的特性。查阅图鉴可知，园艺植物的原产地遍及全世界，西亚、地中海地区、南非、墨西哥等地较多。通过图鉴了解自己想要种植的植物的原产地，并确认自己所居住地区的气候条件。在此基础上，在植物不适宜的季节提供帮助。日本大部分为温带气候，但冲绳、八丈岛、小笠原群岛等属于亚热带气候，北海道则为亚寒带气候。整体来说，夏季高温多雨，冬季寒冷干燥。此外，不仅有地域差异，海拔不同也会影响气象条件。

在原产地，一串红、长春花、紫茉莉等多年生草本不耐寒，在日本大多作为一年生草本种植。但是，冬季放在室内为其保暖，就不会枯萎，还是能作为多年生草本植物。

园艺植物的原产地和气候

■ 热带雨林气候

秋海棠、矮牵牛、一串红、紫茉莉、长春花、青葙、丝瓜、卡特兰、印度榕等

■ 热带高山气候

百日菊、报春花、向日葵、波斯菊、非洲紫罗兰、君子兰等

■ 地中海气候

冠状银莲花、番红花、水仙、郁金香、唐菖蒲、羽扇豆、葡萄风信子等

■ 沙漠气候

仙人掌、丝兰、芦荟、长寿花等

■ 温带季风气候

樱花、牡丹、山茶花、茶梅、紫藤、百合等

■ 温带大陆性气候

三色堇、满天星、勿忘我、德国铃兰、吊钟海棠等

用二年生草本植物装点花坛

播种后第二年开花

二年生草本是指什么样的植物？按照一般解释，可以有两种含义。一种是播种之后越冬成长、开花，所以也称作越年生草本植物。如果是这种含义，秋播一年生草本也属于二年生草本植物。另一种是发芽之后至开花、枯萎的全部周期为 1 ～ 2 年的草本植物。这类植物数量较少，有银扇草、洋地黄、风铃草、蜀葵、南非牛舌草等。庭院种植中，称这些植物为二年生草本植物。

比方说银扇草，4 月末至 5 月初盛开白色或深红紫色的花，之后结出薄果实。薄果实中包含 4～6 个黑色种子，这些种子在秋季播种后也不会发芽。等到第二年的 5 月播种，在其长大后才能越冬，并在下一年 5 月左右开花。播种之前，果实可作为干花观赏。

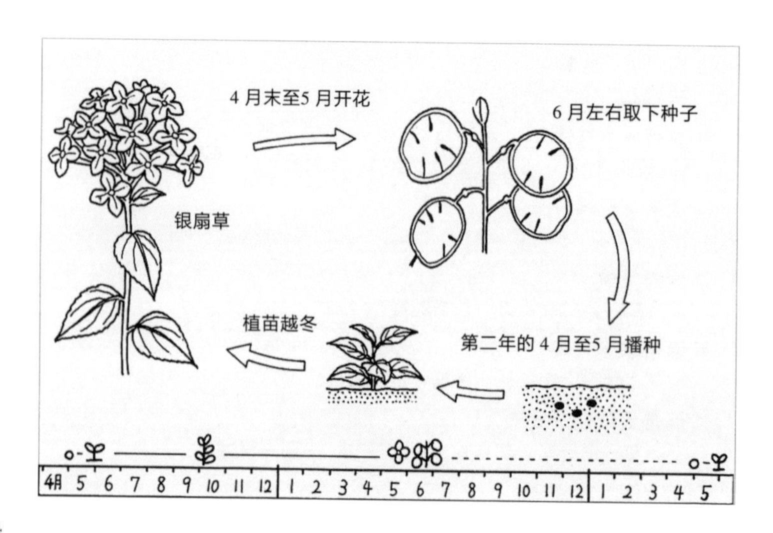

依靠漏出种子繁殖的二年生草本植物

与银扇草相同，将种子取出保存至第二年 5 月播撒繁殖的还有风铃草、蜀葵等。这些都是非常漂亮的花卉。风铃草又名钟花，5 月至 6 月开紫色或粉色的花，形似风铃。蜀葵高度超过 1 米，其深粉色的或白色的花从 6 月持续开放至 8 月左右。

二年生草本植物中，洋地黄、南非牛舌草等不需要悉心照料。粗放管理，也能自己通过种子繁殖。洋地黄又称洋地黄，其口袋状的花簇拥排列盛开的姿态极其精美，也是一种初夏观赏的花卉。南非牛舌草是聚合草的近亲，能开出非常清爽的蓝紫色花（这种花在初夏至 9 月初盛开）。庭院种植中，二年生草本植物的种类较少。但是，即便有一株与一年生草本不同习性的植物存在，也是赏心悦目的。

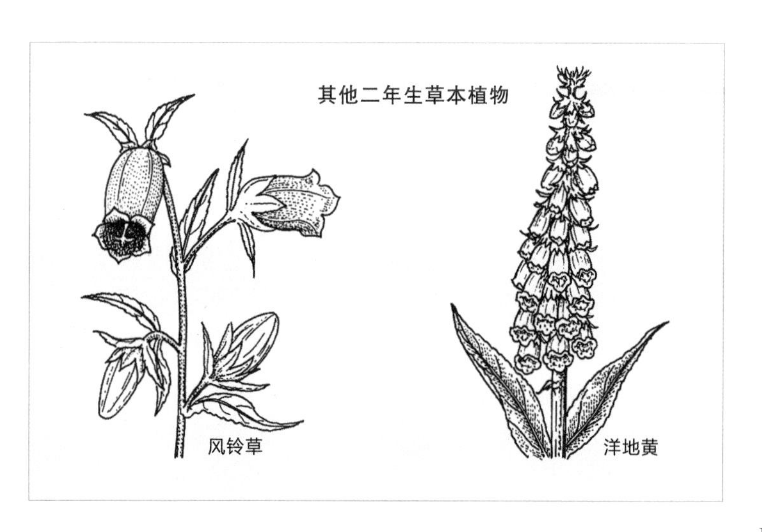

为了使种子发芽

足量浇水使其发芽

种子发芽有三个不可或缺的条件：水分、氧及温度。只要具备这三个条件，无论春季还是秋季播种，只要在花盆里撒上一层薄土，再足量浇水之后，基本都能发芽。种子发芽所需天数稍有不同，大致在一周至十天。发芽之前避免干燥，始终保持湿润。所以，为了种子发芽，足量浇水是第一条件。

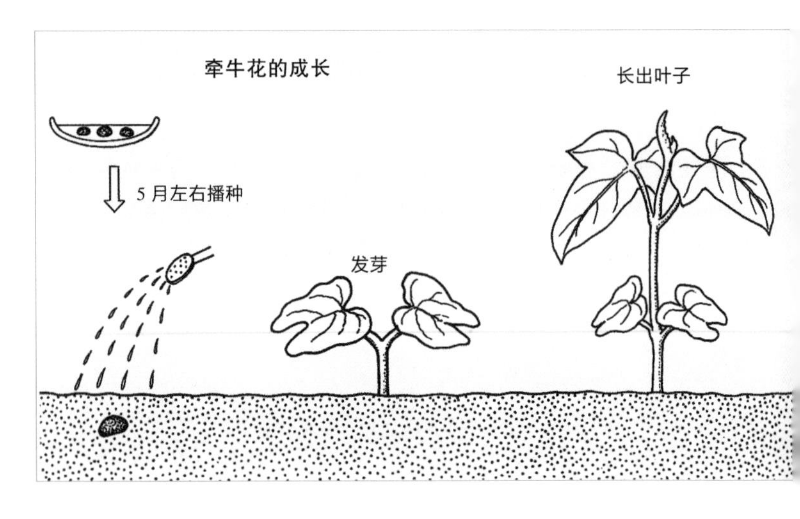

牵牛花、香豌豆、芫荽的种子颗粒大且坚硬，在水中浸过之后更容易发芽。莲花的种子更大，且表面坚硬，需要用刀或锉刀将种子剔出之后播种。自然状态下掉落的坚硬种子，经过数年风化后，在重新能够吸水的状态下开始发芽。刚发芽的种子，有时也会被动物吃掉，或耐受不住自然灾害。种子通过自身的各种努力，保护自己的生命得以延续。

植物喜欢的发芽温度

发芽的第二个条件是氧。发芽时种子的呼吸量增大，土壤需要缝隙，保持足量空气才是最佳状态。所以，沙土比颗粒细小的黏土更适合。

发芽的第三个条件是温度。原产于温带地区的植物在 12～25℃条件下发芽，原产自热带地区的植物在 25～35℃条件下发芽。春播的植物，大多在高温条件下发芽。牵牛

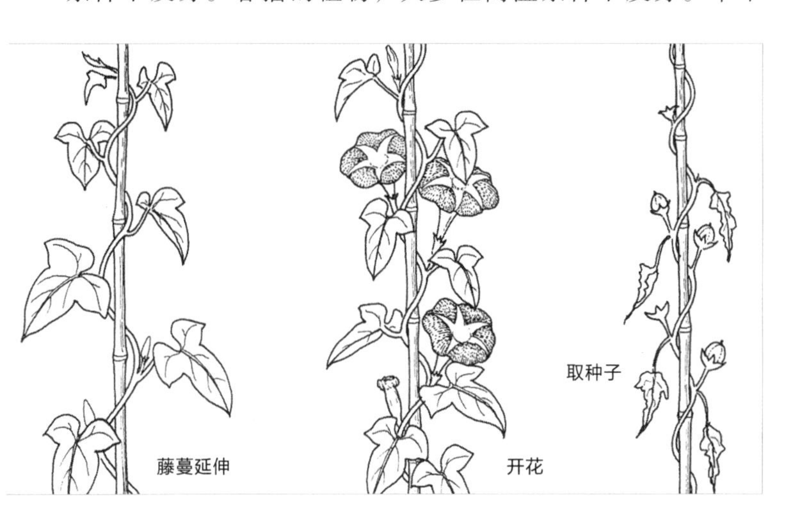

花、茑萝、矮牵牛、丝瓜、葫芦等特别喜欢高温，即使早春播种也很难发芽，要温度足够高时才可以播种。

秋播的植物中，矢车菊、金盏花等在 20℃条件下发芽，麦蓝菜、毛茛、千鸟草等在 15℃条件下发芽。我觉得 9 月末已经到了秋季，但播下这些种子也不会发芽，就是因为地面温度仍然很高。所以，种子在等待适合自己的温度。足够的水分和养分，再加上适宜的温度，种子就会乐意发芽。

什么时候播种？

春播看樱花、秋播看石蒜

虽说是春季，南北狭长的日本在气候方面也会稍有偏差。温暖地区从 3 月末开始播种，东北及北海道地区从 5 月初开始播种。其信号就是染井吉野（一种樱花）开放。北方地区，即使 4 月份很温暖的天气，也会担心随时会有霜降。如果发芽后出现霜降，芽苗会成片死亡。耐心等待，在充分升温后播种。春播植物大多在日长变短（少于 11.5 小时）后长出花芽，这种特性称为“短日性”。

秋播大多以石蒜开花为自然信号。在没有石蒜的地区，以秋分当日为参照，温暖地区延迟播种，寒冷地区提早播种。冬季之前长大至一定程度后越冬，春季才能长得更大。秋播植物大多在日长变长（长于 13 ~ 14 小时）后长出花芽，这种特性称作“长日性”。

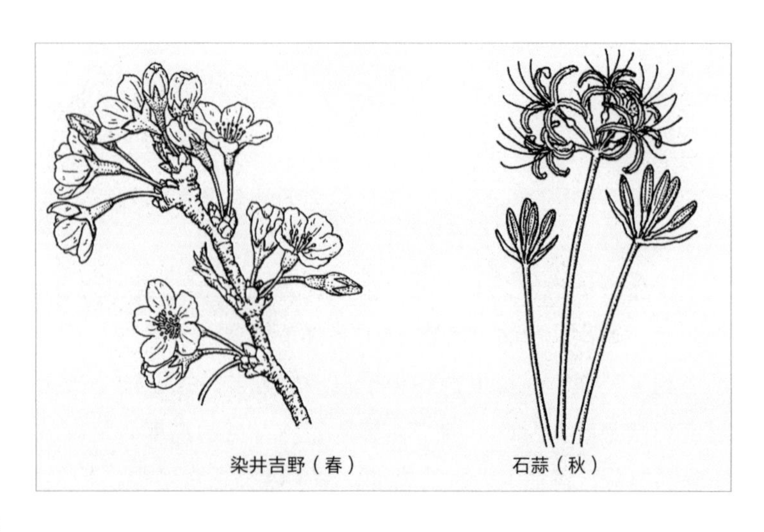

试着稍稍错开自然播种时间

推迟春播植物的播种时间会怎样？比方说 7 月播种波斯菊，长出花芽的周期就会缩短，在植株尚未变高的状态下开花。春季发芽的波斯菊在秋季长到近 2 米，7 月播种的仅有 1 米左右高度。如果播种时间推迟更久，则会在更低矮的状态下开花。百日菊、金盏花等也是一样，播种时间推迟，就会在尚未完全长大时开花。

那么，秋播植物改在春季播种又会怎样？这种条件下日照很快变长，植物尚未长成就会开花。之后，难熬的夏季即来，植物却还不够强壮。所以，也只有在东北或北海道等极其寒冷的地区有时会将秋播植物改为春季播种。大多数地区采用秋播的豌豆荚，在寒冷地区则多为春播。这是因为寒冷地区的夏季也很凉爽，植物根部不会腐烂，能够健康成长。春播或秋播不仅与植物的特性相关，还取决于当地的气候条件。

秋季播种后长至 3 厘米左右开花的孔雀草

播种方式

撒播、点播、条播

种子可以直接播种于庭院，或者在其他苗床播种，成苗之后移栽至庭院内。苗床面积有限，方便观察照料，浇水也方便。我家附近的一位老奶奶就把庭院的一部分作为苗床，一直培育花苗。对于喜欢花卉的人来说，这是一种精神享受，每次我从旁边路过时都会感到心情愉悦。

说到播种方式，种子颗粒较小时建议整体大范围撒播。

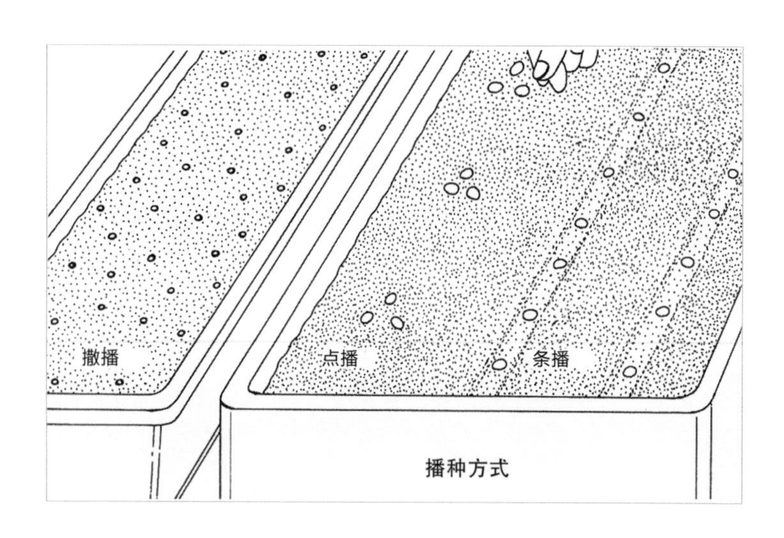

播种方式

完成后用筛子在种子上方筛选散布细土再浇水。此时，如浇水太急太猛，可能会冲散种子。应该将洒水壶的壶嘴朝上，尽可能轻地浇水。如果使用花盆作为苗床，用喷水壶使其保持充分湿润即可。如果遇到大颗粒的种子，可用树枝或筷子插孔，在孔内放上几颗种子后盖上土，这就是点播方式。除此之外，还可制作浅槽，在槽内放上种子，即条播方式。

只能直接播种的植物

对于一些植物来说，只能直接播种才能生长。根笔直、侧根少的植物，通常吸收水分的根毛也很少，移栽后会变得极其虚弱。例如香豌豆、羽扁豆等豆科植物，虞美人、花菱草等罂粟科植物，还有向日葵等。所以，这些植物一定要选择直接播种。

播种之后，盖上土以免其干燥。盖土时，大致按种子两

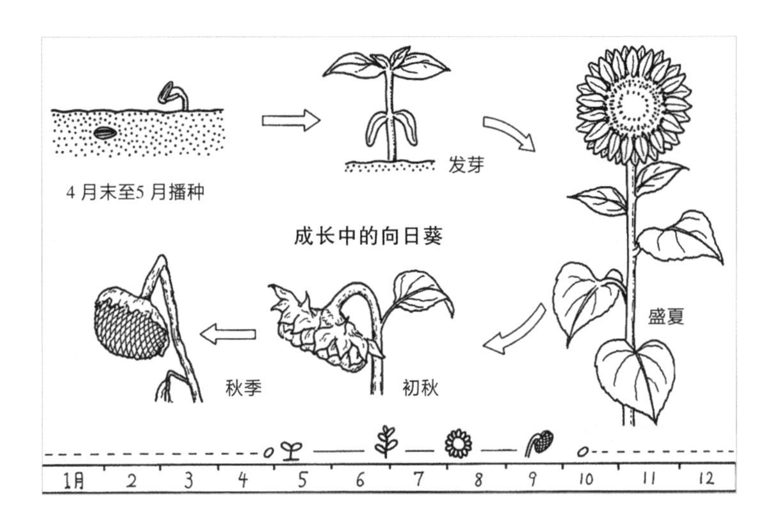

倍厚度。也就是说，种子越小，盖上的土越薄。但是，盖的土太薄，光线透过太多，有时也会导致植物无法发芽。福寿草、青葙、三色苋、喜林草等就是这类植物，所以这些植物不适合自播种子繁殖，自播繁殖的植物大多喜光。种袋上写有播种的注意事项，播种前务必仔细阅读。而且，为了避免发芽前土壤变得干燥，浇水也很重要。

移栽幼苗

苗与苗之间保持充分间隔

播种后过一段时间，就能发现小芽。看到芽紧紧贴在一起，经常会反省自己播种时应该保持充分间隔。即使再小的种子也会成长变大，根部周围需要充足的空间。所以，这时应该挖掉几株紧密排列的苗，进行间苗处理。如果是苗床，可以将长出几片叶子的苗先移栽。

我曾经将高雪轮的种子播撒种植，由于太小，全部紧贴一起，长出的芽像是重叠一起，而且，很难重新间隔开，挖出一个连带好几个。只得将其保留，观察最终会怎样！结果，待其长大之后，开出的花纤弱矮小。与其相比，在其他地方充分间苗种植的高雪轮如同双手张开般，生动又漂亮。差异如此巨大，让人吃惊。

高雪轮

移栽时避免弄伤根部

移栽幼苗时，需要小心处理。幼苗非常纤细时，我会使用自制的竹签或勺子等轻轻挖出根部，尽快种植于其他场所。而且，植苗受到阳光照射时会干燥、枯萎，所以移栽尽可能在傍晚进行。此外，还要避开强风天气。如果必须在白天移栽，建议事先用带叶片的树枝遮挡种植场所，避免阳光直射，也有挡风的效果。

将稳定的根系剥开移栽，在幼苗习惯新的土壤环境之前，尽可能提供必要的帮助。如果相邻的苗和根缠绕一起，可用剪刀剪断一侧苗的茎部。那么，苗与苗之间隔开多少距离才合适？根据植物大小不同而有所差异，三色堇的间隔约10厘米，菊花、百日菊的间隔约20厘米，体型较大的大丽花、美人蕉的间隔约50厘米。

种植宿根草

粗放管理也会每年开花的植物

开花后结果，叶、茎枯萎后仅根部存活，且每年都会开花的植物就是宿根草。桔梗、菊花、毛剪秋罗、牡丹、芍药、玉簪等都属于宿根草。粗放管理也能在庭院里魅力绽放，免去我们照料的植物。如果繁殖过量，会导致根部发育不良，整体变得萎靡。此时，有必要进行分株等处理。

大多数宿根草到了冬季，地上部分就会枯萎。如果将其移至温暖的室内，也能顺利（叶及茎不枯萎）过冬。比方说，天竺葵、蓝费利菊、天芥菜、五色梅等。其次，还有需要在温度较高的地区过冬的植物中，包括木茼蒿、秋海棠、蟹爪兰、兰科植物等。

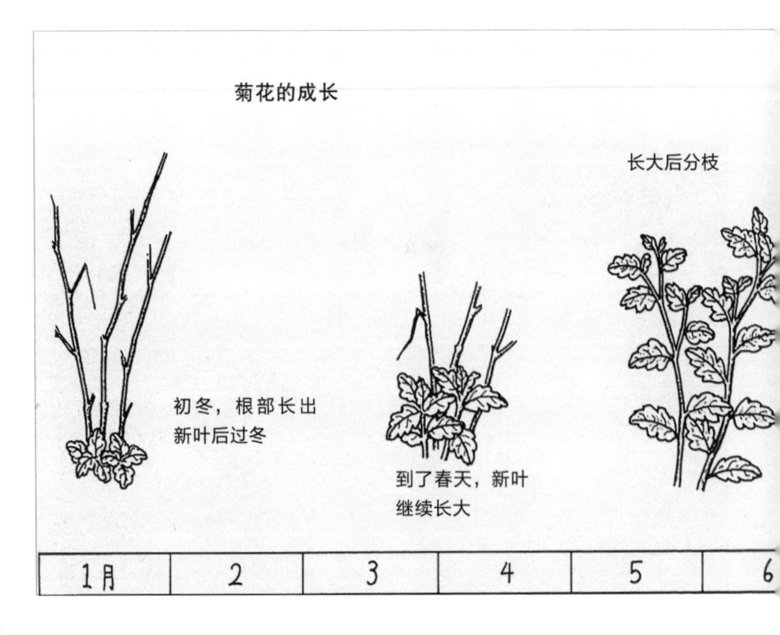

耐寒植物和不耐寒植物

冬季需要挪至室内或温室养护的植物，大多是原产于热带的植物。木茼蒿原产自大西洋的加那利群岛，在日本无霜降的地区也能培育出较大植株。有无霜降，对植物来说非常重要。霜是在气温降低至冰点以下时水蒸气冻结的现象。换而言之，就是植物身体内的水分可能出现冻结。

秋季气温下降，如听到可能出现初霜的天气预报时，应立即将不耐寒的盆栽挪至室内。否则，这类植物可能会遭霜冻枯萎。春季将室内苗床培育的植苗直接移栽至庭院之前，也要事先确认有没有霜降天气。无论春季还是秋季，霜降都是我们在培育植物时的重要因素。

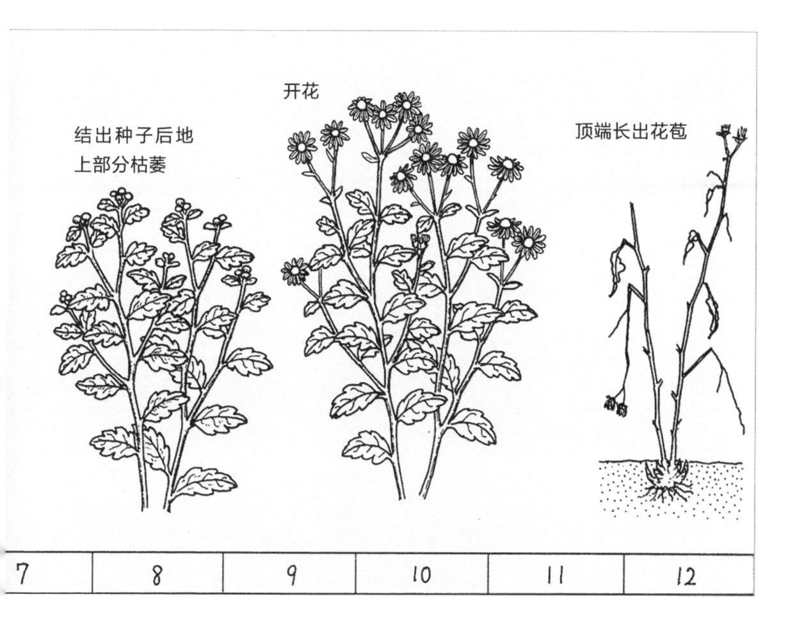

花草常年繁茂的庭院种植

1月	2月	3月	4月	5月	6月
三色堇	三色堇	三色堇	三色堇	大滨菊	大滨菊
羽衣甘蓝	报春花	报春花	报春花	缕丝花	缕丝花
雏菊	雏菊	雏菊	雏菊	溪荪鸢尾	
仙客来	香雪兰	香雪兰	香雪兰	石竹	石竹
水仙	水仙	水仙	虞美人	虞美人	马蹄莲
福寿草	福寿草	福寿草	木茼蒿	木茼蒿	木茼蒿
蟹爪兰	雪滴花	雪滴花	金鱼草	金鱼草	金鱼草

想要一整年都能观赏花卉的庭院种植，所以试着整理了各种容易培育的植物。可从中选择所需花卉，并在下一页中确认适合播种的时间。此外，因为地域不同，同种花卉的花期可能稍有差异。

7月	8月	9月	10月	11月	12月
大滨菊	波斯菊	波斯菊	波斯菊	波斯菊	三色堇
万寿菊	万寿菊	万寿菊	万寿菊	万寿菊	羽衣甘蓝
花菖蒲	百日菊	百日菊	百日菊		一品红
石竹	矮牵牛	矮牵牛	矮牵牛	矮牵牛	仙客来
马蹄莲	一串红	一串红	一串红	一串红	水仙
非洲菊	非洲菊	非洲菊		菊	菊
旱金莲	旱金莲	旱金莲	旱金莲	蟹爪兰	蟹爪兰

庭院种植的播种与花期

全年的花卉计划

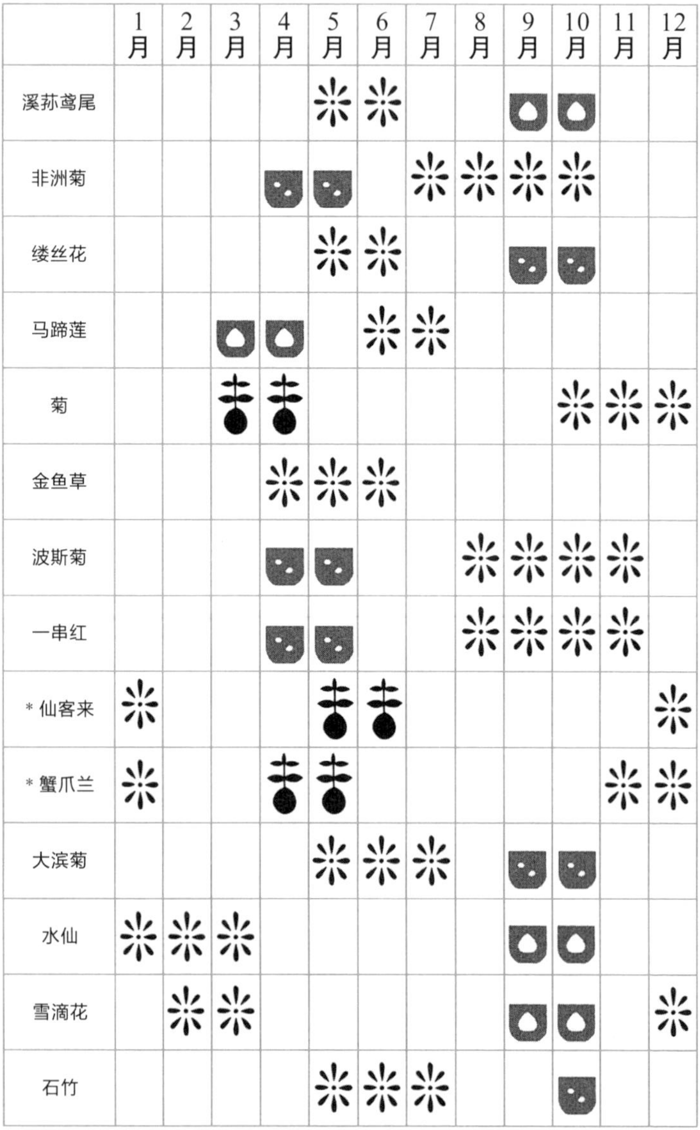

	1 月	2 月	3 月	4 月	5 月	6 月	7 月	8 月	9 月	10 月	11 月	12 月
溪荪鸢尾												
非洲菊												
缕丝花												
马蹄莲												
菊												
金鱼草												
波斯菊												
一串红												
*仙客来												
*蟹爪兰												
大滨菊												
水仙												
雪滴花												
石竹												

带有“*”标记的是指在室内培育的植物

播种时间

种植球根时间

植苗或植株时间

花期

	1月	2月	3月	4月	5月	6月	7月	8月	9月	10月	11月	12月
雏菊	花期	花期	花期	花期					播种	播种		
旱金莲					播种		花期	花期	花期	花期		
花菖蒲						花期 植苗	花期 植苗		播种	播种		
羽衣甘蓝	花期						播种			植苗		花期
三色堇	花期	花期	花期	花期				播种	播种			花期
虞美人				花期	花期	花期				播种	播种	
百日菊				播种	播种			花期	花期	花期	花期	
福寿草	花期	花期	花期	植苗								
香雪兰		花期	花期	花期					球根	球根		
报春花		花期	花期	花期						植苗		
矮牵牛				播种	播种			花期	花期	花期	花期	
* 一品红				植苗	植苗	植苗	植苗				花期	花期
木茼蒿			植苗	花期	花期	花期				植苗		
万寿菊				播种	播种		花期	花期	花期	花期	花期	

羽衣甘蓝在 4 月～5 月开花，但其颜色漂亮的叶片也可在冬季观赏

种植球根植物

富含营养的植物

球根植物是宿根草之一。即使地上部分枯萎，球根也能存活。根据种类不同，储藏营养的部分可在叶片、茎部或根部。而且，球根的形状也各式各样，郁金香、水仙及番红花的球根呈放大的水滴状，香雪兰的球根则稍带棱角。

这类植物大多原产自干燥季节较长的地区，如欧洲中南部、地中海沿岸及南非等。也就是说，雨季时开始生长、开花等，干燥时节休养生息。在其修养时期，人类将球根挖出运往世界各地。球根植物中也有原产自日本的，如山百合、卷丹、浙江百合、日本百合、乙女百合、麝香百合等。这些植物在花期结束后，根茎中会储藏着供其下个活动期所需的养分。可根据当地的气候，种植于庭院中。到了夏季，可以尽情欣赏其优雅的形态和芬芳香气。

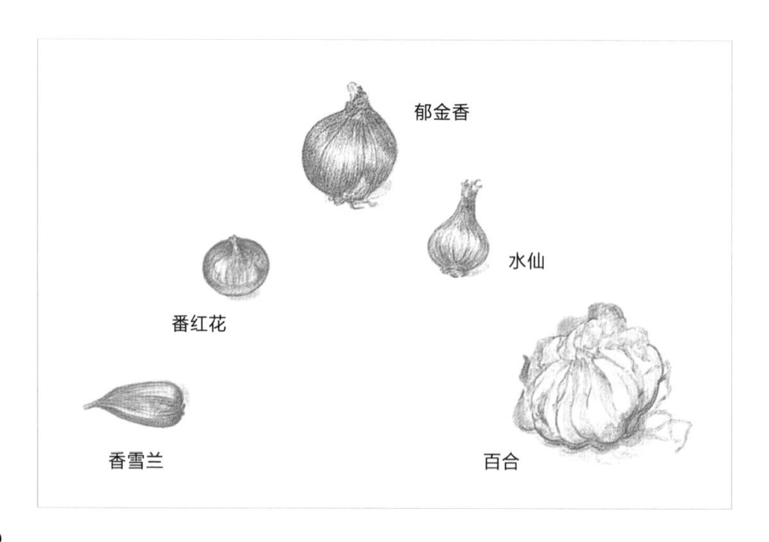

春播球根和秋播球根

市场售卖的球根分为春播和秋播。春播球根大多原产于热带地区，如大丽花、美人蕉、唐菖蒲、朱顶红、姜等。初夏至秋季开花，霜降后地上部分枯萎。这种条件下球根也可能会被冻死，所以应在冬季之前挖出球根，放入稻谷或锯末中，放置于温度适宜（5℃以上）的环境下保存。

秋播球根大多原产于温带地区，水仙、郁金香、洋水仙、香雪兰、葡萄风信子等。春季开花之后，酷热的夏季会导致其根部停止发育。但是，与春播球根不同，任其不管也不会在高温条件下枯萎死亡，乃至沉睡 10 年以上的水仙球根也能长得又大又漂亮。需要注意的是要避免球根繁殖过多，否则会影响彼此之间的成长。所以，每隔几年将球根挖出移栽，才能使其保持健康。

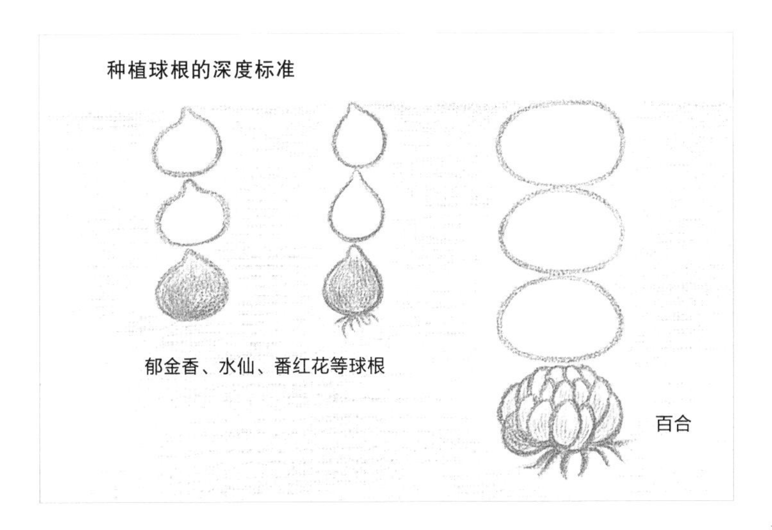

球根植物的庭院种植

培育球根的最大乐趣

一般植物在播种之后开花，而球根是埋入土中之后开花。虽然都会开花，却有很大差异，比方说，百合球根在春天开花了，其实与去年是同一枝花的球根。《小莲的小庭院》这本书中也出现过类似情节，小莲将干巴巴的褐色球根培育出又大又漂亮的朱顶红。之后继续给球根施加养分，第二年又会开出同样的花，小莲无比开心。所以，可以说球根就是同一植物的身体部分。

而由种子发育而成的植物就是孩子，妈妈就是孕育出这颗种子的植物。波斯菊、向日葵等播种后开花的植物是孩子，虽然与母亲相似，却不是同一枝花。娇艳盛开的各种花卉，居然隐藏着这样的秘密。

挖出球根保存

富含大量营养的球根比小粒的种子更可靠。凭借自身储藏的营养就能健康成长，让人放心，所以我更喜欢种植球根。葡萄风信子种植于庭院边缘，后面是西拉葡萄，再种上许多夏雪片莲。如同这样，一边在脑海中想象着开花时的情景，一边选择种植喜欢的植物。

这些都是秋播球根，但寒冷地区可提早种植，温暖地区 11 月之后也可以。春季开花后，叶片枯黄就能挖出球根。挖出之后放在通风良好的阴凉处干燥，接着需要存放于凉爽环境下。春播球根在叶片枯萎后挖出，干燥后放入稻谷或锯末中，在 5℃以上条件下保存。

水培球根

能够清楚观察根部发育的状态

试着对洋水仙、番红花、水仙等进行水栽培。球根内储藏着足够至开花所需的养分，有水就能栽培，无须土壤。地面培育的植物也是将土壤中的养分溶于水之后吸收，所以只需使肥料溶于水中就能培育各种植物。这也称为“水耕栽培”，即在溶入肥料的水中栽培。但是，根部一直在水中无法呼吸，需要使用泵输送空气，或减少水量以确保根部能够接触空气。

溶于水的养分及呼吸所需要的氧，这两点对植物来说至关重要。而且，如果只要它开花，则不需要肥料。球根的水栽培容器可在园艺店购买，洋水仙专用、番红花专用的都有。

根部底端接触水分，根部顶端接触空气

开始水栽培时，建议水温控制在15℃以下。例如日本关东地区，10月末能确保此温度条件。水温上升可能滋生细菌、水变浑浊，导致植物根部腐烂。所以，要在阴凉地方放置至12月。根系延伸之后，将根部下方浸入水面，根部上方接触空气。根系长成之后，在接近0℃条件下越冬过年，1月末挪移至温暖位置接受阳光照射，接下来会长出叶片。

2月末之后，茎部顶端就能开出美丽花朵。如果球根够大，有时还会开出两朵花。球根栽培过程中，长出叶片之前注意保持低温是关键。使用秋播球根就是基于这个理由，春播球根时水温上升过程难以调节。用水栽培球根，也是很有趣的冬季庭院种植。

种植树木

喜阳树和喜阴树

观赏花卉，采摘果实，遮阳挡雨，我们种植树木的目的有许多。但是，需要根据树木的习性，将其种植于适宜的环境中。木槿、玫瑰、紫丁香、紫薇、樱花、桃树、梅树、日本海棠、合欢等是喜阳的树木。我家的庭院南侧就种着日本海棠、木槿构成的树篱，很是美观。与这些不同，东瀛珊瑚、八角金盘、草珊瑚、朱砂根等是喜阴的树木。茶花、栀子花、南天竹、绣球花、金丝梅等在光照较少条件下也能健康成长，还能培育成大树。

掌握自家庭院的日照条件，这是种植植物的关键。即使日照时间相同的庭院，城市和乡村的日照强度也有很大差异。但是，即便光照条件非常差的城市庭院，茶花、栀子花、南天竹、杜鹃花、日本吊钟、桧木等树木也能长成美观、繁茂的树篱。

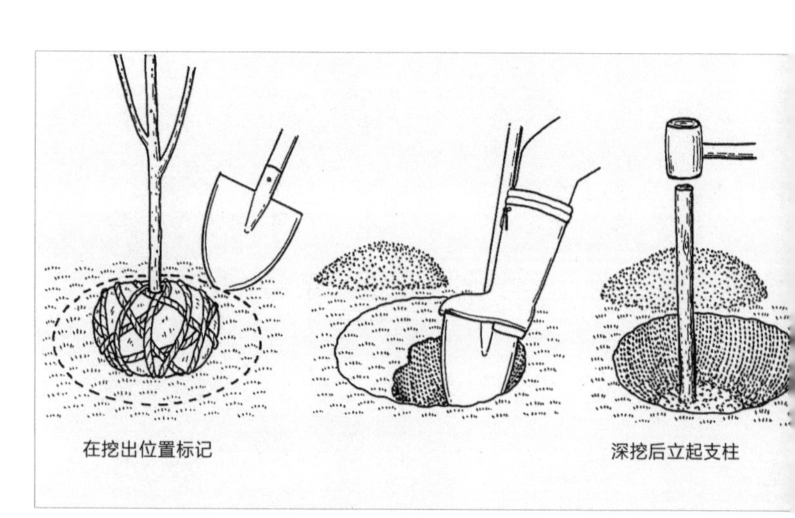

选择根部不活动的时期

用茶树或杜鹃花制作树篱，再将樱桃或李子种在内侧。种了树后，庭院会变得大不相同。为了制作自己喜欢的鹅莓果酱、红醋栗果酱，我还分株种植了这些植物。此外，还有樱桃和李子等是从园艺店购买的苗木。果树通常在秋季种植，但寒冷地区是在积雪刚融化的初春播植。

原则上，选择根部不活动的时期种植树木。如果在根部活动时期移栽等，植物会变得不健康。种植时需要挖出足够容纳苗木的坑，在坑内立起苗木，再将挖出的土回填。先回填一半左右的土，并灌入足量的水，同时用脚踩踏挤出土壤中的空气，接着继续填土、灌水。使根部与土壤融合是关键。此外，为了避免被风吹倒，可使用支柱捆绑，辅助支撑。

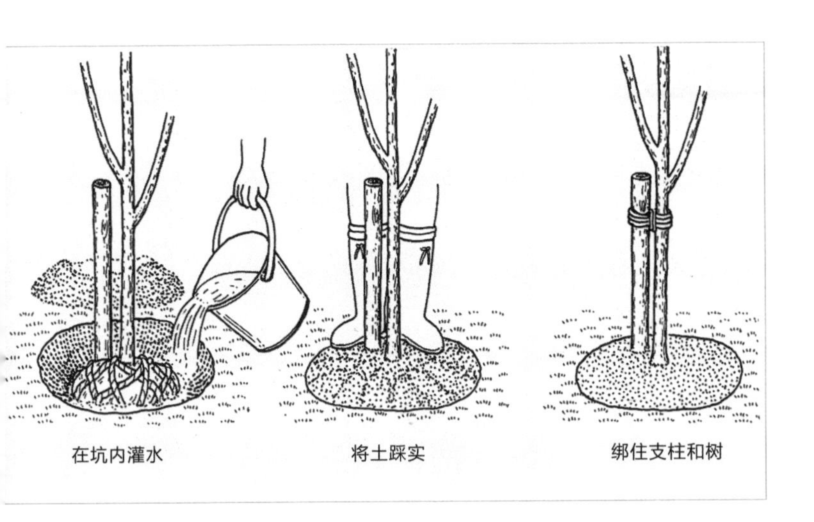

种植果树

单棵无法结果的果树

有花可以观赏，还有果实可以品尝，庭院里种上果树真是一举两得。有些果树单棵无法结果，种植时需要注意。梅树、樱桃、苹果、桃子、李子、梨子、杏、板栗、蓝莓等便是如此，种植这类果树时至少需要两棵，还要选择不同的品种。

种植时期从秋季至次年 3 月为宜。园艺店内也有售卖带着果实的苗木，可以直接种植。在挖好的坑内倒入足量堆肥，在堆肥上填土之后立起苗木。果实采收后，秋季至冬季之间在果树周围挖出几个坑，并倒入堆肥。堆肥就是一种回馈，感谢果树赐予我们美味果实。

阳台培育的水果

家里没有庭院，但想要试着培育水果。如果有这种需求，我推荐盆栽种植。鹅莓、红醋栗、山莓、蓝莓、金橘、胡颓子、小型苹果等可以使用6号盆（直径18厘米）至8号盆（直径24厘米），在阳台也能培育。大花盆可容纳更多土壤，对植物当然好，但不方便搬运。此外，注意土壤使用盆栽土（参见第140页）。

培育猕猴桃时，雌株和雄株均需要。花开之后昆虫助其授粉，如果昆虫少，我们可以亲自动手。将一枝花拔开，使其雄蕊接触另一枝花的雌蕊。树木养护过程中应注意的是修枝，不要剪掉珍贵的花芽。开不了花，也就结不出果了。所以要尽可能在果实采摘后修枝。

种植藤蔓植物

小片土地也能观赏到大片绿色

铺装的路面或钢筋混凝土住宅，看不到丝毫土地，在大楼的墙面上却能发现匍匐生长着的绿色藤蔓植物。沿着墙面的绿色寻迹，会发现地面上仅有的一点土地。小片土地也能观赏到大片绿色，这就是藤蔓植物的魅力。即便家中没有庭院，也可以在附近种上凌霄花。到了夏季，整个墙面就会开满橙色的花，绚丽多姿。

但是，放任不管的藤蔓会钻入家中，必须事先在墙面之前搭设引导藤蔓的支架。例如将木条钉成格子状，在尽可能远离墙壁的位置立起。此外，藤本蔷薇、木香花、南蛇藤等也是造型优美的植物，有一些到了冬季也不会枯萎，还能每年开花。而牵牛花等一年生草本也能攀附竹竿或绳子生长。

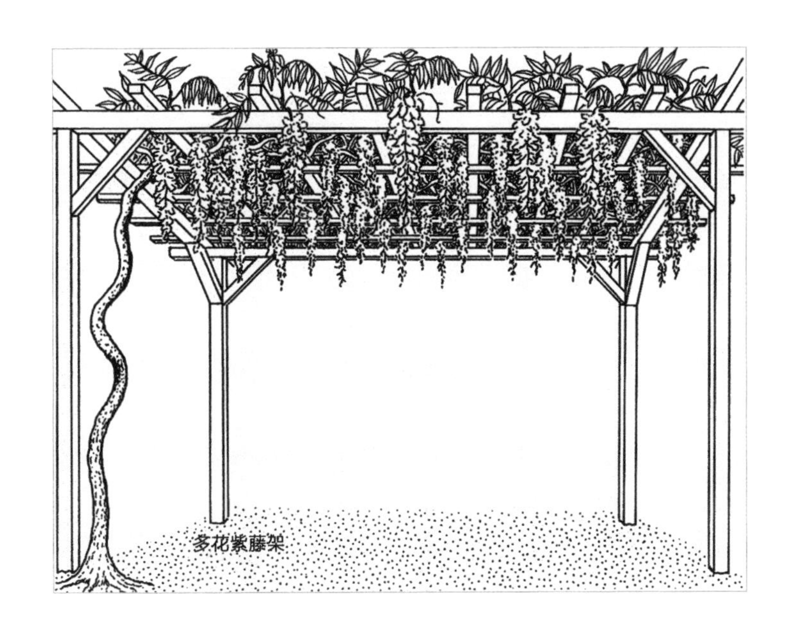

搭设棚架引导植物横向攀附

看着藤蔓植物一个劲地伸展长大，真的很有趣。藤蔓四处缠绕、延伸的香豌豆，还有豌豆、荷包豆等，不但可以观赏花卉，果实还能食用。

给丝瓜、葫芦等搭设架子，夏天放上一把椅子，坐在架子下面看书真的很惬意。果实收获后，丝瓜瓤晒干能刷锅，葫芦能制作成水瓢。丝瓜在水中浸泡 1 至 2 周，使其柔软部位腐败即可。如果是葫芦，可以用筷子从其叶柄位置插入掏出瓤，接着让葫芦充分干燥。还可以在葫芦表面作画，制作成精美的容器。

花形漂亮的多花紫藤、木通也需要搭设架子。如果没有搭设架子的场所，干脆将伸出的藤蔓切掉，枝干变粗之后整体更矮，同样也会开花。总而言之，各有各的美感。

种植蔬菜

售卖的蔬菜和自家食用的蔬菜

每当翻阅如何种植蔬菜的书，都会感到头疼。蔬菜种植前需要施肥，长到一定程度后还要追几次肥。不但如此，出现病虫害还要用药，喷洒杀虫剂等。鸭儿芹、紫苏、香葱等我认为生命力顽强的蔬菜，书上说的方法也差不多。实际上，这类书中大部分介绍的都是专业种植，是尽可能大量收获、售卖所需的种植方法。因为目的是售卖，要求蔬菜必须具备基本

相同的大小及品质。如果出现病虫害，肯定不能作为商品。

这种专业的蔬菜种植方法与我们自家食用蔬菜的种植方法当然不一样。如果是我们自己种植，可以轻松地一边观察一边培育，也可与其他蔬菜分开收获。即使成长过程或收获时期不同，对我们来说也没有差别。但是，如果一次采摘许多，可能会造成浪费。

首先掌握所种植蔬菜的特点

种植番茄、茄子、辣椒、秋葵时，待其长大后需要摘掉腋芽，书上是这么说的。如果让小番茄自由生长，其枝叶会朝着四面八方伸展，感觉像是原始丛林。手得使劲往里伸才能够得到果实，采摘很费事。即便如此，庭院内粗放管理的小番茄从夏季至 10 月也能收获不少。只是太过茂密，最好修剪枝叶，保持良好的通风条件。未摘腋芽的秋葵、辣椒、

茄子也是一样，都能正常食用。也就是说，并不一定要完全按书上说的。

植物为了繁衍后代，必须开花结果。种植蔬菜的关键是掌握其特点，喜欢光照或需要大量施肥等。其次，只要土壤肥沃，大部分蔬菜都能健康成长。所以，放松心态，种植蔬菜也能很简单。

种植蔬菜的连作问题

什么是连作问题？

开始种植蔬菜时，要把连作问题放在心上。也就是说，不能在同一块土地上连续种植同科植物。同科植物从土壤中吸收相同养分，土壤的平衡被打破，容易发生病虫害。种植过番茄的土地，3 ~ 4 年内不得种植茄科植物，许多书上都是这么写的。

在我的庭院内，上一年成熟后落下的小番茄种子还能健

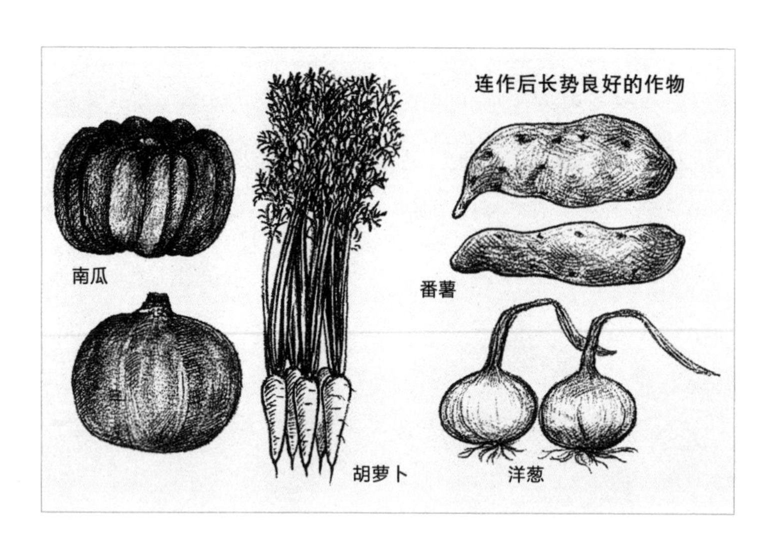

康成长，结出许多果实。附近的田地中，春季种植土豆，收获之后种植萝卜，下一年重复同样耕作，已经持续 10 年以上。照这样看，连作条件下也能培育出植物。虽然种植同科蔬菜时出现病害，也有线虫进入蔬菜根部产生病害，但是，这么一块小田地，种植着各种蔬菜，谁也无法确定是不是由于连作导致。

对土壤施加堆肥，赋予其生命活力

连作导致的问题，大多出现在大量栽培同种类植物的情况下。其中，受害最多的就是萝卜、番茄（并非小番茄）、黄瓜。受害比例能占到栽培总量的 10% 左右。并且，同种蔬菜，季节不同，病害发生的几率也不相同。季节错开的越久，越容易发生病害。

与其对比，南瓜、萝卜、洋葱、番薯连作种植反而更加

美味，其缘由尚未研究清楚。病害的原因是连作，还是由于每年使用农药导致土壤贫瘠，也没有弄清楚。而且，大量种植的农田与我们庭院内的小田地，条件差异较大。所以，对连作没必要太过在意，关键是调配出养分丰富的土壤。其次，大量堆肥，使其渗透于土壤中。

种植适合自家庭院的蔬菜

仔细观察庭院，选择合适蔬菜

为了轻松种植蔬菜，应找寻适合自家庭院的蔬菜。先试着种植喜欢的蔬菜，也是找寻能够在自家庭院健康生长的植物的好方法。日照条件差，难以种植蔬菜时，可以试着栽培鸭儿芹、阳荷、韭菜。这些植物在全天无日照的条件下也能健康生长，而且种植一次后每年都能收获。观察阳荷的花芽也很有趣，之后还会开花，花尤其漂亮。而且，这些不需要规整的田地，在空地上随便种植就行。

半阴的环境下，适合种植小葱、洋葱、叶用莴苣、菠菜、茼蒿、小松菜等。其他植物只要阳光充足，基本都能健康生长。此外，花盆也能种植蔬菜，也方便挪移至阳光好的位置。

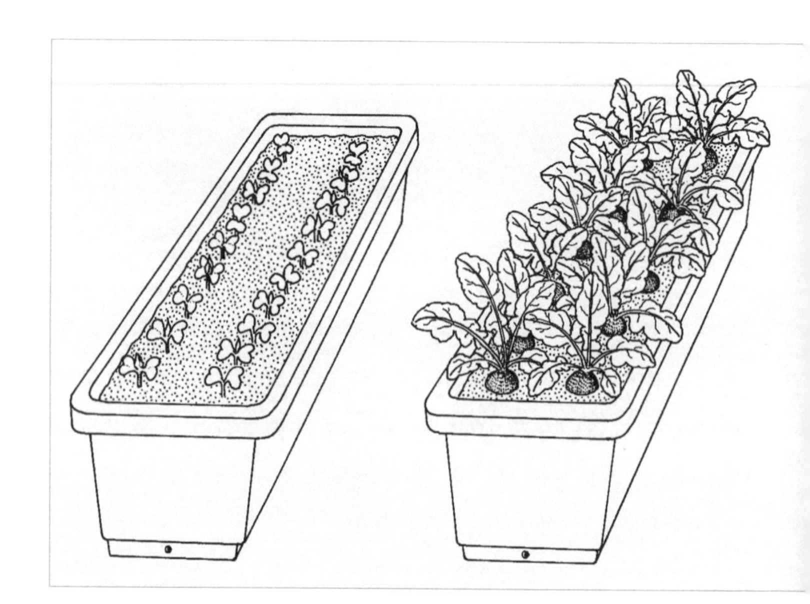

通风良好、排水通畅的环境

确定好光照条件之后，还应考虑通风、排水等。除了紧贴地面生长的蔬菜以外，大部分蔬菜都可能被强风吹动摇晃，长得良莠不齐。通风良好是关键，蔬菜并不喜欢强风环境，如遇台风等可能整片倒伏。所以，尽可能选择不会直接吹到风的环境，或者种植树篱等做好防护。

另一方面，排水也是种植蔬菜的关键。如水分存积于根部周围，会导致根部腐烂。为了确保排水通畅，需要制作田垄，将土堆高。或者，制作围栏，并在围栏中填土，抬升种植场所的整体高度。而且，相比于地面，这种方式减小了弯腰幅度，种植更轻松。

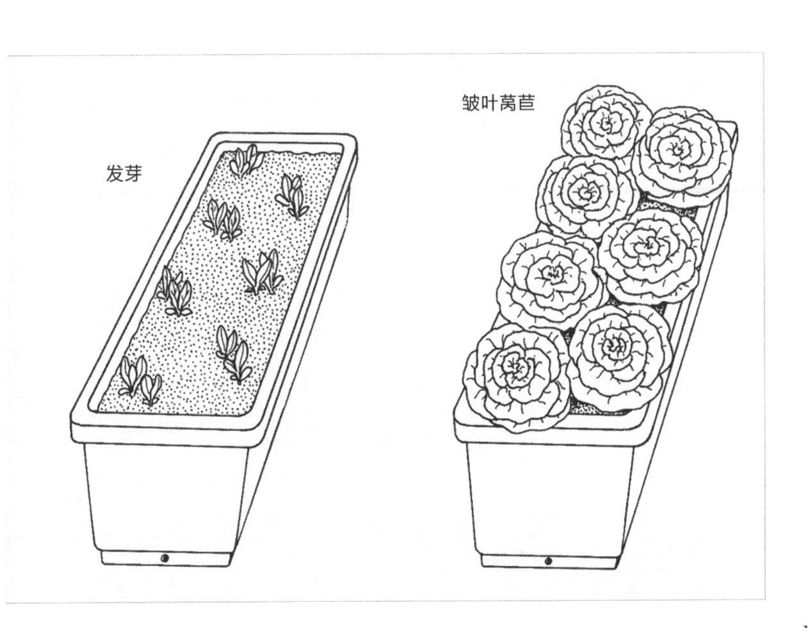

了解蔬菜的原产地

喜热蔬菜和喜寒蔬菜

在日本，绝大部分蔬菜都是春播或秋播，这是由植物的原产地决定的。在酷热环境下生长的蔬菜，只能在高温季节培育。日本基本属于温带气候，夏季的气温相当于亚热带气候。因此，如无霜降，原产自热带的蔬菜能够在春季至夏季之间培育。生长于温带地区或寒带地区的蔬菜经不住夏季的酷热和干燥，因此，这类植物适合在秋季培育，或秋季播种，越冬后在春季培育。不仅是蔬菜，任何植物也是同理。在适合自身的环境下，植物才能健康生长。

栽培植物大迁徙

目前，全世界共有约2300种栽培植物。人类经过长时间努力，将野生植物逐渐培育为栽培植物。这些栽培植物的野生种究竟在哪里？最初将栽培植物的起源进行整理汇总的是瑞士植物学家德堪多，他于1883年编制完成《栽培植物的起源》一书。这本书中，囊括当时已经人工栽培的249种植物的起源。

首先调查清楚栽培植物的野生种，其次进一步确认是在当地野生还是外来物种。结果，249种植物中，200种起源于旧大陆，49种起源于新大陆。1492年哥伦布发现新大陆，这些栽培植物迎来了大迁徙的契机。新大陆的土豆、玉米、辣椒得以广泛传播，小麦、大麦、咖啡树也引进至新大陆。依据德堪多的学说进一步研究发现，栽培植物的起源大致集中于6个地域。

栽培植物的起源

■ 地中海 · 西南亚

小麦、大麦、豌豆、卷心菜、洋葱、胡萝卜、萝卜、苹果、樱桃等

■ 非洲（西非和埃塞俄比亚高原）

豇豆、秋葵、西瓜、蜜瓜、咖啡树、葫芦等

■ 中国（中国和周边的温带地域）

稗、黍、栗、红豆、大豆、桃、栗、核桃、梨、榛子、山葵、花椒等

■ 东南亚 · 印度

稻、芋头、茄子、黄瓜、椰子、香蕉、芒果、肉豆蔻、茶叶、甘蔗等

■ 中美洲（以墨西哥为中心的中美洲）

玉米、番薯、辣椒、南瓜、向日葵、鳄梨等

■ 南美洲（安第斯山脉周边）

番茄、花生、四季豆、菠萝、木薯、腰果、烟草等

种植蔬菜的乐趣

间苗的蔬菜也能食用

蔬菜中也有小萝卜等一个月就能收获的品种，但大多数的收获期需要 2 ~ 3 个月。小松菜、菠菜、白菜等叶类蔬菜，以及胡萝卜、萝卜等生长过程中也能放心食用。

蔬菜播种后，会长出紧密的幼苗。为了使其长大，需要拔掉多余部分，这种方法就是“间苗”。间苗的胡萝卜或萝卜小巧可爱，洗干净后直接撒上盐或沾上蛋黄酱就很美味。小的叶片也能吃，我就特别喜欢胡萝卜叶和土豆调配的汤汁，还有裹着面的油炸胡萝卜叶也很好吃。野菜类只要叶片茂盛长出，任何时候都能收获。也不用整个拔出，摘下所需食用叶片即可。

青梗菜

冬季在室内也能体验蔬菜种植的乐趣

小葱、鸭儿芹、荷兰芹、韭菜、阳荷、芦笋等，种上之后每年都能收获。其实，大多数叶菜从春季至秋季都能培育。只不过，夏季光照强烈，气候条件难以满足种子发芽或苗生长。

花期之后收获果实的蔬菜受气温或光照长短的影响较大。而花期之前食用叶片的植物，任何时候都能培育，冬季也能放在花盆内种植。冬季，窗边摆放着青梗菜、塌棵菜、小松菜、菠菜等盆栽，想想都美。肥料参考盆栽土（第 140 页），稍稍多些堆肥。在庭院种植时，毛豆、番薯、荞麦可以不用施加肥料。食用果实的蔬菜，则需要足量施肥。

室内培育的植物

室内环境也能培育的植物

房间里面或窗边摆上一些盆栽，室内的氛围也会变得轻松、舒适。有阳光或照明光线，湿度及温度适合，室内也能培育的植物却有不少。通常，观赏花卉的植物需要充足阳光。其实，只要光照充沛，矮牵牛、凤仙花、金盏花、三色堇、微型玫瑰等色彩缤纷的花卉也能轻松在室内培育。而且，柚子等柑橘类、朱顶红、风信子、水仙、番红花等也能在室内开出美丽花卉。

此外，室内稍有光线的环境下也能生长的，如同仙人掌、观叶植物等。耐干燥的仙人掌需要光照，但所需水分很少。原产自热带的秋海棠、羊齿、椰树等观赏叶片的植物称作“观叶植物”，这类植物基本不需要直射阳光。但是，如果空气无法保持一定湿度，就容易萎靡枯萎。所以，掌握室内植物的各种特点是关键。

光、温度及湿度的综合考虑

光对任何植物来说都是不可或缺的。根据植物种类不同，所需光照量也会不同。秋海棠、仙客来、杜鹃花、凤梨等，每天照射几小时阳光就能开花。对室内培育的植物来说，适宜的温度与我们人类是共通的。通常，白天18～20℃，夜里10～13℃最佳。如果是寒冷地区，建议安装双层玻璃，以防夜间冷空气影响到植物。

此外，湿度方面，由于冬季室内大多使用暖气，相当干燥，所以，每天使用喷壶对植物增添水分是非常有必要的。但是，花卉部分遇水会受损，应注意避开，直接对叶片喷雾。因为植物本身也会蒸发水分，建议将盆栽集中堆放，形成湿气较多的小环境。或者，将各种盆栽放入大水槽等容器内，加上盖子后，也能实现整体保湿。

观叶植物和多肉植物

观赏叶片绿意的观叶植物

园艺店内售卖许多观叶植物，铁线蕨、白鹤芋、吊兰、橡皮树、丝兰等，培育方法与普通的盆栽植物大致相同。通常推荐使用水苔种植，是为了保持较好的透气性和保水能力。用盆栽土（参见第 140 页）培育，也可以放入大量腐叶土，代替水苔。

花盆底部放入整个容积 1/4 左右的碎石或瓦片（花盆的碎瓦片），保证排水良好。相比全绿色的叶片，带有白色或黄色斑点的叶片缺少叶绿素，需要接受更多光照。施肥与普通盆栽相同，发育较好的春季至夏季，在远距离植物部分的土壤上方施肥。同一时期，也可每周施加 1 次液肥。冬季停止生长，所以不需要肥料。

圆扇八宝
原产自日本的景天科多肉植物。偶尔见到庭院种植，属于宿根草，耐寒性强。

铭月
原产自墨西哥的景天科多肉植物。不耐寒，冬季应放在室内。

生长于干燥土地的多肉植物

多肉植物是景天科等叶片及茎部富含水分植物的统称，大多原产自非洲南部，非洲西南部及墨西哥等地。在干燥地带，植物难以吸收地下的水分，只能依靠自身储藏。为了避免蒸发，叶片的气孔极其小，且叶片表面变得更加坚硬。对于这类植物，最难熬的就是高温多湿。在日本，为了避免梅雨季节导致其腐烂，应种植于排水良好的环境。

仙人掌也是多肉植物的近亲。说到仙人掌，会让人立刻想起热带的沙漠。实际上，沙漠地带的仙人掌极其有限，它们广泛分布于北美及南美。能开出美丽花卉的仙人掌也不少，如蟹爪兰、孔雀仙人掌等。培育时注意不要浇太多水，冬季应放置于 0℃以上场所。

温室培育的植物

经不住冬季严寒的植物

原产自热带的观叶植物、多肉植物、仙人掌、洋兰（热带兰）等经不住日本冬季的低温环境，如不实施任何保护，大多都会枯萎。应当将其挪移至温暖环境下过冬，避免植物周围温度低于0℃。有些放在不结冰的环境下就行，而有些必须在温度更高的环境下生长。所以，关键是通过查阅植物图鉴等资料，确认自己培育的植物的特性。

冬季也要确保15℃以上温度的植物包括卡特兰、非洲堇、洋兰中的万代兰、锦紫苏、红掌等。而五色梅、天竺葵、仙客来、兰花、吊兰、龟背竹等耐低温较强的热带植物在1～5℃条件下也能越冬。必须在高温条件下培育的植物，应创造保温环境或放在温室内，才能健康生长。如果白天或使用暖房期间温度尚可，但夜间温度突然降低，会让植物受到更大伤害。

自己设计温室

花盆放在朝南的窗边时，为了避免夜间的冷空气接触花盆，可以换上厚窗帘或用大纸箱盖住花盆，避免白天存积的热量散失。还可以准备较大的水槽，将花盆放入后加上盖，这就是一个简易的小温室。温室有很多好处，不但能够保温，还能维持一定湿度。特别是洋兰，需要较高湿度。植物本身散发出水分，在温室中形成湿气的状态是最理想的。

此外，还有售卖能够自己组装的温室组件，以钢架或铝合金材料作为框架，加上玻璃或透明塑料罩住四周。既能阻止冷空气，又能接受温暖的阳光，甚至还有通电后辅助加热的功能，形状及大小也各有不同。但是，这类温室价格比较高，刚开始可以使用简易框架（参见第 234 页）或者别人搬家后转让的二手货。

什么是有机农业？

最早提出有机农业这种概念的是英国人艾尔伯特·霍华德，他曾说过：“土地、作物、家畜、人都是自然的一部分，撇开其他部分，仅研究一部分是很危险的。”其实，他所说的仅研究一部分就是杀虫剂、农药、化肥。

霍华德从1905年开始在印度生活了约30年，与当地的农民一起研究什么样的土地会有较多病虫害，以及如何形成肥沃的土壤。他们发现，排水及透气良好的土地中需要微生物活动且土壤富含养分。微生物的存活需要有机物，这种有机物可以是农民使用废弃原料制作，并以堆肥的形式施加于土壤中。也就是说，杂草或作物的废弃部分、家畜的粪便及少量土壤混合一起交替堆叠，随着细菌增多，温度超过65℃。即使不用机械，也能使植物的茎叶分解，成为优质的肥料。

霍华德所在印度生活的地区非常贫困，买不到进口化肥，只有依靠天然方法。在自然界，土壤是经过长时间才能形成的。尽可能不破坏自然规律，保护以昆虫为主的各种生物循环。霍华德以此为理念，编制成《农业圣典》。此后，美国人J·罗戴尔将这种方法传播至全世界。

回顾日本的农业历史，1960年之前日本也基本以有机农业为主。

第 6 章

健康培育的方法

观察植物是否健康

“工作半天，观察半天”

我曾经与做过70年以上园艺师的老师傅一起进行庭院种植工作约1周。年过90的老师傅在对待植物时的细致动作令我叹服。在移栽杜鹃花时，挖出后立即用草片包住根部，放置于阴凉处。老师傅说：“根部之前没有接触过阳光。如果不能立即植入，应该放在阴凉位置，以免根系受损。”

移栽大树时，需要修剪许多顶端枝叶。这是因为移栽时根系会被修剪一部分，顶端枝叶也要修剪才能保持整体平衡。老师傅笑着说：“很久以来就是工作半天，观察半天，仔细观察植物很重要。只有观察，才能弄清楚植物的状态。盯着植物半天不动，感觉就像是在偷懒！”植物是否健康，观察是关键。发现叶片萎靡，就得仔细观察，可能是树干上出现了虫眼，也有可能是忘记浇水。

顽强的野生植物

植物的生命力最顽强。人不吃饭就会死，但植物能够依靠自己的身体制造养分。我们人类所做的，就是辅助其成长。比方说，长时间不下雨就浇水，有虫子蚕食叶片就清理虫子，阳光不足就挪移至有阳光的地方，热带植物注意保温等。诸如此类，只需稍加帮助，植物就能健康茁壮生长。

种子自己掉入土壤中发芽而成的植物非常健壮，这是因为周围的土壤和环境适宜。这种情况大多出现在我们平常行走的小道上，这是因为我们会在庭院里走来走去，种子不经意间被带入继而掉落至小道。而且，可以将这些植物连着土壤一起挖出移栽。也可收集这些刚发芽的植物，制作成各种盆栽。

霜降是整年的关键

霜降对植物来说是致命的

对温带、亚热带、热带等地区的植物来说，霜降是事关生死的问题。气温低于0℃时，水会结冰，也就是说，植物身体内的水分会被冻结。人类攀登雪山或去往南极探险时，在极端严寒的条件下会被冻伤。这是由于细胞内的水分被冻结，导致细胞死亡。与此相同的情况也会在植物身上发生。

秋季即将结束，我正想着将秋海棠盆栽搬回家中，没料到突然降温，一晚上全都死光了。我开始反省，思考对于无法自己移动的植物来说什么才是最苛刻的条件。初冬时节的霜降，这对植物来说是致命的。而且，春季何时开始不再霜降，对植物也非常关键。种植温带或热带的植物时，无论种植时温度多么适宜，一旦遇到霜降，就会瞬间死亡。所以，在明确不再有霜降之前，应套上塑料袋或放在室内培育。

植物的强大生命力

日本国土南北方向狭长，有没有霜降的地区，也有多霜降甚至长期积雪的地区。有霜降的地区，初霜之后必须将花卉围起或挪移至室内，做好保护。蔬菜方面，在无积雪的塑料保温棚内，适合种植黑橄榄、菠菜、塌棵菜、青梗菜等耐寒性较强的蔬菜。霜降之后认为已经枯萎的盆栽不要立刻丢弃，根部还有可能存活。地上部分已经枯萎，挖出根后移栽至其他花盆内，在室内放置一段时间后又会发出新芽，这种情况并不少见。所以说，植物带有强大的生命力。

但是，寒冷对植物来说并不都是负面的，大多数秋播植物在经过一段时间低温之后才能长出花芽。例如，樱花、柿子、溪荪鸢尾等植物的种子需要在0℃的低温条件下经过1个月以上才能发芽。

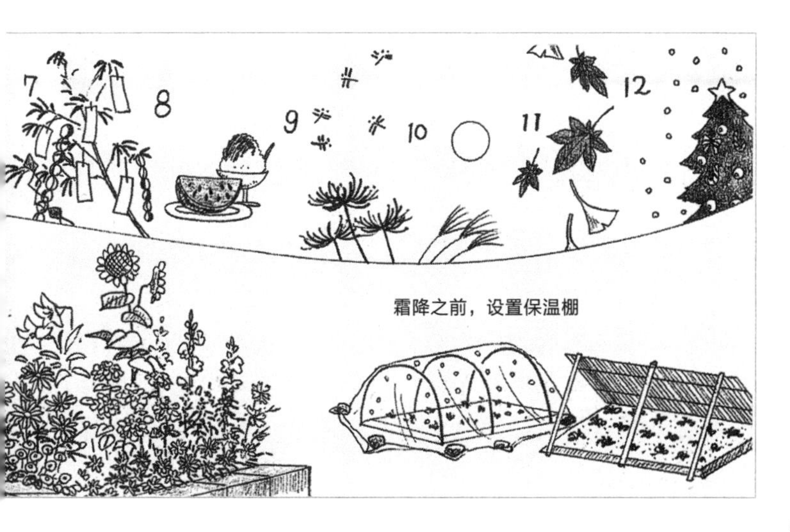

利用杂草

防止地面干燥

开始庭院或田地种植时，经常听人说除草工作非常辛苦。相比经过人类改良的园艺植物或蔬菜，自始至终生长于这片土地上的杂草确实生命力顽强。从春季至夏季，以惊人的速度茂盛繁殖，覆盖整片土地。特别是禾本科杂草，繁殖力尤其强大。其实，这些杂草也有许多用处。

首先，有了杂草，土壤才不会流失。风雨等会导致水土

流失，这是全世界农田都面临的问题。光秃秃没有杂草的土地，更易被风雨侵蚀。长着杂草的地方，杂草的根部紧紧抓住土壤，能起到固定作用。其次，有了杂草，土壤表面才不会干燥。草被拔光的土地会立即变得干燥，有草的土地能够保持湿润。而且，枯萎后的杂草还能成为土地的营养。

利用杂草装饰

杂草之中，有许多能开出漂亮的小花。钝圆碎米荠、春飞蓬、宝盖草、刻叶紫堇、鸭拓草、犬蓼等开出的小花就很漂亮，却容易被当成杂草拔掉。杂草的花及种子还能成为昆虫、鸟类的食物。所以，如果能够充分利用杂草装饰庭院，那就再好不过了。

此外，杂草还有意想不到的作用。例如苜蓿草，能通过

紫草

与根粒菌共生（参见第 150 页）使土壤更加肥沃，茂密生长的部分随便剪下就能用于堆肥。所以，与其费劲割草，不如择选留下，不仅能观赏到野生风情，残留物还能用于堆肥。

利用护盖物

避开杂草和防止干燥

护盖物起到遮挡保护的作用。护盖住植物四周，能够阻止杂草生长，夏季防止干燥及地面温度升高，冬季防止地面冻结。农民种植蔬菜时，经常使用黑色塑料护盖物。将黑色塑料膜罩在堆高的田垄上，再用土压实固定四周，开上孔便可播种或植苗。在塑料膜下，阳光使地面温度升高，促进种子的发芽及苗的成长，同时阻止杂草生长。

护盖物可以使用许多材料，不仅限于塑料。将割下的杂草放在植苗周围，也能发挥同样效果。此外，也可使用未完全熟化的堆肥，下雨时堆肥的汁液渗入土壤之中，会成为优质的肥料。杂草、堆肥、花期结束后枯萎的花枝等自然材料，都能用于护盖物。

落叶护盖物

在杂草上方造田

我的蔬菜田内有许多杂草，平时将其切割下收集起来，用于植苗周围的护盖。也有使用报纸作为护盖的。将一张张报纸摆放在田垄上，四周同样用土压实，护盖住整体。接着，在报纸上开孔播种，确实不容易生长杂草。而且，比不易降解的塑料更环保，几乎不需要成本。

《朴门学》一书中有介绍通过利用护盖造田的方法，我也试过。在杂草上方围起圆木，将不用的旧衣物（棉、毛等自然纤维）或压扁的瓦楞纸放入，填土堆高至膝盖左右高度的方形田地就完成了。在里面撒上萝卜的种子，不久就能收获又大又白的萝卜。只要是自然材料，都能用于护盖，试着自己开动脑筋，找一找其他合适的材料。

用圆木或石块制作围挡，在里面的杂草上方堆起瓦楞纸等

填上土壤及堆肥，待土壤湿润之后播撒萝卜种子，小心培育

花盆移栽

每年移栽一次

仔细观察盆栽植物，有时会发现不太健康的叶片。正常浇水，光照也充足，但下方的叶片泛黄，整体显得不健康。遇到这种情况时，可能是这个花盆长时间没有移栽。盆栽所用土壤非常有限，一年时间，植物就会将土壤中的养分吸收殆尽。抬起花盆，如发现花盆底部伸出根须，说明花盆整体已经被根系塞满。

塞满根系的虾夷葱

此时，应将其移栽至稍大一点的花盆内。移栽应避开花期，选择植物不活动的时期。轻轻敲打花盆边缘，更容易取出里面的植物。实在难以取出时可大量浇水，一会儿就能取出。在新花盆的底部铺上碎石，放入盆栽土，再将植物移栽进去，最后用土壤填塞缝隙即可。

透气、透水的素烧花盆

相比樱草、雏菊等花草，杜鹃花、石楠花等大型植物必须使用更大的花盆。首先，将需要移栽的植物取出，清除干净周围的旧土壤，根部剪掉20%左右。这样处理之后，可以移栽回原先的花盆中，只需填满剪掉根系部分的土壤就行。填土时注意筛选盆栽土（参见第140页），填入颗粒整齐的土壤能够确保透气性。

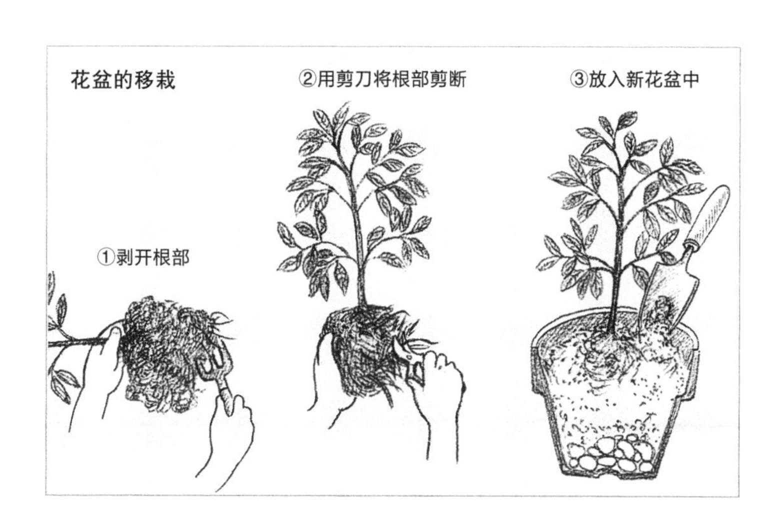

素烧花盆，对植物来说最合适。它的透气性、透水性良好，根部容易呼吸。但是，近年来，更多人使用轻质的塑料花盆。塑料花盆的透气性差，土壤形成透气良好的团粒结构变得至关重要，土壤筛选后再使用也是出于这个原因。塑料花盆形状种类相比于素烧花盆更丰富，直径大小分为9厘米、12厘米、15厘米，以3厘米间隔一种。

修剪树枝

确保通风良好

修枝就是在花卉或果实较多，以及树木过于繁茂时进行修剪。粗放管理下，会长出更多树枝，根部也会长出许多细枝。自然环境中。树木会被虫类或动物等啃食，还会遭受自然灾害，为了继续生存，需要长出更多枝叶。

但是，种植于庭院的树木很少遇到自然灾害，不需要这么多枝叶。枝叶多了，反而会影响通风，还会遮挡住阳光。因此，我们需要修剪树枝。首先仔细观察树的整体，找到多余树枝后再开始行动。如果有干枯的树枝，也要剪掉。而且，朝向内侧的树枝、朝向正上方的树枝、朝向下方的树枝，全部都要剪掉。如同双手上举形态的树枝保留，减少重合或靠近的树枝。

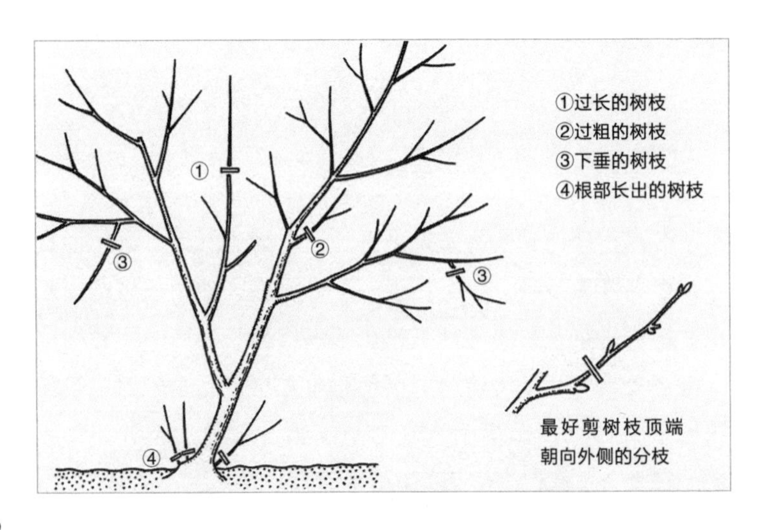

修枝时注意花芽

并不是什么时候都可以修枝的，如果不小心将花芽剪掉，就不会开花了。而且，植物长出花芽的时期有所差异。山茶花、杜鹃花是在6月后半期长出花芽，梅花、樱花、桃花、海棠等是在7月后半期开始长花芽，10月末也有新花芽长出。所以，秋季天气温暖的时候，也能看到不合时宜的花开。

什么是花芽？第一次看到花芽的人可能分辨不清，与叶芽相比，花芽更加饱满。有些植物的花芽会长在特定位置。修枝时需要特别留意的是仅在树枝顶端长出花芽的植物。杜鹃花、石楠花、茶梅、紫玉兰、大花四照花，这些植物在夏末形成花芽。因此，修枝应在花期刚开始之后。其他植物如也有类似担心，只要在花期刚开始之后修枝，就不会误剪花芽。

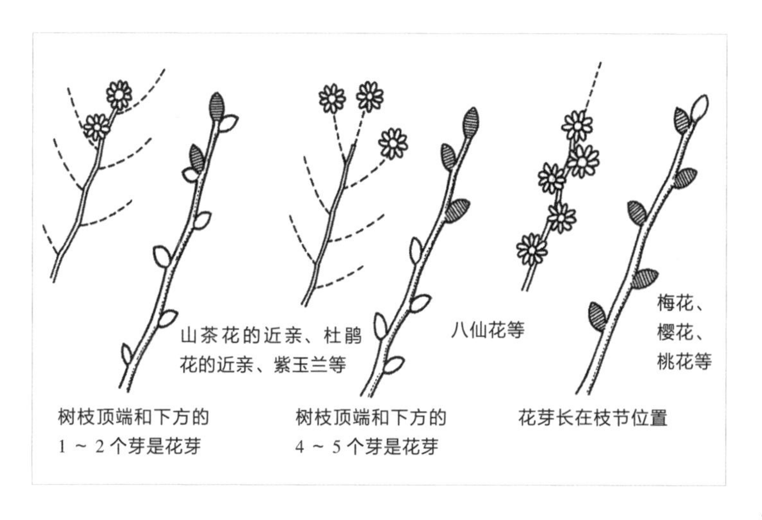

如何使蔬菜健康生长

堆高田垄

种植蔬菜时制作高于地面的田垄，会有很好效果。堆高的田垄能够得到更多光照，促进其生长，且排水性也得到改善。制作田垄时，先用铁锹沿着相同方向挖（挖出的土堆放于一侧），挖到田垄所需长度之后，调头沿着相反方向紧贴刚挖好的沟继续挖（挖出的土堆放于另一侧），沟得以拓宽。在挖好的沟内填上堆肥等肥料之后，再将沟填平。最后，将

之前挖出的土继续往上堆高，这样形成的田垄会比周围地面高出 20 厘米左右，再用铁锹的背面将田垄表面压实、摊平。

田垄宽度取决于坑的宽度，40 厘米左右比较方便种植。尚未熟练使用铁锹之前，制作的田垄可能并不整齐，但不影响种植蔬菜。如果刚开始就想修得较为整齐，可以在田垄的起点和终点位置插上木棒，再拴上麻绳，以麻绳作为位置参照就能确保整齐。

自己设计田垄

或许认为制作田垄很辛苦，其实只要场地没这么大，过程并不困难。根据蔬菜的种类，也可采用各种短田垄的组合或方形田垄。田垄的方向应考虑自家庭院的方位，尽可能朝南比较好。而且，喜光的蔬菜放在靠前位置，避免被缠绕支柱向高处生长的植物遮挡住光线。田垄之间保持足够宽度，光照更均匀。

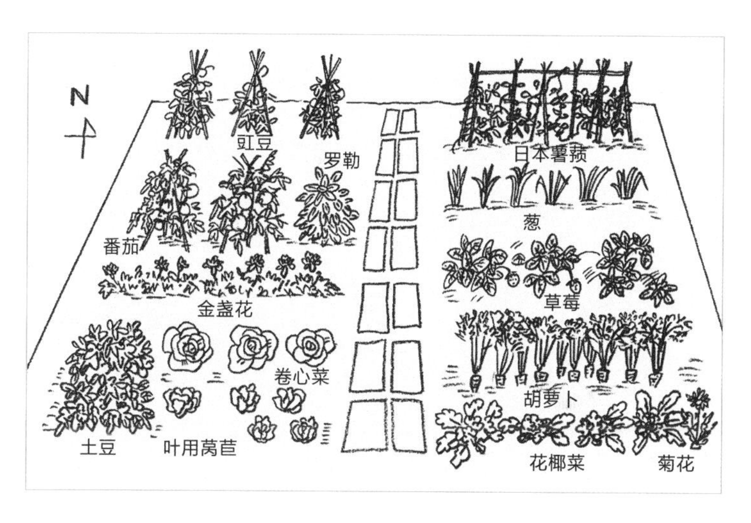

田垄完成之后，注意不要在上面踩踏、行走，避免对其造成破坏。制作田垄前也可以精心设计，使庭院更加美观。我家附近的老奶奶就堆了各种形状的田垄，长方形种的是芋头，正方形种的是萝卜，梯形种的是日本芥菜，边角位置的田垄还种着草莓等，剩余的空间种植了应季花卉，感觉就是四季如春的庭院。

轻松对待病虫害

掌握病虫害原因很困难

在自然环境中生存的植物，会遇到各种意外情况。种子不发芽，苗无法长大，或者长大后被风吹倒，被人采摘食用等，无不影响植物的正常生长。即便是人，也会出现营养不良、生病、精神压力等。人遇到这些情况，可以选择就医。植物发生病虫害的对策与人类就医的思路基本相通。所以，对于产生病虫害的植物，实施消毒或喷洒药剂并不是坏事。

但是，判断植物病虫害的原因却很困难。比如根部出现问题，到底是线虫还是霉菌导致，或还有其他原因。不知道病根，也就无法对症下药。如果胡乱下药，不但没有效果，还可能导致其他危害。人生病时在不知道病因的条件下胡乱吃药的情况也不少见。

积极预防，保证土壤健康

我们人类在精神饱满时不易生病，睡眠不足或工作过度等导致抵抗力下降时就容易生病，植物也是一样。多雨多湿或枝叶茂密不透气，在这些条件下植物身体变弱，容易被病原菌侵入。

为了预防病虫害，大量堆肥，调配出优质土壤是关键。此外，还要保证通风良好。损害植物身体的原因有许多，

大多数原因是我们自己造成的。比如忘记浇水，一次就能枯死几十棵苗；茎部与支柱绑得太紧，导致植物枯萎。所以，与其对病虫害过度紧张，注意植物与自己的关系更为重要。

不使用杀虫剂

吸引昆虫或鸟类的庭院

人对虫害非常敏感。发现植物出现虫害，感觉植物马上就要枯萎死亡时容易大惊小怪。其实，很多时候只是叶片被蚕食，植物并没有死亡。发现有虫子，摘掉清理了就行。刚发现时容易清理，即使叶片被吃掉很多，只要将虫子清理干净，植物还是能够恢复健康的。

植物并不是单独存活。花开之后，昆虫会来吸食花蜜、搬运花粉，也多亏了花粉才能结出果实。所以，即使有害虫也不能喷洒杀虫剂，否则传播花粉的昆虫等也会被杀死，最终无法结出果实。而且，即便是害虫，对鸟类来说也是一顿美餐。鸟类的粪便中还含有树木果实的种子，庭院中的新植物在粪便中发芽，不久便会变得漂亮、茂密，使庭院更加丰富多彩。

发现小麦蚜虫之后

大多数虫害都是小麦蚜虫造成的。这种虫又称作油虫，其幼虫会吸食植物茎部及叶片的汁液。透气性不好，且闷热的状态是小麦蚜虫最喜欢的。室内盆栽枯萎的原因，大多也是被小麦蚜虫所害。此外，冬季的室内比较暖和，也容易产生小麦蚜虫。如果盆栽摆放在温暖的房间内，应当经常翻看叶片背面，确认有无小麦蚜虫。

发现小麦蚜虫之后，可用毛笔等将其扫落至装有水的容器内。如遇到紧紧粘在叶片上的，可涂上一点稀释后的肥皂水。应选用不含化学成分的肥皂，在叶片相应位置涂上一点，再用干净的水清洗。还有的人会使用辣椒汁。总而言之，有刺激性的物质就能起效。涂上这类液体之后，一段时间内植物会有些萎靡，不久便会恢复健康。

除害虫

春季至夏季增多的幼虫

种植蔬菜时，最让人头疼的就是蝴蝶、蛾子等幼虫蚕食叶片。卷心菜、白菜、花椰菜等十字花科植物，会有菜青虫产卵。特别是5月~6月，幼虫处于发育旺盛时期，任其不管会将菜叶吃光。为了防止这种问题，趁着幼虫还小的时候就要清理干净。介意直接用手的，可拍打叶片，在下方用托盘等接着就行。

发现幼虫之后，持续每天清理两次左右。大致4~5天之后，幼虫就会大幅减少。此外，在菜青虫发育旺盛的春季至秋季，也可不种植这类蔬菜。如果在蝴蝶等尚未开始活动的早春及数量较少的秋季种植，可以放心食用。卷心菜的近亲耐寒性强，避开夏季种植也符合其特性。如果庭院里有池塘，可以将清理出的虫子倒入池塘中，作为鱼类及水生昆虫的饵料。

在土壤中寻找夜间活动的幼虫

白天如果发现叶片上出现幼虫，同菜青虫一样清理至容器内。如果喜欢蝴蝶等，可以在某处种上供其食用的油菜、诸葛菜等，庭院内的菜青虫就不会完全消失。胡萝卜、鸭儿芹的叶片上发现的金凤蝶幼虫同样不必灭杀，可以转移至独活、芹菜的叶片上。转移时不要用手指触碰，应当用毛笔等。金凤蝶的成虫在庭院中四处飞舞，十分美丽。

令人头疼的是有些虫只在夜间活动，比如地蚕（甘蓝夜蛾的幼虫）、土蚕（黄地老虎的幼虫）。而且，它们都属于杂食性昆虫，蚕食各种植物。清晨，看到植物茎部折断的情况，就是土蚕的杰作。叶片被蚕食后看不到虫子的踪迹，大多是地蚕干的。白天可以试着挖开植物茎部周围的土，它们应该就躲在附近。叶片如被蚕食，肯定是哪里出现了害虫，找到并清理是当务之急。

驱虫的方法

适宜益虫（吃害虫的虫子）生存的环境

培育植物时，如果能有益虫吃掉麻烦的害虫，那可是帮上大忙了。自然状态下，这些益虫肯定是有的，比如布甲、麦穗斑布甲等在夜间会从石头缝或草根附近钻出，吃掉蝴蝶或飞蛾的幼虫等。蜘蛛、青蛙会吃小昆虫。对鸟类来说，叶片上的幼虫也是饵料。所以，营造适宜这些有益生物生存的环境，就能大幅减少虫害。

适宜生存的环境是指在蔬菜及花草周围保留一些落叶、割下的杂草等。也可用石块堆砌，方便昆虫或青蛙等居住。在石块旁边种上草莓，还能借助石块的热量让草莓生长。对鸟类来说，杭木或竹子等支柱方便它们休憩站立。生物种类越多，越能达到自然平衡，害虫也就越少。

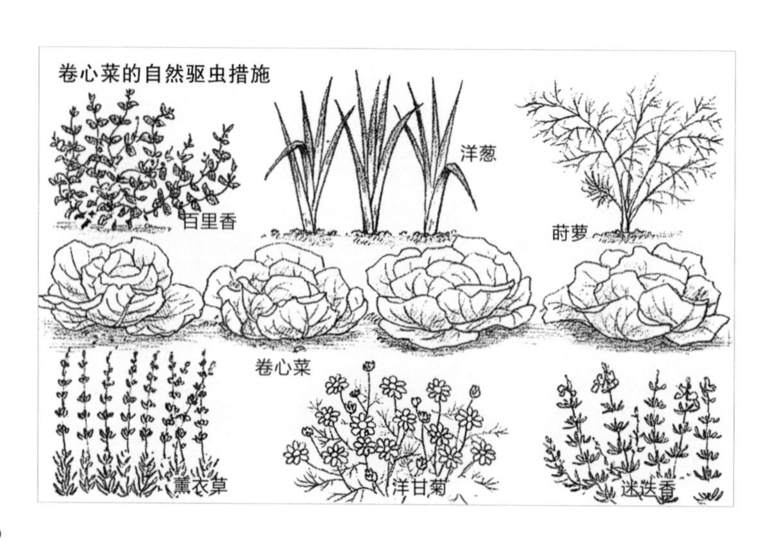

通过植物组合预防病虫害

在欧美等国，从 1970 年就已开始“伴生植物”等混合栽培的研究。也就是研究哪些植物在一起生存对彼此都有利。比方说将金盏花种在蔬菜旁边就不易出现线虫，大蒜种在黄瓜、番茄、菠菜等旁边，既能减少病害，又能预防小麦蚜虫。还有，番茄旁边种上罗勒就能预防病害，卷心菜旁边种上百里香就能预防菜青虫，都是非常有趣的研究。

不仅能够预防害虫，如果按胡萝卜和虾夷葱、洋葱和黑橄榄、豆类和胡萝卜、花椰菜和迷迭香或鼠尾草等组合种植，对双方生长都有利。这类研究成果如果能够广泛推广，该是多么有意义的事情。同样，我们在庭院种植中经过各种各样的尝试，彼此之间如果能够相互交换宝贵信息，也是很快乐的。

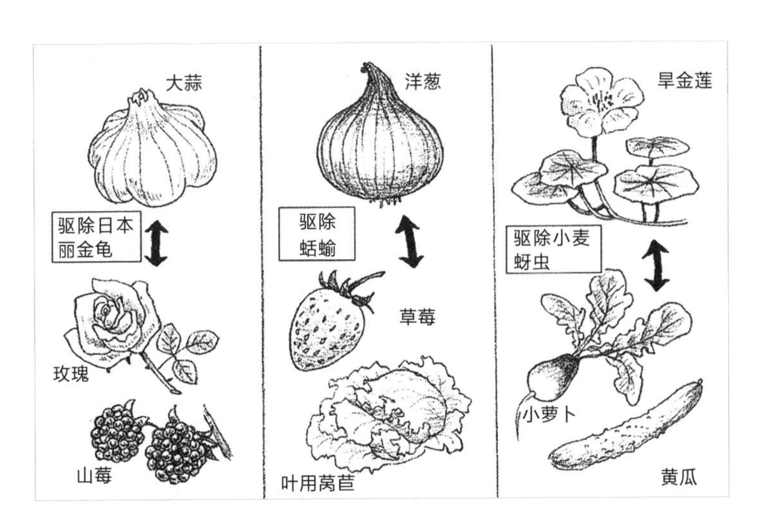

如何过夏

不耐热植物挪移至阴凉位置

夏季，植物的枝叶茂盛，十分健康。但是，温带或亚寒带地区的植物中，也有经不住酷热夏季的。比如三色堇，酷热的夏季会变得虚弱。所以，大多在花期结束后取下种子留待秋季播撒，作为秋播的一年生草本植物培育。在日本东北地区以北，夏季也很凉爽，它们不会枯萎，能够健康生长。鼠尾草及樱草也经不住夏季酷热，但同样在日本北方地区不会枯萎。

即使夏季酷热的地区，只需将其挪移至阴凉场所，也能避免死亡。可以搬至室内，也可直接放在夏季茂密生长、冬季落叶的落叶树下。室内培育的兰花或君子兰，夏季可以放在室外，但下午 2 点之后应当挪移至阴凉处。即便是习惯在酷热环境生存的热带地区原生植物，在经受一整天高温之后，继续沐浴着夕阳的余光，也会导致其虚弱。

夏季浇水选择清晨或傍晚

阳台等空间较小、不易移动盆栽的场所，可以用苇帘子遮挡阳光。在园艺店也有售卖一种遮光的布料，可用其遮挡。盆栽的土壤有限，非常容易干燥。与其相比，直接种植于地面的植物可以通过根部直接吸取地下的水分。但是，刚种上的植物根部较浅，如果持续晴天，很快就会干枯。这种情况下，在四周搭建小遮阳棚，会有助生长。

还可在植物周围撒上落叶、腐叶土、野草等，浇水后不会立即蒸发，可防止干燥。夏季，土壤变得非常热，千万不能在白天浇水，浇了也会瞬间蒸发。选在清晨 8 点左右或傍晚，可以大量浇水。为了让植物能够在夏季过得舒服，浇水等协助工作必不可少。

如何过冬

预防冬季的北风和霜降等危害

即使能够放在室外过冬的耐寒性强的植物，也要分清所处地域，或植物处于幼苗期还是成年期，它们过冬方式是有区别的。冬季的北风对植物生长的影响巨大。其实，预防北风侵袭最简单的方法就是用竹叶草等将植物朝北的位置围起。或者用几根支柱搭建篱笆，再将稻草或树枝等插在其中，这样也很有效。如果是小幼苗，可以在朝北位置立起木板或发泡塑料。

对抗霜降的最好方法就是铺设落叶、腐叶土、稻草。也可以撒上草木灰，防止地表冻结。

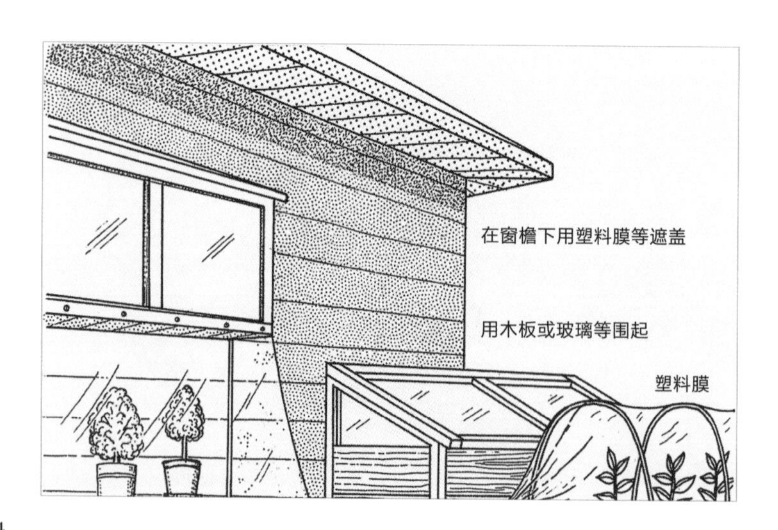

在苗床中过冬

冬季，原产自温带或热带地区的植物一直放在室外会枯萎，盆栽可以直接搬入室内，其他植物可以移栽至花盆之后搬入室内。或者，在室外搭建苗床，也能保护植物健康过冬。其作用是将植物围起保护，避免植物受到严寒酷暑或风雨等侵袭。用木材、砖瓦或板材等围起，再用玻璃罩上，既能防止北风吹，又能透过玻璃获取足够阳光。不适合原产自热带地区的植物，但适合那些不受冻就能过冬的植物。

苗床不仅能够帮助植物过冬，初春时还能用于加速幼苗成长。在苗床下方挖出深50厘米左右的大坑，填满未熟透的堆肥，利用其发酵热量使苗床内升温，帮助幼苗成长。这种人工介入升温的方式称作“温床”，仅依靠阳光热源的称作“冷床”。

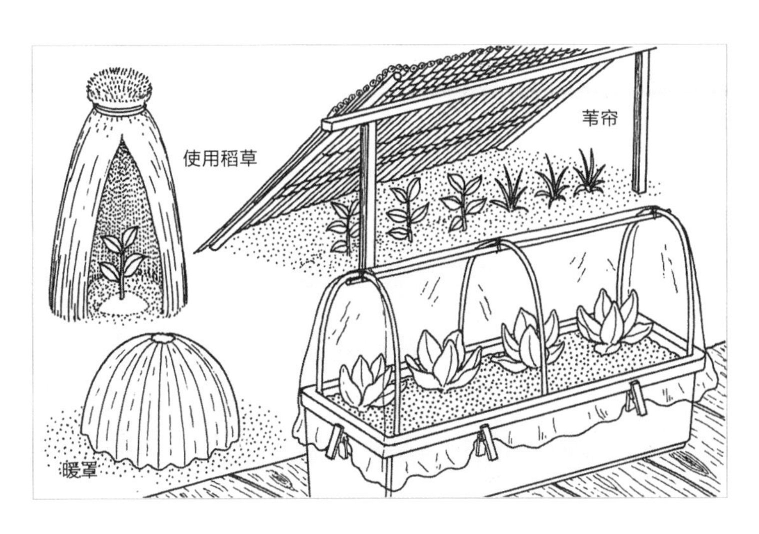

过冬的相关知识

朝南的窗边能够照射温暖的阳光

冬季在窗边培育青梗菜

测量夜间温度

摆放在窗边的盆栽

窗外搭接的温室

用水槽罩住，形成小温室

木茼蒿的插芽

苗床的玻璃因霜降呈白色

即便如此里面也没结冻

植物医生

本书中，对植物病害的谈论并不多。为了预防病害，让培育植物的土壤保持健康是最关键的。在足量堆肥的土壤中培育的植物，大多茁壮健康。但是，实际种植花卉或蔬菜时，一旦出现病害难免慌手慌脚。

植物的病害有不少，如叶片呈马赛克状颜色或撕碎状的花叶病，感觉像是粘上白粉的白粉病，叶片偏黄且出现黑菌斑的霜霉病等。发现这些病症后，即使用药也难以救活。此外，也会出现原因没弄清楚就用药或发现时期太晚等情况。

那么，发现病害之后究竟该怎么处理？病害会逐渐扩散至植物全身，关键是阻止这种情况。需要拔掉染病的植株，并将其焚烧。如果只是拔掉，病原菌还会传播到其他植物身上。

除了病害以外，还有虫子惹的祸，一定要仔细观察。比如枝叶顶端折断时，寻迹枝叶各处，会发现茎部有虫子或虫卵。这种情况下，将虫子或虫卵清理干净基本就没有问题了。

植物看起来萎靡时，应仔细观察整体各处，尽快找到症结。医生要对症下药，而我们就是植物的医生。

第 7 章

繁殖的乐趣

许多种子

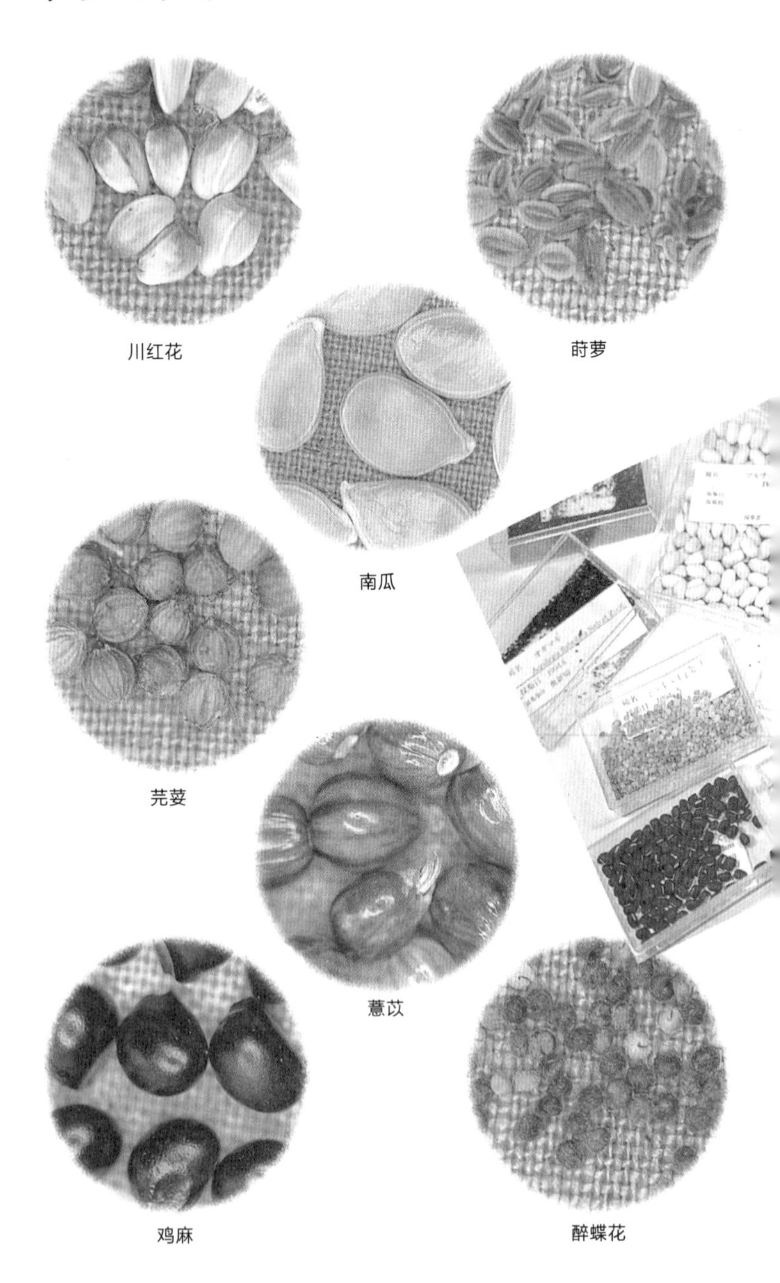

川红花

莳萝

南瓜

芫荽

薏苡

鸡麻

醉蝶花

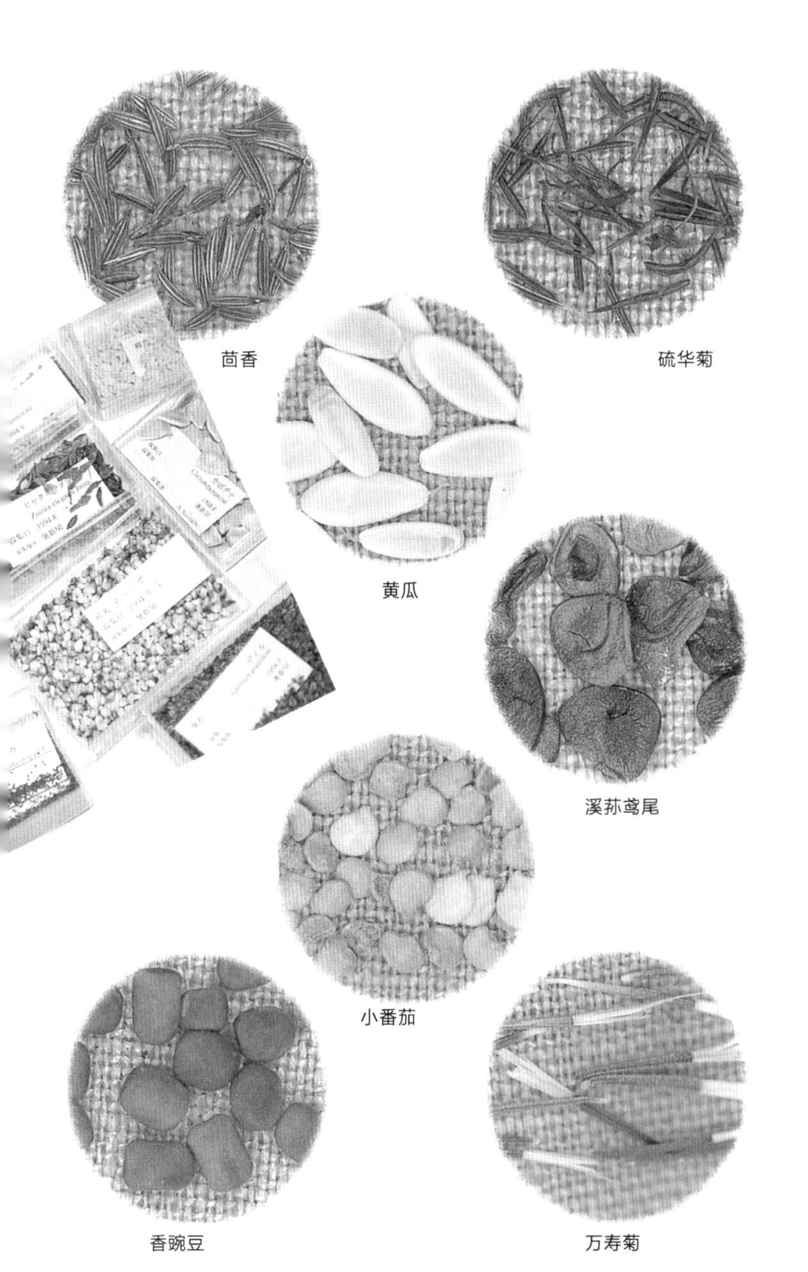

茴香

硫华菊

黄瓜

溪荪鸢尾

小番茄

香豌豆

万寿菊

收集种子

种子数量让人吃惊

原则上，植物开花就会长出种子。对植物来说，种子是繁衍后代的关键。靠近观察这些种子，会惊喜地发现其不同于花的美丽。春季花季结束后，我们就会忙于收集三色堇、樱草、紫萼耧斗菜的种子。将收集的种子放在干燥环境下保存，到了秋天再次播种。刚开始不知道什么样的种子才能发芽，后来知道种子约七成熟就能发芽。

夏末至秋季，开始收集夏季花的种子，如醉蝶花、矮牵牛、金盏花、石竹、硫华菊等。花期长的可以长久观赏，选择从花期短的开始收集。我曾经有一次试着数了下种子，一枝金盏花有 71 颗种子，一枝矮牵牛有 297 颗种子。种子越大，相对数量也就越少。即便如此，花并不是只开一朵，种子数量还是惊人的。

赏心悦目的花与种子

凤仙花、非洲凤仙、三色堇等种子用手摘时会被弹飞，应该用手掌包住后放入容器内。但是，弹飞的样子也很有趣，我经常用手指故意触碰。还有三色堇，种荚变成褐色之前直接放在室内，干燥之后的种子会飞散在房间各处，让我大吃一惊。所以，最好是收集种子后装入容器内。

为了花开得漂亮，最好摘掉花期后枯萎的花，避免其争夺营养成分。但是，我想要观察植物的自然状态，观赏花卉之后，也想要采摘种子。三色堇的花期结束后，即使留下种子，初春至夏季也会接连开花。并且，到了秋天，漏出的种子会发芽，下雪之前还会持续开花。

采集蔬菜的种子

试着自己播种

蔬菜的种子是什么样的？南瓜或番茄的种子谁都能立即想象出来。蔬菜店内售卖的黄瓜及茄子，有种子的越来越少。青豌豆、毛豆、玉米等就是食用种子部分。以前，每家农户都会选择外形好的蔬菜，并取下种子。但是，即使如此，收获的蔬菜与上一年并不完全相同，外形有好的，也有不好的。自家食用不会太讲究，但作为商品售卖则要求品质

基本相同。

市场上有许多种子售卖，那些经过改良的种子，或者更甜，或者形状更好，或品质更佳。这些研究均以售卖商品为目的，我们进行庭院种植时不必太过在意，自己满意就好。可以买来幼苗自己种植，也可从蔬菜中取下种子，来年播种培育。南瓜、小番茄、豆类等的种子很容易成活。

蔬菜种子的采集方法

如果是豆类，等待豆荚变黄之后取出种子。种子取出后，在纸上摊开充分干燥。大豆或红豆等体积并不大，可以连着茎部一起干燥。这些豆类既能作为种子，也能用来制作食物。

番茄、黄瓜的种子周围含有大量水分，必须尽快干燥。否则不久便会长出霉菌。取出后放在报纸上，用手心揉搓抹

匀，期间注意多换几次报纸。这样处理后，手心的热量会助其尽快干燥。青椒、甜椒、秋葵的种子没有这么湿润，很容易干燥。南瓜种子的表面湿润部分摘掉之后也很容易干燥。此外，卷心菜、白菜、叶用莴苣等叶菜以及花菜、花椰菜等，食用之前留下一部分结种即可。

散步时收集种子

花开之后等待长出种子

许多种子在园艺店有售。但是，有些种子园艺店内也没有，比如品种改良之前的原生花的种子，以及家附近盛开的漂亮野花的种子。而且，自己收集种子，朋友之间相互交换也是非常开心的。散步的同时，留心周围哪里有花，发现好看的花，等待花期结束后采集种子。当然，如果是别人家庭院里的花，还必须获得允许。有礼貌地问别人要一点种子，通常是不会被拒绝的。

我在散步的同时，总会收集月见草、红蓼、长萼瞿麦、诸葛菜、独活等种子，然后种在自己的庭院内。还能与朋友交换种子、增进友谊，同时收集信息、增长知识。采集的种子还能放在空瓶、罐子或袋子内，贴上写着名称的标签保存，制作信息丰富的种子博物馆。长此以往，对自己周围的植物会有更多了解。

使用筛子轻松筛选

有些种子需要我们一颗颗摘取，也有些种子一次可以大量采集，比如紫苏、薄荷、猫薄荷、高雪轮、大滨菊、裂叶月见草，还有油菜、白菜、芜菁的种子。先铺上报纸，再从上方将枯萎的茎部切掉之后倒着摇晃或用手揉捏，就会听到种子哗啦啦落下的声音，数量丰富。如果在室外处理，花的残留部分及杂质等不需要部分还会随风飘走。波斯菊、金盏花等，这样处理就能获得很干净的种子。没有风的时候，也可使用电风扇，效果同样好。

如果还有杂质就用筛子，从粗网眼至细网眼依次筛选，最后就能留下干净的种子。刚开始，我就是用手指一点点清理杂质，但自从使用筛子之后，才知道这个过程能在瞬间完成。每一颗种子都很美、很独特，百看不厌。

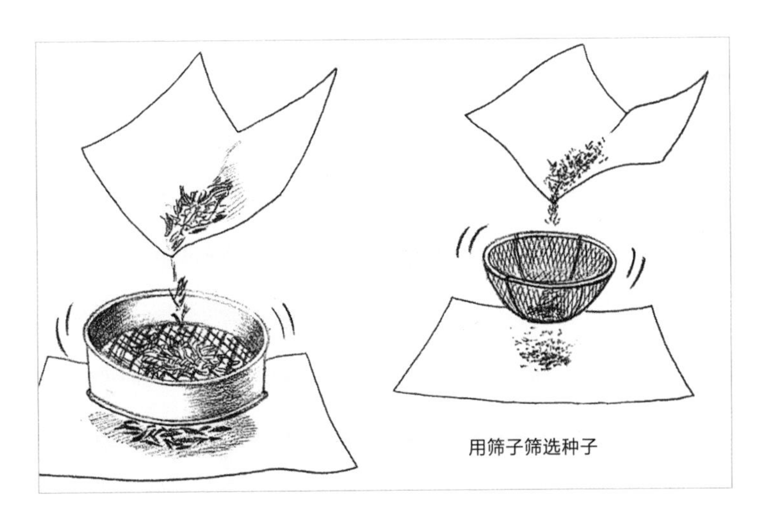

用筛子筛选种子

保存种子

首先使种子充分干燥

种子采集后，最好立即将带有水分的种子进行干燥处理。遇到天气好的日子，可以摊开在纸上，放置于通风处即可。否则就需要使用硅胶干燥剂等。种子在纸上摊开之后放入空罐内，倒入干燥剂后盖上盖子。蓝色的干燥剂颗粒吸收湿气之后变为粉色，这时需替换新的干燥剂。干燥剂放得越多，水分就能越快被吸收。同时，用湿度计测量，湿度达到45%～50%即可。

种子充分干燥之后，接着就是保持至播种时期。可以将种子放入已写上名称、采集场所及日期的纸袋中，纸袋存放于带有干燥剂的瓶罐内。最后，选择通风、凉爽的位置，妥善保存瓶罐。

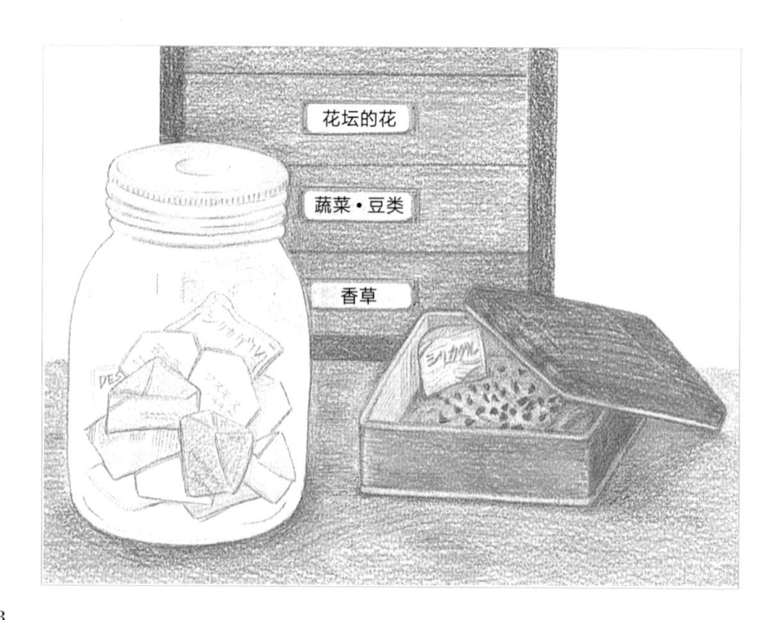

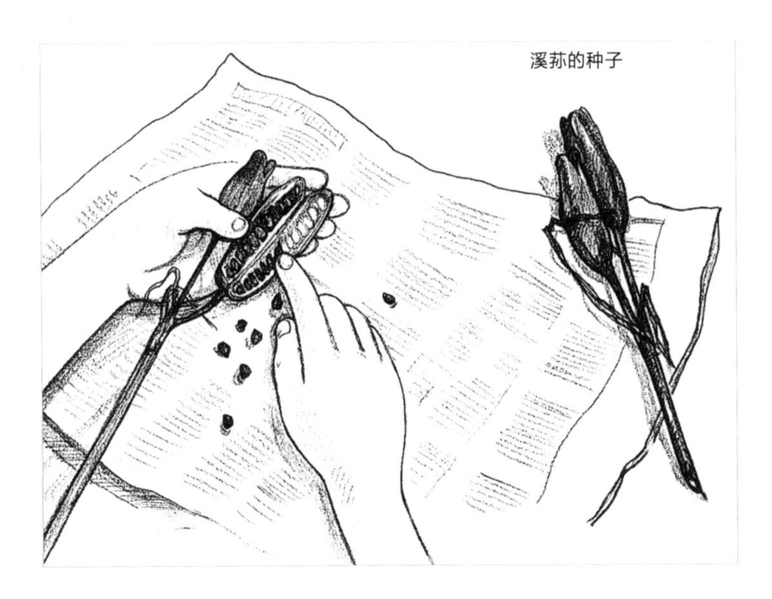

湿润状态下保存的种子

能够获取种子的大多是一年生或二年生草本植物。但是，实际上百合、水仙等球根植物以及溪荪鸢尾、桔梗、樱草等宿根草也是有种子的。如果将这些植物的种子取下后播撒，第二年什么也不会长出，但几年后便会开花。或许自己早已忘记，不经意间也能带来惊喜。球根或分株繁殖的植物，开出的花带有相同特性。但是，如果从种子开始培育，并不清楚会继承先祖的哪些特性。对于想要尝试品种改良的人来说，种子是珍贵的。

此外，大多数种子是在干燥之后保存，但也有些种子不适应干燥。比如杜鹃、茶梅、桃花、欧洲李、李子、毛栗、核桃等，都是胚珠部分含有许多油脂的种子。这类种子如不能立即种植，则需要埋入沙子中，保持一定湿度。如果埋起来的种子发芽了，也可直接移栽。

插芽繁殖

将植物身体一部分切下后繁殖

培育植物时，可采用播种繁殖的方法，或切下植物身体一部分繁殖的方法。种子所带有的特性稍有不同，但切下植物身体一部分繁殖时，也就带有完全相同的特性。将枝叶的顶端切下后插入土壤中，这就是插芽或扦插。扦插后难以生根的植物，以其他植物作为基底进行插接的就是嫁接。将枝叶一部分埋入土壤中，生根之后切掉就是压条。将繁殖的植株分开，就是分株。将繁殖的球根分开，就是分球。

首先，从插芽开始介绍。插芽就是切下柔软的枝头部分，将其直接插入湿润的沙子或土壤中，等待其生根。这是培育木茼蒿、康乃馨、天竺葵等一年生或二年生植物及宿根草时常用的方法。

百里香的插芽

确保切口整齐

木茼蒿等不结种子的稀有植物，建议在秋季或春季通过插芽繁殖。选择尚未长出花芽的枝头，用剪刀剪出 5 ~ 6 厘米长度，插入水分充沛的土壤中。选择使用锋利的剪刀，从带叶片的枝节下方剪断。如果切口不整齐、压扁、裂开等，容易腐烂，剪下之后最好用砂纸磨平。

插芽的容器可以使用装草莓的塑料盒子或空罐子等，底部要开孔。使用花盆时，用石块或木片将底部开孔堵住，用筛子选出颗粒均匀的土壤及沙子。多插芽几根，其中定有一些能够健康成长。只要温度达到 20 ~ 25℃，大多 2 ~ 3 周就会长出根。根长出之后，可移栽至普通的花盆中。

插芽后长出根的百里香

扦插繁殖

非活跃期或梅雨时节

扦插与插芽相同，将结实强壮枝条剪断后培育。绣球花、金雀花、麻叶绣线菊、珍珠绣线菊、木槿、贴梗海棠、铁线莲等我们身边的许多树木，都能采用这种方法轻松繁殖。那么，什么时候适合扦插呢？如果是落叶树，最好在其即将进入活跃之前进行。早春时节进行扦插，根部长出之后温度回升，整体活跃生长。但是，其实只要是非活跃期，秋季至早春任何时候都行。

使用修剪下的树枝进行扦插，可以实现物尽其用。较长树枝还可以剪成约 20 厘米长度，制作成多根插条。春季新芽长大后进入生长活跃期，此时已无法用于扦插。即使扦插，也基本不会长出根。此外，山茶花、杜鹃花、皋月杜鹃、栀子花、日本黄杨、瑞香、桂花、桃叶珊瑚等常绿树在梅雨时节扦插之后，也能健康成长。

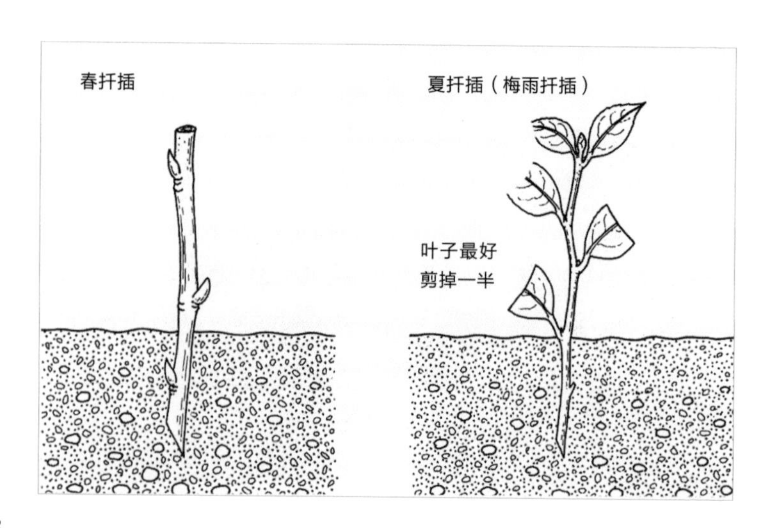

实际扦插数量要多些

插条可以直接插在地面，但考虑到需要浇水，在花盆中更方便集中管理。根长出后会转移，所以插在其他植物附近也没有关系。插入沙土或筛选过的红土等颗粒均匀的土壤中，成活率很高。但是，直接插入花坛或盆栽土中，也有相当数量能够长出根。实际扦插数量多些即可。

插条应选择新长出的树枝，用修枝剪剪断，带叶子的剪掉下方的叶子。剪尚未长出叶子的树枝时，要避免弄错上下方向。如上下颠倒，是不会长出根的。应注意保持土壤水分充足，根长出之前的两三周至一个月内不得干枯。也可以先插入装满水的杯子内 1 ~ 2 天，充分吸收水分之后再开始扦插。

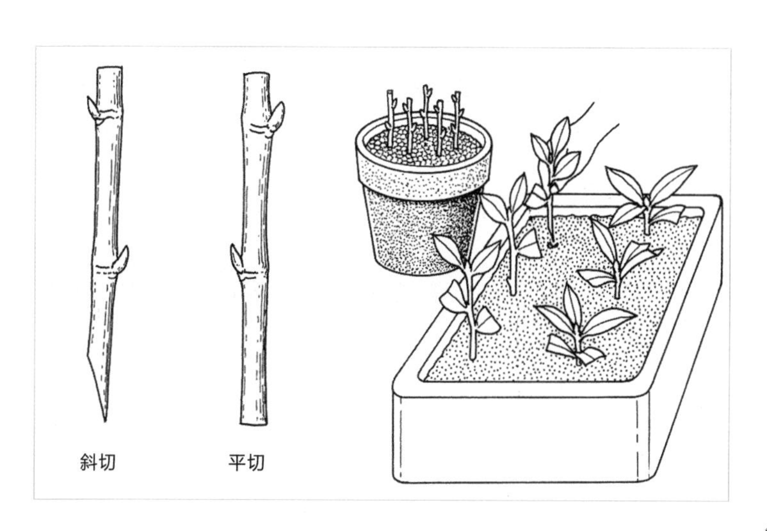

压条繁殖

使其先长出根部之后切下

压条是指使枝条部分长出根之后，再将其切下培育。与扦插不同，切下之后不必等待根长出，而是直接培育已长出根的部分，成活率更高，成长更快。只要会扦插，基本也能掌握压条的方法。不只是树木，一年生草本植物等茎部延伸至地面后也会长出根。

采用插芽方法培育的矮牵牛确实能够长大，但大多萎靡杂乱，下面基本没有叶片。如果将一半茎部压入土壤，被压入部位就会长出根，新苗整体更加强壮，叶片更大。黑莓、藤本蔷薇等，如在秋季将枝头压入土壤中，也会长出根。将枝头埋入土壤中就能长出根，真是妙不可言。草莓的匍匐茎也会经常用来压条繁殖。植物一旦找到机会，就会四处生根繁殖。

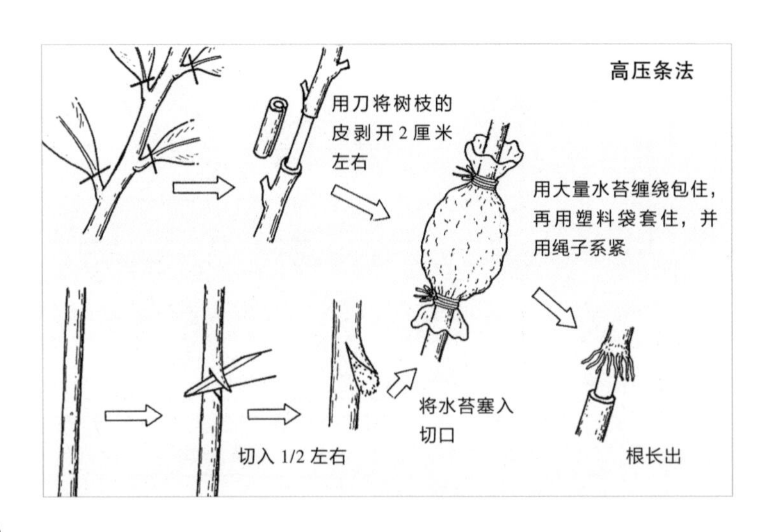

使树枝中间长出根的方法

长出根的部位不同，压条方法也可分为几种。杜鹃花、贴梗海棠、麻叶绣线菊、棣棠花等树枝大多从下向上生长的，在其根部周围大量堆土，可使树枝中间长出根。木莓、绣球花等树枝平伏、压入土壤中，会在枝节部分长出根。此时，压入的树枝会朝着原处移动，需应将其固定，避免移动。

此外，还有使树枝上方部分长出根的高压条方法。用刀剥开树枝的皮，塞入湿润的水苔，用塑料袋包住后，再用绳子系紧。此时，保持此部分的湿润状态尤其重要。在刀切开的切口部位，叶片形成的营养成分凝聚于此，从而长出根。梅雨季节最容易操作，两三周至一个月之后，确认长出足够的根之后切离即可。

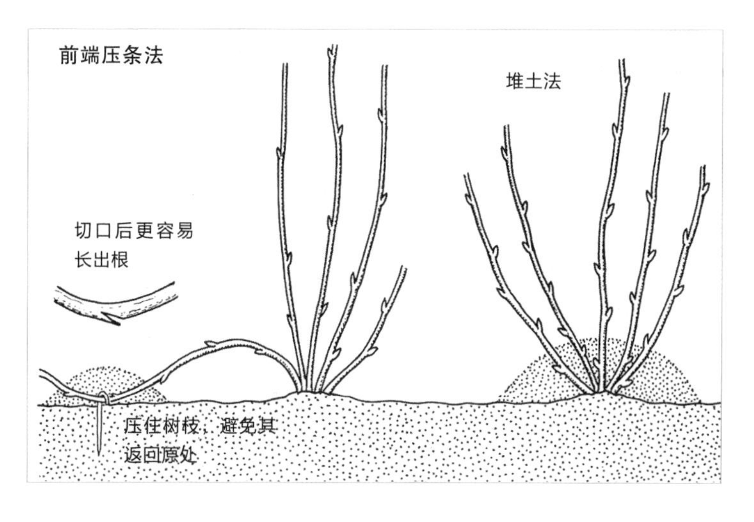

分株繁殖

将混杂的根分为几份

一棵植株的根部长出许多芽或者地下茎四处延伸长出许多芽时，可以用手分开种植，较为坚硬的可以用剪刀剪开种植，这种方法称作分株。除了繁殖外，也可以防止生长过密导致营养不足。

比如报春花等，放任不管会导致根部紧密缠绕，几年之后叶子及花会逐渐变小。植物无法自己移动，需要我们帮

车轴草的分株

忙，才能使新的植株健康生长。

分株时期大多在新根长出之前，报春花、雏菊等春季开花的植物适宜在9月~10月进行，菊花、小杜鹃、秋牡丹等秋季开花的植物适宜在2月~3月进行。试着将植株挖开便知，紧密缠绕的根部很难分开。在看不见的地底，居然生长着这么多千姿百态的根部。

分切球根繁殖

试着挖出球根植物，可见其周围长满许多小球根，将小球根分开种上便可繁殖。但是，也有更加积极的繁殖方法，就是用刀将球根切开，称作分球方法。

比如朱顶红，在气温较高的 7 月挖出球根，切掉叶子及根，将球根切成 4、6、8 或 16 等分（根据实际大小）。将其一个个立在湿润的沙土中，一个月后就会发育成小球根。

北葱

过了一个月之后，确认生长状态，并移栽至苗床进行培育。开花需要 2 ~ 3 年，但能够观察其生长过程也是非常有趣的。到了夏季，将百合球根的鳞片状部分剥下后埋入沙土中，每个都能生根、发芽。百合的近亲中，只有卷丹的叶片根部会长出“珠芽”，将其埋入土壤中就会繁殖。美人蕉、大丽花等地下茎胀大的植物，可以将地下茎分切后种植。

嫁接繁殖

树枝和树枝相接繁殖

采用插条繁殖时，有时候很难长出根。玫瑰、樱花、梅花、紫丁香花、木兰等便是如此，很难培育出所需的相同品种。因此，需要培育相同品种时，通常将带有此品种的枝条（接穗）接在其他植物上，也就是嫁接繁殖的方法。采用这种方法后，嫁接部分就会自然长大，很是奇妙。

比如嫁接的树枝取自 5 岁的桃树，嫁接的台木为 1 岁，则嫁接部分仍然以 5 岁状态继续生长。也就是说，芽对树木的年龄也是有记忆的。芽的外形好比是初生的婴儿，但实际却是最年长的。嫁接用的台木，大多使选择各种种子培育而成的树苗。此外，如果是玫瑰，通常使用野蔷薇作为台木。

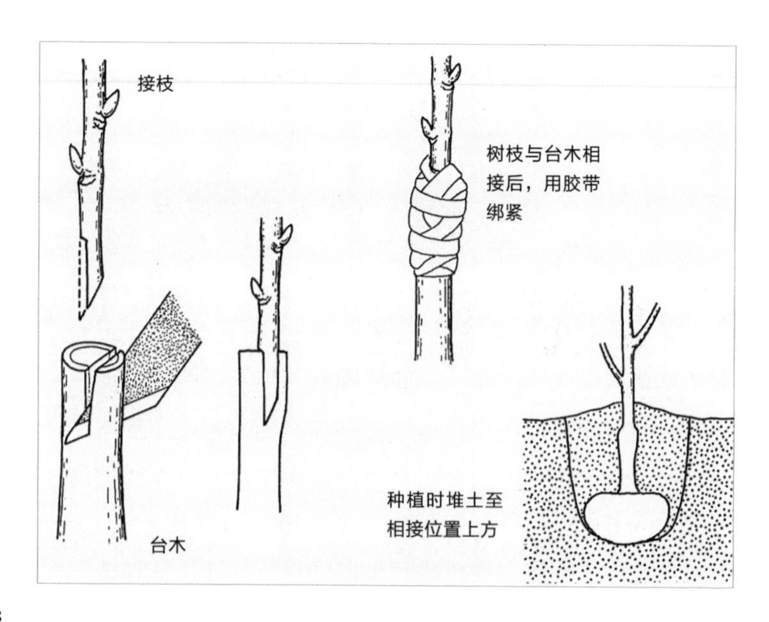

近亲之间嫁接

为什么切下的树枝与其他树枝相接会成为一体？树木受伤时，在其伤口（切口）部分会形成柔软的细胞增生“愈合组织”。愈合组织是一种能够形成各种物体的柔软细胞，经过一段时间后变得坚硬。扦插时，也是从此位置长出根、茎及叶。

嫁接时同样，通过愈合组织，两个部分最终形成一个整体。此外，如同我们人类受伤时一样，绝对不能用手触摸、挤压伤口。嫁接时期通常为 3 月 ~4 月和 9 月。即使台木与嫁接树木为不同的种类，比如日本辛夷和木兰、牡丹和芍药等，这种近亲之间也能完成嫁接。

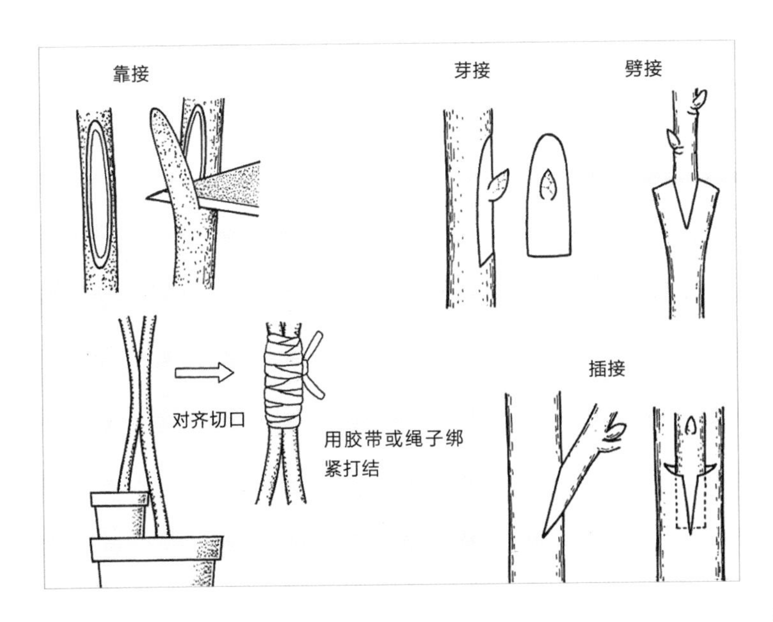

繁殖过度时

繁殖树篱

第一次进行插芽、扦插、压条、嫁接时，大多都会担心能不能长出根或芽。长出根之前保持一定水分是必要条件，如果疏忽忘了浇水，可能会导致全部无法存活。而且，如果插入太浅，也可能被风吹动摇晃，好不容易形成的愈合组织说不定还会腐烂。但是，整个过程顺利，全部都能生根成功的情况也不是没有。繁殖成功后，接下来就是选择移栽场所，这可是让人乐此不疲的步骤。

此时，建议培育树篱，贴梗海棠、茶花、冬青卫矛、卫矛、茶树、杜鹃花、栀子花、藤本蔷薇等树篱都很漂亮。大小可通过修枝调整，高矮也能控制。树篱可以用作与邻居的分界，也可用于装饰花坛边缘。庭院设计中，需要加入各种树篱。

繁殖过度的植物作为礼物

如果植物还有多余，可以赠送给朋友，准备花盆（里面装有石子），倒入盆栽土，将苗木移栽进去后浇水即可。观察几天，叶片无枯萎则认为健康，用漂亮的纸包起就能作为礼品赠送了。挂上写着插条日期和植物名称的标签或者附上写着日常照料方法的卡片，更显亲切。

如果是草莓、木莓、山茱萸、蓝莓等可食用的植物，或许对方更开心。赠送给朋友之后，改天朋友说不定还会回送庭院内没有的植物。这种礼物交换方式，可是大受欢迎的。种植过程充满乐趣，准备礼物也是乐在其中。而且，不用去园艺店，新的植物就会不断出现在庭院内。

失败中增长见识

无论种植花卉还是蔬菜，谁都不想失败。正因如此，人们会阅读种植相关的书籍，避免出错。但是，失败也能让人增长许多见识。

第一次试着种植蔬菜，培育成功了当然开心，但这种开心仅限于收获为止。实际上，第一次种植蔬菜时遇到失败的情况并不少见，雨水异常多或夏季光照不足等自然条件异常会影响蔬菜的生长。这些情况我也遇见过，茄子或黄瓜不健康，番茄中途染上病害后枯萎等。不过，小番茄倒是非常健康。所以，要能清楚地掌握雨水持续、湿气较高时各种蔬菜的状态。

同样年景下，周围各家各户好像都种了番茄，彼此之间谈论番茄的话题也很有趣。越是失败的时候，大家越是能够仔细地观察，交流的信息也就越多。

第二年，又轮到干旱天气。番茄能够顺利生长，但不适宜缺水环境的芋头则需要及时浇水。

在室内培育观叶植物时，失败同样也是不可避免的。有些人买的铁线蕨总是养不活，原因大多是由于室内干燥。只注意到保暖，却忘了由此导致室内湿度下降。

诸如此类，在失败中思考原因也是非常有意义的。不要畏惧失败，失败是帮助我们理解植物的途径。

第 8 章

庭院的礼物

庭院记录

经常制作“绘图日记”

如果你是刚接触园艺，推荐你一定要在笔记本上做好记录。第一次的体验、第一次的惊喜，都是不可复制的。小心翼翼地播下种子，等待几日后看到小绿芽时的感动，我至今难以忘怀。而且，这种感动是可以直接描绘或记录的。

如果有相机，还能拍成相片。在绘图日记中记录播种时间、发芽时间及移栽时间等，加上手绘，更加生动有趣。没必要每天如此，有新发现或新想法就随时记录。比如发现蚜虫时记录，就会清楚掌握蚜虫会在什么条件下出现，成为栽培植物的重要记录。

制作园艺日历

很久以前，从事农业的人非常重视“农耕日历”。何时种水稻？何时种卷心菜？何时种草莓？将许多种植计划写在日历上。我也有用这种日历，非常方便，轻松翻看日历，就能清楚掌握当下可以种植什么。

而且，这种日历可以自己制作。有了一年种植花卉或蔬菜的经验之后，就能制作相关记录了。去年的今天有过怎样的经历？这些记录会起到很大作用。不仅是播种或收获的时期，胡颓子的修枝、樱草的分株、大叶醉鱼草的扦插、收集落叶防护霜降等，可记录各种情况。

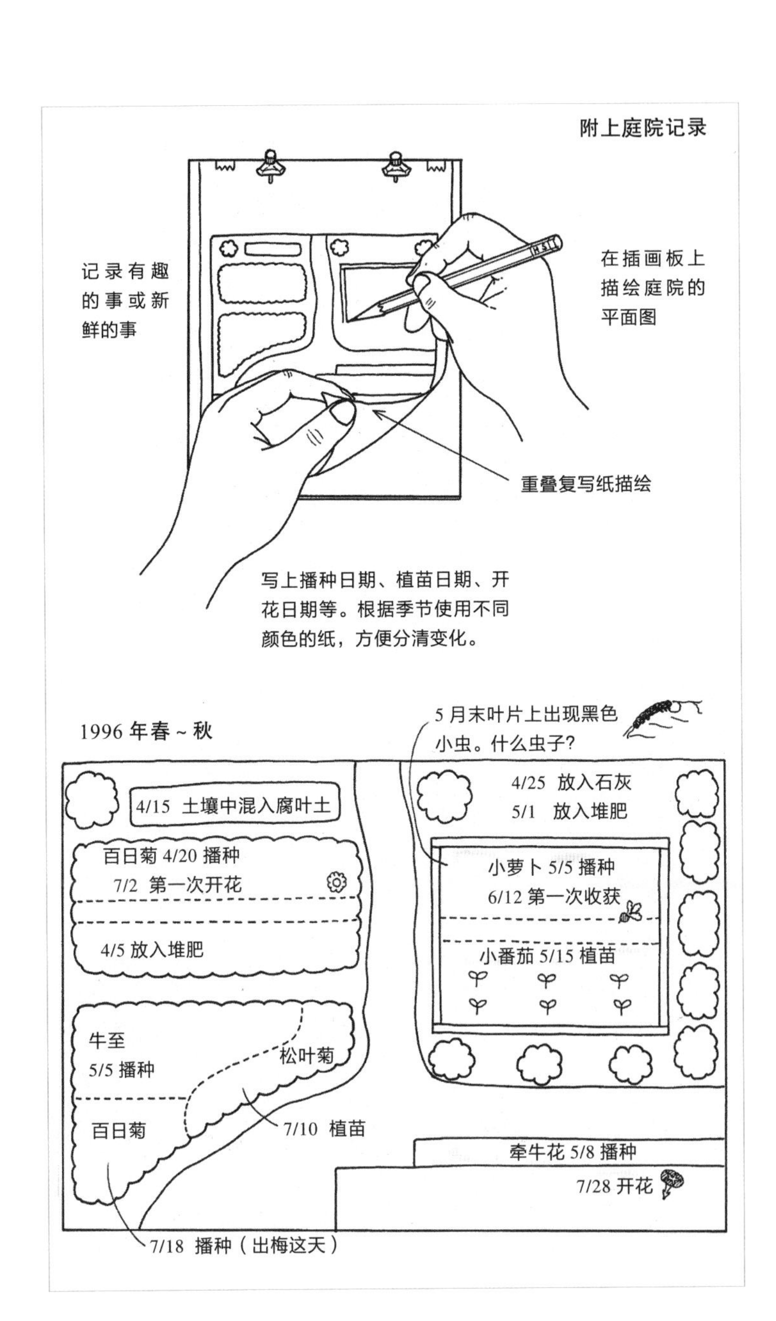
附上庭院记录
记录有趣
的事或新
鲜的事
在插画板上
描绘庭院的
平面图
重叠复写纸描绘
写上播种日期、植苗日期、开
花日期等。根据季节使用不同
颜色的纸，方便分清变化。
1996 年春～秋
5 月末叶片上出现黑色
小虫。什么虫子?
4/15 土壤中混入腐叶土
4/25 放入石灰
5/1 放入堆肥
百日菊 4/20 播种
7/2 第一次开花
4/5 放入堆肥
小萝卜 5/5 播种
6/12 第一次收获
小番茄 5/15 植苗
牛至
5/5 播种
松叶菊
百日菊
7/10 植苗
牵牛花 5/8 播种
7/28 开花
7/18 播种（出梅这天）

制作干花及干叶

了解名称，与植物形成良好关系

与别人初次见面时，相互介绍姓名能够让人感到亲切。植物也是一样，通过了解其名称，能够增加对这种植物的亲切感。

积雪尚未完全融化的初春时节，如同白色水滴般的雪花莲盛开。盛夏开放的美国薄荷，火炬般通红。即便是野草，也有雀舌草等可爱的小花，以及形似老虎尾巴的珍珠菜。将收集的花草制作成干花及干叶，查询植物名称时更加方便、直观，也是非常珍贵的记录。只要用心制作，十几年后还能鲜艳逼真、不褪色。等自己有了孩子或孙子，让他们也看一看。

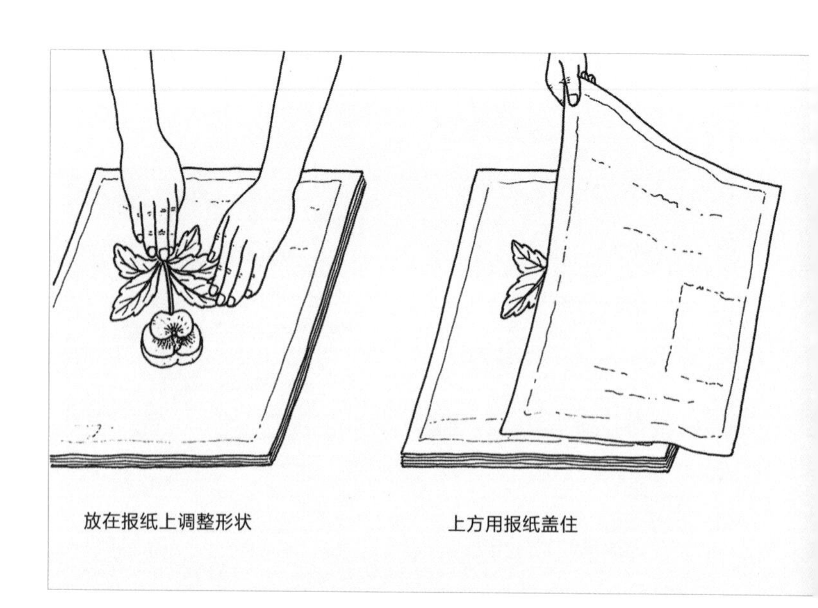

放在报纸上调整形状

上方用报纸盖住

植物标本的制作方法

只需贴上花或叶片，就能体验自制卡片或书签的乐趣。如果加上茎部及根部，就是一份很棒的标本。制作整体标本时，使用移栽铲或起根器等工具，从挖根开始完整制作。从稍稍远离茎部的位置插入移栽铲，整个挖起植物四周。然后将一张报纸对半剪开，此步骤可事先大量准备。

在剪开的一半报纸上方，用镊子等将花形调整美观。接着，为了尽快去水分，将其夹在报纸之间。再用较重的书等压紧，快的话一周左右就能完成。用于吸收水分的报纸，刚开始每天换一次，之后每两天换一次。

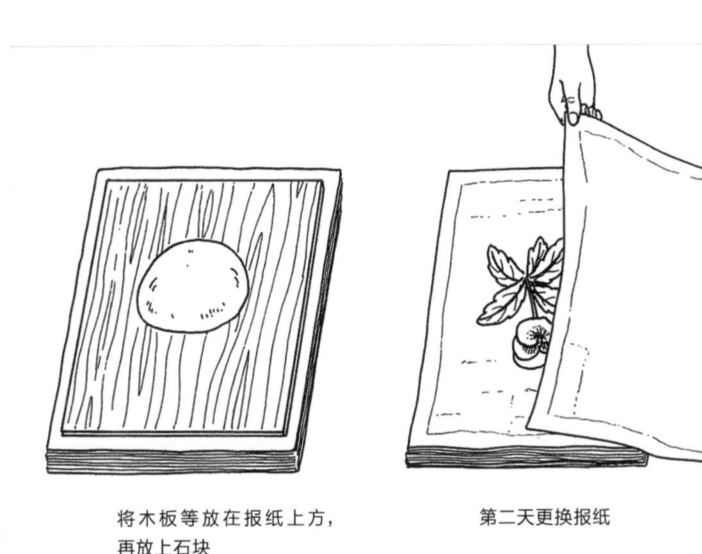

将木板等放在报纸上方，再放上石块

第二天更换报纸

用枝叶制作挂钩及门头

收集修枝后的树枝

如果庭院内有树木，修枝后会留下许多树枝。将其处理的更加细小，放入生态桶后就是优质的肥料。但是，看见特别漂亮的树枝时，总感觉有些浪费，或许可以加工制作点什么。所以，我收集了许多看起来有用的树枝。根据树的种类不同，树枝表面的花纹也会有所差异。可以利用其花纹，也可将皮剥光后展现出树木漂亮的白色纹理。

分叉的树枝一端固定于墙面，另一端就能挂上帽子或衣物等。树枝分叉较多的也可原样使用，这可是纯天然的创意挂钩设计。房间里如果有这样的树枝挂钩，定会倍感温馨。喜欢树枝，但自己家却没有的，可以在附近庭院进行修枝时或景观树修枝时获取。

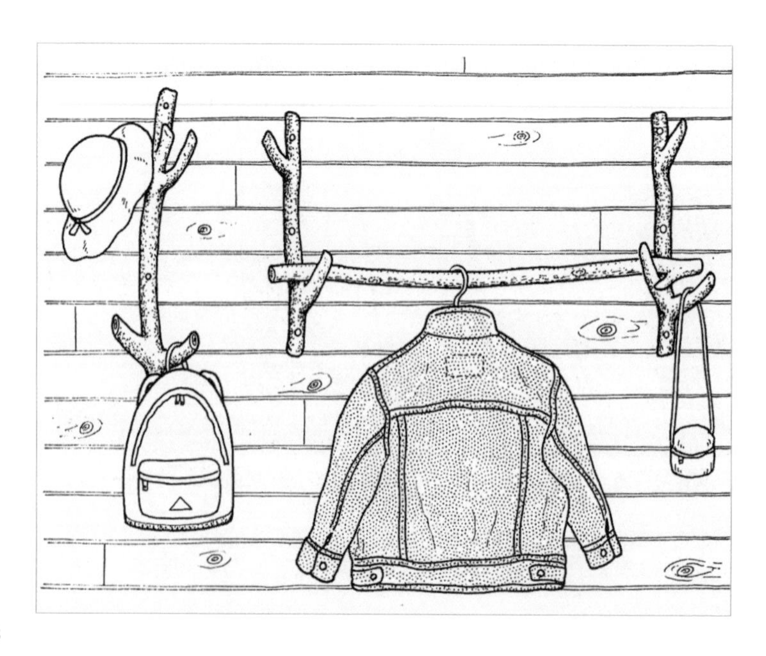

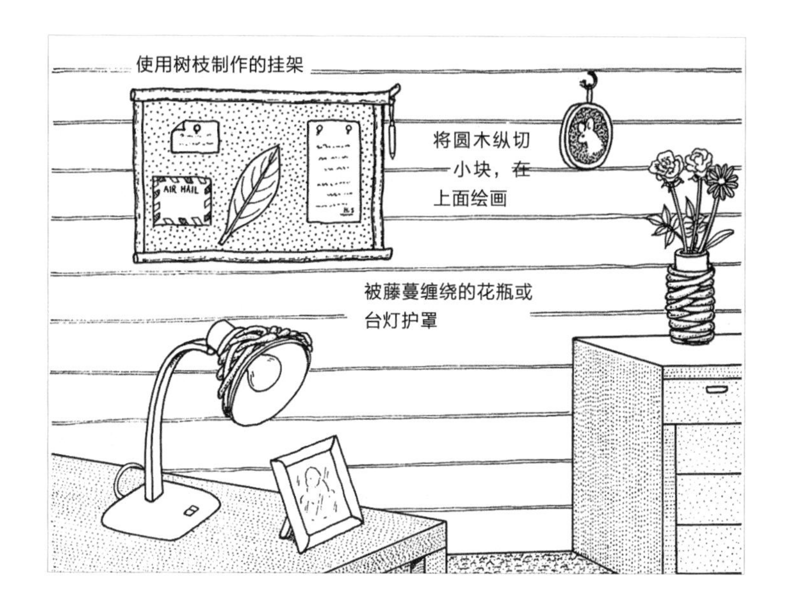

将树枝围起制作的手工相框

试着用树枝作为镶边制作相框。首先，将树枝竖直对半切开，方便钉入钉子。接着，将木板切成合适大小，制作背板。再将树枝放在背板周围，用钻头开孔后钉入钉子。稍稍弯曲的树枝或被藤蔓勒出凹痕的树枝可直接使用，更显得独具创意。相框中，可以用图钉固定上自己制作的干花卡片、树木果实、庭院照片等。

仅留有叶脉的树叶贴在深色纸上，反衬的装饰效果明显。其实，这种仅留有叶脉的树叶是蝌蚪的杰作。一种使用日本厚朴的叶片包住蒸煮的料理在食用之后，将此叶片放入池塘中，会被蝌蚪吃个精光，只留下叶脉。蒸煮后的叶片变得柔软，还会沾上食物的味道。

利用季节花卉

用庭院花卉装饰房间

如果房间里摆放着花卉，哪怕是一朵，也能让人情绪放松。用一朵花装饰也是有其好处的，任何花卉都能轻松使用，不用费心搭配。无论是春一年蓬、大蓟、夏枯草、长萼瞿麦等野草，还是木茼蒿、洋桔梗、玫瑰等庭院花卉，插入小花瓶内，就能慢慢品味其美感。

我经常去东京下町的一间店，进入卫生间就会看到一个异常大的花瓶，总是插着许多花卉。特意向店方询问："为什么不将这个大花瓶摆放在门口或内堂？"店方是这么回答的："这是一种营销手段，卫生间本来就是人来人往的，也是能让人耐心观察的场所。"看，这也是让大家能够赏心悦目的小创意。

延长切花寿命

在庭院切花时，关键是避开正午，否则花儿很快就会枯萎。特别是夏季，在清晨或傍晚切花最合适。傍晚，叶片积存大量养分，花能够长久存活。切花之后立即剪掉 1/3 左右的叶片，在水中浸润一天之后插入花瓶中。让萎靡的切花吸收水分，能够使其恢复健康，也称作“根部补水”。

常用的根部补水方法是将剪开的花的茎部浸入水中再次剪开。如果在浸水之前剪开，空气会进入水的通道（导管）内，从而无法吸取水分。此外，还有菊花、桔梗等压扁切口的方法，大丽花用盐涂抹切口的方法。这些方法都是先从切口的细胞逼出水分，方便之后切花吸入水分。

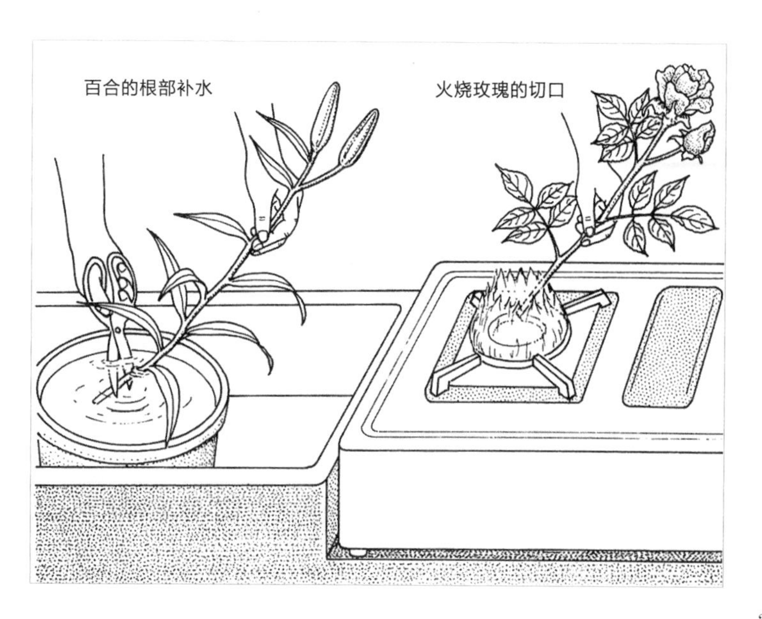

制作干花

适合制作干花的植物

切花是很漂亮，但无论怎么处理都难以长久保存。即便是自然干燥后的干花，也会褪色。但是，情人草、蜡菊、玫瑰等花卉，以及黑种草、银扇草等花荚，在干燥之后也会呈现别样美感。庭院内观赏花卉之后，还能长久玩味干花。

我还推荐使用大麦。春季，绿色的麦穗或叶片令人感到清爽。割下之后经过干燥的大麦呈金黄色，尤其漂亮。到了秋天之后，仅需取下所需种子，还能继续播种。小米、黍米、稗米等干燥之后，形状也很奇特。

阴凉处慢慢干燥

想要制作出漂亮的干花，要趁着花开八成左右时剪下，在阴凉处倒着挂起晾干。尽可能在低温环境下快速干燥，成品效果更佳。夏季最好选择凉爽的场所，倒着挂起晾干。

如果植物并不是很大，可以放入含干燥剂的密封容器内，盖上盖子之后放置一周左右即可。有的人还会利用烤箱的余热，放进去加速干燥。此时，如果密封容器盖着盖子，应将烤箱门敞开，否则植物会走形。此外，有些植物放任不管，也能成为很漂亮的干花，比如玉米等。特别是白色、紫色的颗粒混合一起，直接吊起后自然干燥，就能令人赏心悦目。

水果酱

用庭院采摘水果制作果酱

即使不善于烹饪的人，能做出胜过专业厨师水平的菜肴，也就是自制果酱了。自制果酱，可是比商店内售卖的果酱更加味美。而且，售卖的果酱考虑到长期保存及利润等，原材料中必然含有各种食品添加剂。而自制的果酱只需水果和砂糖。不过，草莓、山莓、黑莓、桑葚、蓝莓刚采摘下来，可能很快就会被吃光。

大多数水果含有果胶，煮过之后就会自然凝结。难以制作果酱的也就是梨子了，但梨子制作的果酱特别清香可口。如果是当天食用，推荐制作新鲜果酱。用勺子将新鲜的草莓等捣碎，加入砂糖后混合搅拌。可以将新鲜果酱放入酸奶内或放在薄煎饼上，绝对是一份美味可口的小点心。

煮果酱时不要离开锅边

庭院中每次仅能少量采摘的水果应存放于冰箱内，等待收集至足够数量。存够一大碗之后，就能制作果酱了。首先，称量水果的重量，并按此重量的 70% ~ 80% 准备砂糖。如果放入等量的水果和砂糖，能够长久保鲜，但口感稍甜。制作完成后很快食用的，可以少放点砂糖。用蜂蜜替代砂糖，口感会更好。

将水果放入珐琅锅中，再倒入足量（水果能够完全浸入）的水，文火煮至柔软。如果是红醋栗、山茱萸等带核的水果，煮过之后用滤网过滤，再倒回锅内。接着，放入砂糖或蜂蜜，煮至糊状。这一步容易糊锅，必须在锅边看着。我就失败过不少次，果酱被烧糊或糊在锅上弄不掉，让人头痛。

④为了避免烫伤，用布包着取出瓶子，盖上盖子之后封存。

③将果酱放入瓶子中，不盖盖子的状态下用蒸锅蒸约 20 分钟。

水果点心

填满水果的松糕

制作点心是很开心的，但将鸡蛋的蛋清和蛋黄分开搅拌或在面粉中加入黄油等步骤确实有些烦琐。我会在特殊的日子制作各种精致、美味的点心，只需30分钟左右就能轻松完成。庭院工作之后准备几块点心，享受片刻下午茶时光也很惬意。

如此轻松就能制作的点心，松糕就是其中之一。制作松糕的材料包括100g小麦粉、60～70g砂糖、2个鸡蛋、100g黄油，再加上庭院内采摘的水果或香草就更完美了。将经过筛网筛选的小麦粉和砂糖倒入碗中，再将鸡蛋逐个放入后使用发泡器搅拌混合。接着，放入加热溶化的黄油，再放入3大匙切碎的水果。蓝莓可整颗放入，烤制之后更加可口诱人。如果有果酱，放一点更美味。此外，薄荷叶或香草等也可切碎后放入。整体充分搅拌之后倒入已涂上油的模具内，用预热180℃的烤箱烤制约20分钟即可。

使用果酱的魁北克点心

再介绍一种在庭院工作后能够填饱肚子的点心。这是一种加拿大魁北克地区的特产，朴素又美味的点心。材料包括小麦粉和麦片各 2 杯、1 杯砂糖、少量盐、1 杯黄油，以及 1 杯自制果酱。砂糖最好是褐色的“三温糖（日本特产的一种黄砂糖）”。将果酱加入经过充分揉搓的面粉内烤制，在魁北克是加入煮过的椰枣。

小麦粉、麦片、砂糖、盐、溶化的黄油混合在一起，如感觉有点硬，可以添加少量牛奶。将锡箔纸对折成两层之后折叠为 20 厘米见方的盒状，塞满一半容积后放上果酱，再用面糊塞满剩余空间。最后，从上方撒入麦片，用预热 180℃的烤箱烤制约 30 分钟。放凉之后，用刀轻轻切开。碎裂或大小不均也没有关系，同样美味。

坚果点心

塞满核桃仁的饼干

秋季的乐趣就是捡核桃、榛子、栗子。如果庭院内有这些树，正好可用来制作点心。首先，从取出坚果仁开始。如果有核桃钳等工具，大核桃、榛子等果仁很容易被取出。但是，山核桃的壳很坚硬，可以带壳放入平底锅中炒制（盖上锅盖），硬壳稍稍打开之后就容易剥开取出果仁了。

使用可获取到的坚果，轻松制作美味的饼干。材料包括250g烤面包时使用的高筋小麦粉、1/2小匙发酵粉、100g砂糖、少量盐、25g黄油、2个鸡蛋，以及60g核桃或榛子。如果再加入2小匙清爽口感的茴香，就是地道的意大利风味饼干。制作方法如下图所述，简单易学。

栗子飘香的奶油

栗子收获之后，首先需要剥皮。用刀划开栗子较平的底部，之后用手剥开。接着，再用刀刮掉里面的涩皮。这对大人来说也是很复杂的工作，一定要小心剥开，避免手指被划伤。

一个人剥很容易厌倦，与家人或朋友一起边聊天边剥的话，会很快轻松剥完。剥完的栗仁直接放入水中浸泡，全部剥完后换掉锅内的水开始煮。用火煮至变软之后倒掉水，继续开火加热，并用饭勺等将栗子捣碎。接着，放入鲜奶油和砂糖充分搅拌即可。将糊状的栗子奶油装入小容器内，餐后作为甜点拿出，会让家人大吃一惊。也可用可丽饼包着吃，放在薄饼上同样美味。

用于烹饪的香草

用新鲜的叶子增添香味

强壮的香草，无论种植于花盆还是庭院内，日照充足就能健康生长。即使阳光不充足，薄荷、虾夷葱、细叶芹等也能适应。而且，不断繁殖的香草能够用于每天的各种烹饪中。

最简单的就是烧制鱼或肉时浇上事先准备的香草汁，香味就会渗入菜中。例如将捣碎的大蒜、洋葱、盐、胡椒、百里香、薄荷、迷迭香放入橄榄油中，将鸡肉浸入后放置2 ~ 3小时，再用平底锅煎烤鸡肉。猪肉、牛肉或羊肉，也能使用这种方法烹饪。如果使用猪肉，放入鼠尾草最合适。此外，鱼肉最好搭配茴香或莳萝，将处理好的鱼放在锡箔纸上，浇上橄榄油，撒上盐、胡椒，再放上香草，用烤箱或烧烤网小心烤制。香草能够散发出勾动食欲的香气。

制作可保存的香草酱料

即使每天只使用一点，也可能会对香草产生厌倦。但香草过了时节就会枯萎，很是可惜。可以将其茎部切断后倒挂于通风良好场所使其干燥。完全干燥之后，取下叶片放入密封容器内保存，想要的时候用上一点。相比新鲜状态，干燥之后香味更足。

另一种加工后方便使用的就是香草酱料，比如罗勒酱料。准备 2 杯罗勒叶、2 瓣切成碎末的大蒜、1/2 杯橄榄油、1/2 杯核桃或松子、2 杯帕尔马奶酪，一同放入搅拌机内搅拌，瞬间就能制作完成。加盐调味之后，与煮好的意大利面配着吃，非常美味。不只是罗勒，用鼠尾草等也能制作，任何菜中只要放上一点就能香味四溢。制作后可放入瓶子中，存放于冰箱内。

欣赏香草的颜色和芬芳

养眼美味的红紫苏果汁

酷热的夏季，推荐调制一杯红紫苏果汁。第一次看到这种红色透亮的果汁，一定会很惊讶。制作方法是将600克红紫苏叶子放入锅中，再倒入2升水煮开。另外用500毫升水和300克砂糖混合后煮开，并待其放凉。将两种液体混合之后，瞬间变为鲜艳的红色，装瓶之后放入冰箱冷藏。用水稀释后即可饮用，清凉解暑。如果使用鸡冠紫苏，颜色会更漂亮。

刚刚说的是日式果汁，使用欧锦葵调制的就是西式果汁。将花瓣放入水壶后注入热水，放置一会儿后装入杯中。可以直接饮用，也可放入冰箱冷藏。饮用时滴入柠檬汁，还会变成漂亮的粉色。

香草花环

将香气塞入小袋子内

气味芬芳的薰衣草、甘菊以及清爽的薄荷等充分干燥之后放入小袋子内，放在手袋或桌子的抽屉内，打开后就会有香气扑鼻而来。自古以来人们就用这种方法制作香囊，还有驱虫的效果。

经过干燥的香草能够通过各种方法保存，最简单的方法就是原封不动地挂在厨房墙上。或者，用藤蔓植物缠绕折弯制作花环，再将许多香草插入花环上，就能成为实用、美观的装饰。将百里香、迷迭香、荷兰芹、月桂叶用绳子捆在一起制作成香料束，是西餐中常用的方式。也可以制作几种香草的组合，插在花环中使用更方便。

叶片用于烹饪

叶片放上餐桌

阳台或庭院培育的植物，让身边总是充满绿叶。如果植物足够健康，可以摘下几片用于菜肴摆盘。白色的餐盘搭配绿色的叶片，会让人食欲大增。芬芳的天竺葵搭配冰激凌或点心，气味和色调都很诱人。吃切成条状的蔬菜沙拉时，在绿色叶片上放一些蛋黄酱或酱汁，感觉怎么都吃不够。

带枝的山茶花或茶树的叶片还能作为筷架使用，任凭自己创意。蜂斗菜、竹叶草、日本厚朴木兰、日本七叶树、槲树等叶片较大，可直接作为餐盘使用。如果庭院内没有这么大的叶片，可以在杂木林中散步时寻找。在杂木林中寻找时，或许还会有其他新的发现。

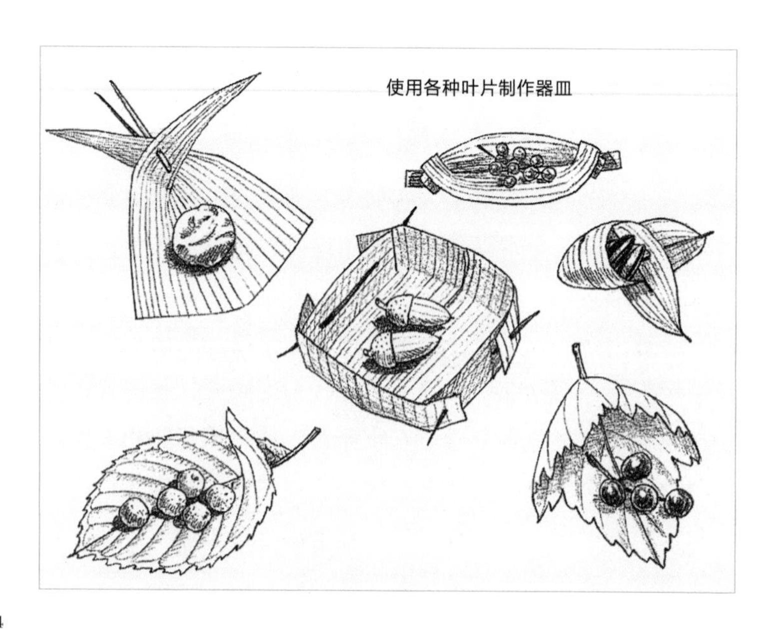

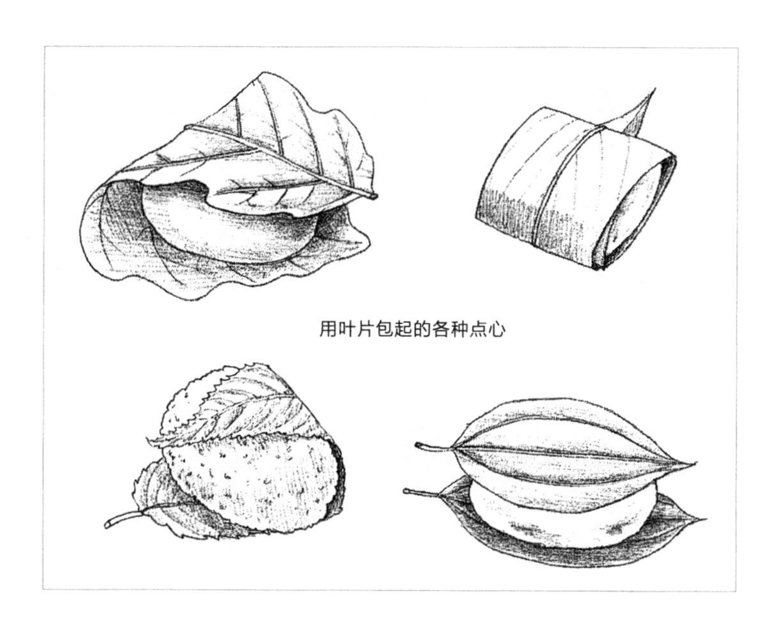
用叶片包起的各种点心

烹饪中巧妙利用叶片的清香

我非常喜欢使用叶片装饰的点心。在冲绳，将黑砂糖和米粉混合揉捏成点心，再用艳山姜（姜科植物）的叶片夹住后蒸煮。剥掉叶子就能吃，风味自然，让人十分满足。竹叶饭团也是将叶片直接作为容器，方便携带。还有 4 月的樱花年糕、5 月的青冈年糕，都是芳香四溢的美食。有时，也可用菝葜替代青冈。

此外，还可采摘自家庭院的叶片制作美味点心。比如蘘荷或竹子的叶片等。将米粉（年糕粉）溶入热水之后，用手揉搓。接着，放入黑砂糖后继续揉搓，最后用叶片夹着上锅蒸 15 分钟左右。也可放入可可粉，非常好吃。

用新鲜采摘的蔬菜制作沙拉

生吃庭院采摘的各种蔬菜

播种之后希望快点长大，但到了收获期却每天都吃不完。新鲜采摘的蔬菜，最好就是生吃。将庭院采摘的蔬菜洗净，切成方便食用的大小后装盘。黄瓜、小番茄、萝卜、胡萝卜、卷心菜、花椰菜、芝麻菜等全放在一个大盘子里，不用放任何调料，大口吃就行。

胡萝卜、花椰菜、芝麻菜，甜美的滋味在嘴中扩散开来。或者，也可根据个人喜好，拌上盐或蛋黄酱吃。这种沙拉调配方式，稍加改进就会更加美味。放入一点撕碎的香草，一起混合。香草的气味浓郁，一点点就能改变风味。

焯水之后的蔬菜也能制作沙拉

生吃难以下咽的蔬菜，可以稍稍焯水之后制作沙拉。四季豆、豌豆、花椰菜、切薄的南瓜等刚采摘时比较软，应立即焯水。如果有玉米，也可连着皮一起焯水，之后切成方便食用的大小装盘。生蔬菜、焯水蔬菜混合在一起，就可以开派对了。

根据加入香草的不同，沙拉调配方式也可分为几种。以蛋黄酱为底，加一点水，用发泡器搅拌切碎的香草。如果是中式风味，在芝麻油中加入酱油或醋，根据喜好添加大量切碎的鸭儿芹。在料汁中加入砂糖后捣碎，再用醋调配的沙拉汁也很好吃。丰富多变，每天都能吃到不同的沙拉。采摘许多，还能邀请朋友一起品尝，享受新鲜蔬菜特有的香味和甜味。

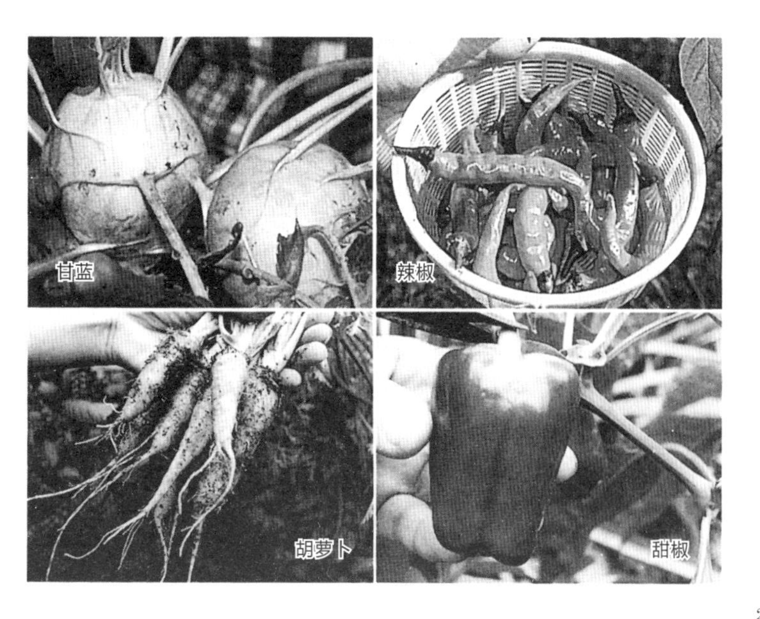

保存采摘过多的蔬菜

一次就能大量采摘的蔬菜

蔬菜哪些部位能够食用或什么时候食用多是已经确定的。但叶用莴苣、皱叶莴苣等叶菜可提早食用，长出一些就能从外侧叶片开始摘下后食用。卷心菜也能在结球之前摘下叶子食用。正因为在庭院培育，只需采摘所需数量即可。可即便如此，如果生长旺盛，也有必须采摘的时候。

叶菜及花椰菜等食用花芽的蔬菜，采摘之后必须尽早食用。土豆、洋葱等从地下挖出的蔬菜适合长期保存，挖出后放在通风位置保持干燥。洋葱可用绳子穿起，挂在房屋的北侧阴凉位置。土豆摊开晾一周左右，周围的湿气散尽后放入瓦楞纸箱内，存放于阴凉位置。在土豆中放入 1 个苹果，可有效防止其发芽。

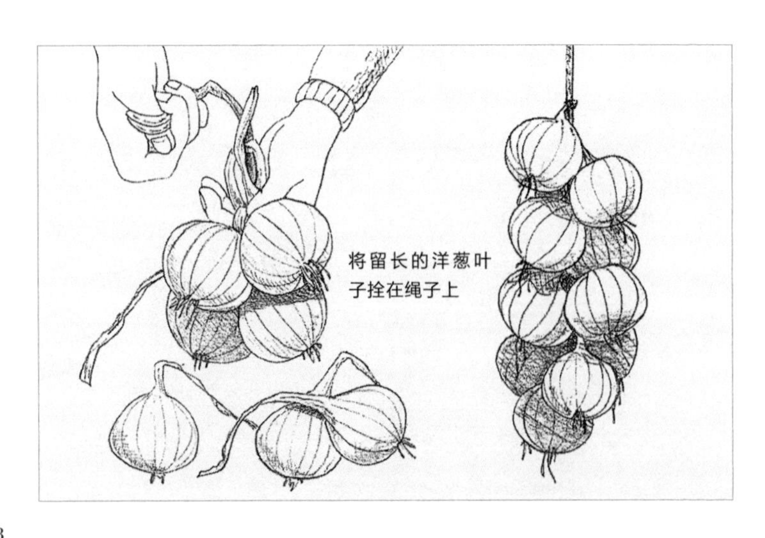

传统的保存方法

在冬季下雪的北方地区，降雪之前在地面挖坑，将土豆或萝卜等放进去保存。可以用铁锹挖坑，铺上日本柳杉的叶子后盖上土。不同地域的做法可能有所差异，总之是利用地表结冰后地下也不会冻结的原理保存蔬菜。另外白菜可以用报纸包起，吊在房梁上或放在阴凉场所保存，能吃到春天。这就是自古以来就流传着的传统方法，人类的智慧。

除此之外，萝卜还能晾晒制作萝卜干。将切成片或条的萝卜放在筛子上摊开，选择天气好的日子晾晒。也可先煮后再晾晒，能够更快干燥。需要食用时，放在水中浸泡柔软。利用阳光自制的萝卜干甜美、柔软，直接用于沙拉或咸菜也很美味。

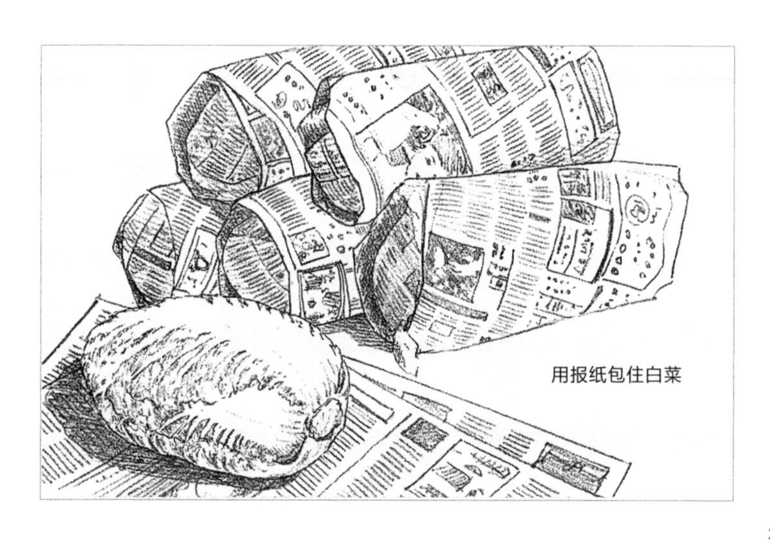
用报纸包住白菜

制作可保存的食物

轻松腌制咸菜

对于收获之后无法长期保存的蔬菜，传统方法是腌制成咸菜。用盐逼出蔬菜的水分，再在表面涂抹盐，防止蔬菜腐烂。黄瓜、芜菁、萝卜、胡萝卜、茄子等，大多数蔬菜都能腌制咸菜。如不需要保存几个月，盐可以少放一点。有些早上才腌的，傍晚就能享用了。还有轻松腌制咸菜的工具，可以使用。如果量不是很多，也可使用盆或密封容器。

放入黄瓜、茄子等蔬菜后撒上盐，并放上重物
简单的腌制工具

盖上盖子，再用石块作为重物。

口感的好坏，与盐的使用量也有关系。盐分越多，蔬菜越快脱水。但是，吃得太咸不健康，建议蔬菜整体均匀涂抹少量盐分放置一天之后食用。腌菜中加入蘘荷、阳荷及紫苏的叶片等，更加鲜香、美味。

不同于生鲜腌菜的美味泡菜

泡菜大多用醋浸泡。蔬菜焯水之后流出一定水分，再放入以醋为主的泡菜汁中浸泡保存。醋具有杀菌作用，可长久保鲜。泡菜汁以醋、水及砂糖为主料，再配上香草、辣椒等调配而成。使用量大致如下，醋和水分别 1 杯，盐 1 大匙，砂糖 2 大匙。在此基础上，根据喜好添加辣椒、胡椒、莳萝、茴香等香草。

泡制方法无特定要求，先试着制作，之后逐渐寻找适合自己的口感。黄瓜、胡萝卜、四季豆、萝卜、花菜、秋葵等都能腌制泡菜。泡制前稍稍焯水，食用时更加脆爽。焯水之后挤出水分，再塞入瓶中。蔬菜参照瓶子尺寸，尽可能切成大块。泡菜汁和材料一起放入锅中，加热至沸腾之后趁热倒入瓶中即可。

使用许多蔬菜烹饪

夏季蔬菜大杂烩

品尝自己种植的蔬菜很享受，但蔬菜太多吃不完的时候也一定会有。在蔬菜上撒盐，逼出水分以减轻重量，这是腌菜的保存方式。或者，放在锅里一起煮，同样也能逼出水分便于保存。这里介绍一种使用许多夏季蔬菜一起煮的法式料理“Ratatouille（蔬菜杂烩）”，蔬菜收获过多时推荐制作。温热状态下很美味，放进冰箱冷藏之后食用同样美味。

配料包括番茄、茄子、秋葵、黄瓜等庭院采摘的蔬菜，也可加入土豆、南瓜等。首先，将各种配料切成 1 厘米左右的块状。油（最好是橄榄油）倒入锅中，放入大蒜末充分煸炒之后放入洋葱，再加入剩余的所有蔬菜。加盐及胡椒调味，煮约 15 分钟后呈糊状即可享用。

满是蔬菜的奶汁烤菜

奶汁烤菜是一种用烤箱烤制，带有焦黄烤汁的料理。鱼、蔬菜等任何食材都能制作奶汁烤菜，例如番茄、茄子、土豆、花菜、菠菜等。

除了番茄以外，其他蔬菜均需要事先加热。土豆、花菜、菠菜等煮过之后，茄子炒过之后摆盘。奶汁烤菜的奶汁可仅使用鲜奶油和奶酪。不用奶汁烤菜专用盘，将煮过的蔬菜摆放在普通盘子上，浇上鲜奶油和奶酪后烤制即可，特别简单。白色奶汁调配方法简单，使用等量的软化黄油和小麦粉，用手指揉捏混合，放入温牛奶后用发泡器搅拌即可。将其浇在蔬菜上，撒上奶酪后放入烤箱烤至焦黄。

蔬菜摊

与朋友一起开店

带上刚采摘的蔬菜，与朋友一起摆摊。有些农家会将清早采摘的蔬菜在早市上摆摊售卖，其实就是同一回事。采摘之后售卖的蔬菜需要装入瓦楞纸盒搬运，避免表面损伤。另外，需要确定好每种蔬菜的价格。所以，必须了解目前蔬菜价格的行情。比市场价格便宜还是贵，完全取决于自己。便宜的或许卖得好，贵但品质好的蔬菜也会有人买。

价格确定之后，准备价格标牌。为了吸引客人，可以用有趣的手绘装饰，或者将自己想出来的店名写在大标牌上，立在摊子前面。在哪里摆摊也要与朋友商量。可以在家旁边或周末在公园内，尽可能选择方便搬运蔬菜的地点。

“散发大地清香的蔬菜”

第一次摆摊时，会感到害羞，不敢大声说话。即便如此，也要试着大声吆喝：“这是我自己种的蔬菜，自然香甜，大家买点回去尝尝吧！”客人招揽来了，称重，算价格，忙得不亦乐乎。记得，纸袋和塑料袋也要备足。

通常，路边不允许摆摊。但是，为了更多人能够品尝到新鲜采摘的蔬菜，这种临时摆设的菜摊并不少见。卖菜赚的钱还能添置庭院工具或购买种子、树苗等。卖菜的乐趣就是与形形色色的人交流，从中也能得到种植蔬菜的乐趣。

庭院背后的自然风光

花卉及蔬菜是庭院的主角

搭建及设计庭院的是我们，真正的主角却是在此生长的花卉及蔬菜。播种是我们赋予植物的机会，但之后植物需要凭借自身力量存活，就像亲子关系一样。没有父母，孩子不会出生。但是，出生之后即使再小的生命也有坚强的生存意志，这是值得尊重的。而且，父母会静静地守在我们身边，给我们帮助。

我们也是守在边上观察花卉及蔬菜的生长状态，需要时给他们提供帮助。施肥不是直接给花卉或蔬菜，而是提供给让他们能够健康生长的土壤。土壤变得肥沃，植物就可以从中选择自己所需的物质吸收利用。

庭院馈赠我们的丰富礼物

植物生长不仅受到环境的影响，还受到气候等因素左右，顺利长大真的不容易。庭院作为自然的一部分，我们无法使其按照自己的意识发展。正因如此，能够观赏到漂亮的花卉，收获许多蔬菜，真的很满足。如果有过庭院种植的经验，绝不会认为花卉或蔬菜的价值与工厂生产线的产品相同。

最近，无论是花卉还是蔬菜，为了尽可能避免自然环境的影响，选择在温室内进行人工管理培育的越来越多。但是，我认为花卉或蔬菜原本的美感、味感，只有在自然环境中才能培育出来。而且，在自然环境中，有的植物能够健康生长，有的却不能，这是物竞天择。以正常的心态对待，能体会更多乐趣。庭院的背后，能够感受到强大的自然力量。

可获得信息目录的园艺店清单

一边看着种子、苗木的信息目录，一边描绘着庭院种植的梦想，真是无比开心的时刻。能通过信息目录订购的园艺店如下所示。电话销售真是给无法去园艺店的人带来很大方便，但大多为收费电话，请仔细确认。

● 园艺植物 · 蔬菜

SAKATA 种业公司

邮编 224 神奈川县横滨市都筑区仲町台 2-7-1　电话 045-945-8800

TAKII 种苗公司

邮编 600-91 京都市下京区梅小路　电话 075-365-0123

大和农园公司

邮编 632 奈良县天理市平等坊町 110　电话 07436-2-1185

改良园公司

邮编 333 琦玉县川口市神户 123　电话 048-296-1174

● 玫瑰

京成玫瑰园艺公司

邮编 276 千叶县八千代市大和田新田 755　电话 0474-50-4752

伊丹玫瑰园公司

邮编 664 兵库县伊丹市铃原町 9-35　电话 0727-81-2906

● 香草

Herb Island

邮编 298-02 千叶县夷隅郡大多喜町小土吕 255　电话 0470-82-2556

开闻山麓香料园

邮编 891-06 鹿儿岛县指宿郡开闻町川尻　电话 0993-32-3321

玉川园艺公司 日野春香草园

邮编 408 山梨县北巨摩郡长坂町日野 2910　电话 0551-32-2970

藤田种业公司

邮编 550 大阪市西区京町堀 2-6-28　电话 06-445-2401

园艺植物图鉴

东瀛珊瑚　山茱萸科

常绿灌木，深绿色叶片带有漂亮的斑纹，在日本的山野地区生长。雌雄异株，雌株冬天结出红色的果实。背阴环境中也能生长，可以试着在庭院内生长条件不太好（不适宜其他植物生长）的位置种植。

2月左右，剥开熟透的红色果肉之后取出种子播撒，春天就会长出芽。在6月下旬扦插，使用当年生长的新枝。

在少见绿色的冬季，其叶子可用作兔子或山羊的草料。

牵牛　旋花科

牵牛为春播的一年生草本植物，播种以5月上旬为宜。原产自美洲热带，在无霜降危险、气温逐步上升至20～25℃的地区最容易发芽。种子较为坚硬，最好先在水中浸泡一晚。

出梅之前生长旺盛，白昼变短的时节开始长出花芽、开花，是具有代表性的短日植物。通常，播种之后70～80天开花。也适合盆栽种植，方便观赏。

即使5月上旬之后播种，也能观赏到花。但是，花期之后果实尚未成熟就可能遇上霜降，导致无法收获种子。所以，牵牛适合种植于日照条件好的场所。如果想要培育出大花，培土时应加入足量堆肥。

还有一种开蓝色花的三色牵牛（又称天蓝牵牛），这是一种原产自美洲热带的牵牛花。叶片呈心形，开花方式与常见的牵牛也有所区别，同一位置会开出许多。

蓟的近亲　菊科

美丽的野蓟，在山野中随处可见。属于多年生草本，5月左右开紫红色的花，吸引许多蝴蝶吸食花蜜。花期极其长，而且野蓟可以采集种子在庭院种植。只要有一棵，之后就如同蒲公英一样随风飘散广

野蓟

泛繁殖。

还有一种园艺品种“大蓟”，是从野蓟中选出花色尤其漂亮的改良而成。这类园艺品种在3、4月份播种，在6月～10月就会开花。蓟的近亲生命力都很顽强，放任不管都能茂密生长。只不过叶片边缘大多带有肉刺，触摸时应小心。

蓟的近亲中还有培育用于食用的，比如朝鲜蓟（菜蓟）。是高度可达1.5米左右的大型蓟，耐寒性强，其花蕾的鳞片状花苞及花托可食用，焯水之后拌沙拉非常好吃。。2月～4月播种，6月左右可收获。

绣球　　虎耳草科

绣球在半阴环境下也能生长，在光照条件差的庭院种植非常适合。光照条件好的环境也能生长，但干燥会导致其不健康。在山绣球的基础上改良而成的绣球，早在奈良时期时就已出现。

5月～7月开的花从浅绿色变为白色，接着变为蓝色，给庭院带来丰富的色彩变化。酸性土壤培育出的绣球花偏蓝色，碱性土壤则偏红色。

绣球通过扦插、嫁接、分株等便能轻松繁殖。扦插在5月～6月进行，分株在落叶后的秋季进行。嫁接在新枝伸长的时节，压入地面后盖上土，长出根部后在秋季剪下作为种植苗。修枝最好在花期结束时立即实施。9月末至10月初，新枝的顶端会长出花芽。

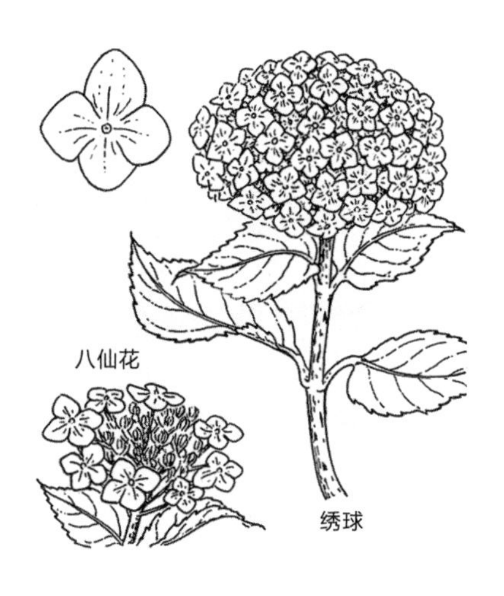

凤梨的近亲　　凤梨科

它们属于凤梨科，多作为观赏植物售卖。想象着菠萝就能明白，它们是一种带有热带感厚叶片的植物，原产自中南美。叶片密集，大多呈莲台状，适合室内培育。

铁兰就是一种观赏凤梨，花茎延伸变小，开出粉色或红色的漂亮小花。耐寒性强，只要不低于0℃，过冬不成问题。

油菜的近亲　十字花科

日本很久以前就开始种植油菜了，1945年之后开始种植西洋油菜花。种子含有40%以上的油分，通常用其榨取菜籽油。

菜籽在秋季播种，发芽之后以莲台的形状过冬，到了春季开出黄色的花。油菜花田的美景自古以来广泛传播歌颂，是日本具有代表性的春景之一。近年来数量有所减少，但庭院内种植也别有乐趣。

栽培方法很简单，秋季播种即可。到了春季开始生长，嫩叶可作为蔬菜食用。用热水焯一下拌菜吃，充满春天的气息。

最近，在城市里经常看到二月兰，这种开紫花的植物也是油菜的近亲。又称诸葛菜，是生命力非常顽强的植物。可与油菜一起种于庭院，感受春天的气息。

二月兰

盆栽也是不错的选择，只需一盆就能吸引来黑纹粉蝶、菜粉蝶。此外，小路两边也能经常见到二月兰。

朱顶红　石蒜科

朱顶红原产自南美，属于热带植物。在气温高的环境下能够持续生长，霜降环境下地上部分枯萎。因此，冬季要将其鳞茎挖出，放在5℃以上环境保存，来年春天重新埋入土壤中。

盆栽种植同样简单，但成活的关键在于浇水和花期之后的管理。3月～4月植入鳞茎，开始生长时如果浇水过多，会导致鳞茎腐烂。鳞茎种植于花盆之后，叶片伸出至看到花苞之前应控制浇水量。

5月～6月花期过后，浇水、施肥并放置于阴凉处。到了秋季叶片枯萎之后，减少浇水量，元旦之后放置于凉爽处。将花盆上方5厘米的土壤替换为添入足量堆肥的土壤，还会继续健康生长。3年之后，更换花盆。

鸢尾的近亲　　鸢尾科

溪荪鸢尾、花菖蒲、燕子花、德国鸢尾等都是在5月开出漂亮花朵的鸢尾近亲，外形很难区分。如果按生长环境区分，燕子花生长于浅水区。花菖蒲喜欢湿地环境，但只要注意浇水，庭院同样能够种植。鸢尾和德国鸢尾适宜在干燥环境下生长，而并非水源地。这些鸢尾科植物的原产地大多为日本、朝鲜半岛、中国东北部地区等。

鸢尾是山野中常见的宿根草，其特点是花瓣根部的黄色部分带有网纹。德国鸢尾有很多园艺品种，花色丰富。在酸性土壤中难以生长，土壤中需要混入石灰。与此相对，花菖蒲适合在酸性土壤培育，不需要石灰。如果庭院内有水池，燕子花能够在较浅的水边生长。这些植物在花期之后，9月之前即可分株繁殖。

鸢尾的近亲中，还有开白色小花的花蝶花。生长于山野，花形漂亮，庭院中常见。在庭院背阴地方种植，5月花期到来，给人眼前一亮的感觉。

紫茉莉　　紫茉莉科

在种着紫茉莉的庭院内散步，享受着幽幽清香和可爱的花朵。这种花在傍晚开，所以英文名又称"Four O'clock（4点）"。

在位于热带美洲的原产国是一种宿根草，在日本作为春播的一年生草本植物培育。4月中旬播种，自身生命力顽强、易繁殖，即使仅有一株，来年也能通过种子繁殖。

如果是堆肥充足的肥沃土壤，可培育成接近1米大小。在庭院内设置灯光，夜晚赏花也很有趣。7月～10月开花，花期之后长出黑色的圆种子。刚开始为绿色，不久便会变成黑色。任其不管就会自己落下，所以要在其变黑之后摘下种子保存。

扇形耧斗菜　　毛茛科

耧斗菜的近亲均为宿根草，矮生扇形耧斗菜、白山耧斗菜较多野生。花形不但漂亮，而且奇特。园艺品种由白山耧斗菜改良而成。5月左右开的紫色花朵形态优雅，百看不厌。花期之后，在细长的筒状中长出种子。不耐暑热及干燥，在此环境下漏出的种子基本不会发芽。但是，在石头缝或湿润场所，散落的种子有的也能繁殖。5月～6月播种时，在自己庭院内选几处最合适的场所试试。

还有高度可达50厘米左右的欧耧斗菜，比扇形耧斗菜更加挺拔。此外，也有开鲜艳红色花的加拿大耧斗菜。

牛至　　唇形科

比萨、意大利面等意大利料理中不可或缺的香草之一。在羊肉或牛肉的炖菜、番茄沙拉中使用，其香味更是突出。可以将叶片撕碎后使用，或者连着茎部捆在一起晒干后备用。种子非常细小，需均匀分散播种。属于多年生草本植物，春季播种之后每年生长。原产自地中海沿岸、小亚细亚、喜马拉雅附近，不适应日本的高温多湿环境。夏季，在清爽环境下能够健康生长，分株后也可赠予朋友。

到了夏季，开紫红色、浅粉色或白色的小花，吸引许多蝴蝶。想要营造蝴蝶花园时，推荐种植这种花卉。

非洲菊　　菊科

非洲菊原产自南非，不适应夏季酷暑及冬季严寒的植物。在日本关东地区以西，庭院种植也能过冬，可作为宿根草培育。夏季极其酷热的地区，建议在背阴处较清爽环境下种植。

通常，春季的花多在5月～6月，秋季的花在10月～11月，品种数量众多。

非洲菊

种植时，可以从种子开始培育，也可分株。分株后长得非常大，叶片茂盛，如果第一年不开花，分株后第二年也会开花。

种子1厘米左右大小，播种时鼓起的一侧朝下。夏季播种导致根部容易腐烂，秋季播种比冬季播种长势更好。花盆内播种的可直接过冬，到了春季移至室外或种植于花坛内，同年的秋季就会开出绚烂的花。种子不能长久保存，尽可能早些播种。

洋甘菊 菊科

洋甘菊清香甜美，让人沉醉其中。将这些白色小花采摘、干燥之后可泡茶，古代欧洲认为这种茶饮对初期感冒及失眠症有疗效，多作为日常饮品。

它原产自地中海沿岸，在光照条件良好的环境下能够茁壮生长。种子细小，播种时注意分散均匀。春播或秋播均可，但秋天播种的苗越冬后能够更加茁壮成长。除了一年生草本、高度可达60厘米左右的德国洋甘菊和多年生草本、较矮的罗马洋甘菊，还有开黄色花的春黄菊。

美人蕉 美人蕉科

原产自美洲、印度等热带地区的美人蕉总是夏季开花，但庭院种植的逐渐减少。热带地区全年开花，在日本仅6月～10月能够健康生长。

4月，将根茎植入足量堆肥的土壤中。之后，粗放管理就能开出如火焰般漂亮的花。

到了霜降时候，地上部分的叶片枯萎，需要挖出根茎。比大丽花更不耐寒，必须在5℃左右环境下放进带有稻壳的箱子内保存。

初夏购买美人蕉盆栽时，花卉观赏之后直接埋入庭院内堆肥充足的土壤内，可继续生长。如果没有庭院，可移栽至装入新土的大花盆中，花还能继续观赏。

观叶植物

说到具有代表性的室内观赏植物，观叶植物是其中之一。通常，观赏花卉的植物需要足够的自然光。但是，观叶植物即使无法开花，还有漂亮的叶片。

观叶植物种类较多，龟背竹、秋海棠、椰树或羊齿的近亲、白掌、红掌等。对生活在城市中想要观赏绿意的人们来说，观叶植物很受欢迎。

即使无直射阳光，观叶植物也能生长，适合在室内培育，关键在于湿度和温度的调节。对大多观叶植物来说，人工保温条件下的室内湿度过低。其次，冬季的室内非常干燥。长期放置于充满暖气的室内，周围空气会变得更加干燥，连我们的嗓子也会受不了。

对原生自高温高湿环境下的观叶植物来说，干燥是致命的。所以，使用喷壶每天给植物喷水是非常必要的。在房间内喷水可能会弄湿其他物品，可以将盆栽放在水盆内集中喷洒。只不过，花直接与水接触可能会受损，应注意。使植物湿润的方法，就是将盆栽放入装满水的水盆内，浸入至花盆边缘为止。土壤表面湿润之后，剩余的水会自然保留在原处。

使用浸润法时建议使用素烧花盆，其优点是透气、透水，植物的根部容易呼吸。但是，素烧花盆的缺点就是太笨重。所以，最近塑料花盆有所增多，但素烧花盆的优点也得以被重新认识。

此外，观叶植物喜欢的温度与我们人类感觉适宜的温度基本相当。白天18～22℃，夜晚10～14℃。冬季，为了避免窗边的植物被冷气侵袭，需要安装双层玻璃或换上较厚的窗帘等。或者，可以用旧鱼缸等改造成小温室，将花盆摆放于内。

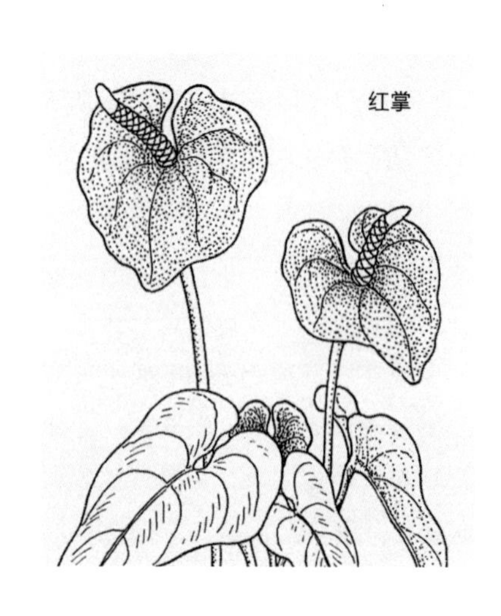

桔梗　　桔梗科

桔梗是光照良好的山野地区野生的宿根草，紫色的花异常漂亮。作为秋季七草之一，花开在6月～9月。园艺品种中，也有开白色花的。

桔梗在春季或秋季均可种植。挖出胀大的根部可发现芽，如果有几个芽，可分切后种植。此外，播种培育也一样，花期结束后的秋季或来年的春季均可。

菊的近亲　　菊科

菊源自中国，与梅、竹、兰并称为“四君子”。奈良时代初期，菊传入日本，此后被改良出各种各样的品种。

菊原本是短日照植物，9月～10月开花。光照时间达到13小时以内，气温在15℃以上时，结出花芽。但是，也有与光照时间无关，气温上升后结出花芽并开花的改良品种，比如翠菊等夏季菊。除了亚洲，欧美等国也有菊的改良品种，一整年均可盆栽种植的洋菊，春季可长时间观赏的鞘冠菊、白晶菊等，品种繁多。

菊可通过扦插或分株轻松繁殖。春季，将菊的芽尖部分剪下5～6厘米，插入内含沙土和水的容器内。经过20天左右之后，确认根部已长出，即可移栽于花盆或庭院。此时，为了避免强烈阳光使其损伤，在一段时间内需要用物体遮挡。同样，分株也是在春季。

秋播种植后，春季开始成长，植株变高，长出花芽后下方的叶片大多枯萎。为了使其开出低矮、漂亮的花，生长过程中剪下正中央部分，促使腋芽向四周延伸。而且，剪下的芽可用于插芽。

菊中也有食用菊，紫色的“延命乐”、黄色晒干的“阿房宫”等品种较为出名。这些菊种植于庭院内，增添更多乐趣。

玉簪　百合科

背阴环境下健康成长，叶及花都很漂亮，适合种植于喜光植物无法存活的场所。深绿色的叶片确实漂亮，但带白色斑纹叶片的玉簪在背阴条件下，会使周围环境变得更加敞亮。此外，夏季开的花也非常清丽。

原产地为东亚，山野野生的宿根草，很容易栽培。只是，已经长大的植株进行分株时根部缠绕紧密，需要相当大的力度才能分开。

放任多年不管的植株重新种植后，更加健壮，且容易开花。

金鱼草　玄参科

名称很有趣，仔细观察花形，真的像是腹部隆起、摆动着尾鳍的金鱼。有红色、粉色、黄色等丰富花色，种植于庭院，增添光彩。原产自地中海沿岸，选择光照良好、排水良好的场所，在9月左右播种。培育的苗在霜降之后过冬，4月~5月开花。花期很长，春季至夏季均可观赏。花期之后，秋季长出新芽，又会开出新的花朵。

种子非常小，采摘后播种于其他场所，来年甚至会成倍繁殖。种子发芽的最佳温度在20℃左右，9月温度尚未完全降低时播种。高度有的超过50厘米，也有30厘米左右的。喜欢排水性良好的土壤，也适合切花。

金丝梅　藤黄科

高度1米左右的灌木，6月~8月开漂亮的黄色花朵。如同其名，像梅花般的金色花朵垂下开放。

金丝桃与其十分相似，但金丝桃的特点是花更大，雄蕊挺立。

分株繁殖很容易，在春季至秋季进行。在灌木丛或树篱之间种上几棵，花卉较少的梅雨季节也能观赏到绚丽的色彩。

金盏花 菊科

花期很长，排水性良好，喜欢切花的人一定会在庭院种植。

原产自南欧，9月下旬播种，苗可直接过冬，4月~5月开花。冬季-5℃以下环境中可能会枯萎，需要遮盖保暖，或作为一年生草本植物培育。在下雪地区，积雪底部的温度不会降得太低，能够直接过冬。

不适宜酸性的土壤，培土时最好混入石灰。

桂花 木犀科

香味宜人的常绿灌木。到了秋季，清爽香气飘散于四周，沁人心脾。除了开金色小花的金珠，还有开白色小花的银珠。两种植物通常种植于温暖地区。

对大气污染非常敏感，空气污浊的环境下可能不会开花。种植时，在6月下旬至7月，以新长出的枝作为插条。但是，不易存活，最好使用较多插条。

天蓝绣球 花荵科

原产自北美的多年生草本植物，夏季近2个月期间持续开紫红色、粉色及白色的花。长久以来，紫红色的花在农家庭院内常见，且能吸引蓝凤蝶。

茎部挺直伸长近1米，挺拔的植株上开出的花尤其漂亮。是耐寒性强、健壮的植物。

秋季播种，冬季低温会抑制发芽，春季之后开始发芽。当年仅生长，来年开花。花期之后采摘种子，成熟的种子会掉落，应提前采摘。自己采摘的种子，播种之后也会开出不同颜色的花，带来不一样的惊喜。

分株之后，当年就能观赏到花。分株应在10月或3月左右进行。

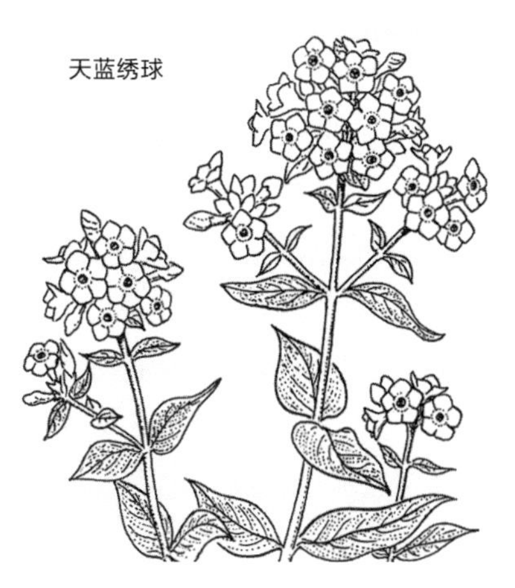
天蓝绣球

栀子花　　茜草科

花形漂亮，气味芬芳，属于常绿灌木。6月~7月开的白色花朵在夜晚月色的映衬下尤其漂亮，且气味在夜间更加浓郁芬芳。

稍显扭曲的花苞、纯白色的花及红色的果实等都让人赏心悦目，其果实还能用于金团（日本小吃）及腌渍萝卜的上色，甚至用于布料的染色。

在阳光不强的环境下生长茂盛，喜欢较湿润空气。属于热带地区的植物，在寒冷地区无法过冬，冬季需要移栽至花盆放在室内培育。

繁殖可通过播种，扦插或压条繁殖也很容易。

唐菖蒲　　鸢尾科

唐菖蒲的花色非常丰富，白色、黄色、橙色、粉色、红色、紫色等。原产自地中海沿岸，经过改良后的品种大花可超过10厘米大小。

品种数量多，球茎分为春播和秋播。3月~4月春播的球茎，早的会在2个月之后开花，晚的也会在3个月之后（又称作“夏季开花唐菖蒲”）。

球茎以两倍高度的土壤埋入种植，球茎和球茎之间保留3~4个球茎大小间隔。如果球茎足够大，还可以分成两个种植。

秋播的球茎在秋季按照同样方法植入，5月左右就会开花。相比夏季开花唐菖蒲，花及叶片较小。在园艺店购买球茎时，应先确认是春播还是秋播的球茎。

球茎是由球根收缩卷曲而成，球茎内部仅包含着叶芽。成长过程中，长叶分成两片时就会长出花芽。为了确保长出花芽，需要15℃以上的温度。与其相对，郁金香、朱顶红的花芽长在大鳞茎之中，必定会开花。

醉蝶花　　山柑科

第一次看到这种花时，会被其

优美的外形所吸引。其特点是雄蕊非常长，雄蕊在傍晚被弹出来，接着便会开花。花刚开始呈深粉色，第二天颜色变浅，逐渐泛白色。所以，这种浅色的组合极其优美。醉蝶花是原产自热带美洲的一年生草本植物，春季播种之后，7月至秋季每天开花。花期结束后结出细长的果实，预计成熟时采集种子保存。如放任不管，果皮会裂开，种子从中漏出。

不耐寒，冬季会枯萎。但是，即使放任不管，漏出的种子大多也会在周围继续繁殖。适合任何土质，是一种生命力顽强的植物。

番红花 鸢尾科

早春开花，整片低矮盛开的姿态，让人感到春天即将到来。原产自地中海沿岸，球茎在秋季10月左右植入。如果土壤堆肥充足，健康成长不是问题。

耐寒性极强，如果光照充足，有时也会提前很早开花。花期结束后叶片枯萎，将其挖出放入网兜内阴干。

番红花的近亲之中也有秋季开花的品种，开紫色花的藏红花便是如此。藏红花的雌蕊可用于制药或染料，已能人工栽培。

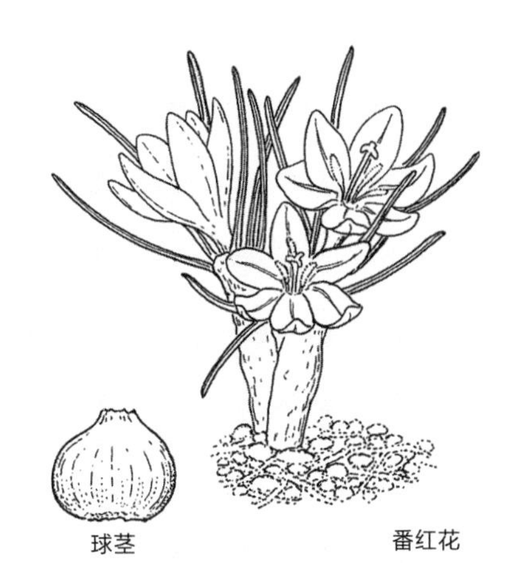

车轴草 豆科

原产自欧洲的车轴草，以前通过船运长距离运送玻璃制品时通常塞入这种植物的干草。而且，开白色花的称作白车轴草，开紫红色花的称作红车轴草。现在，这种草已野生化。

原本是牧草，属于生长快且生命力顽强的多年生草本植物。茎部匍匐地面，不断延伸。车轴草根部结出的根瘤菌能够固定植物所需氮元素，对其他植物来说也是有益的。作为牧草售卖的种子可以轻易获得，或者从野生的车轴草中采集种子，春季或秋季播种即可。通常为3片叶片，偶尔也会找到4片叶片的。

鸡冠花 苋科

原产自热带亚洲，在日本夏季酷热时节也能健康生长，7月~10月开花。一枝花极其小，但这些花汇集成带状，形状如同鸡冠。

《万叶集》中也有歌颂这种日本自古就有的植物，现已改良出许多品种。

播种在4月左右，作为一年生草本植物培育。但是，发芽温度为较高的20~25℃，在寒冷地区也可推迟培育。不适宜移栽，刚开始就应播种于合适场所。近亲中，也有可观赏漂亮叶色的雁来黄。同样，也是适合在4月播种，并选择不易干燥的环境。可生长至1~2米，叶片到了秋季就会变成红色或黄色。

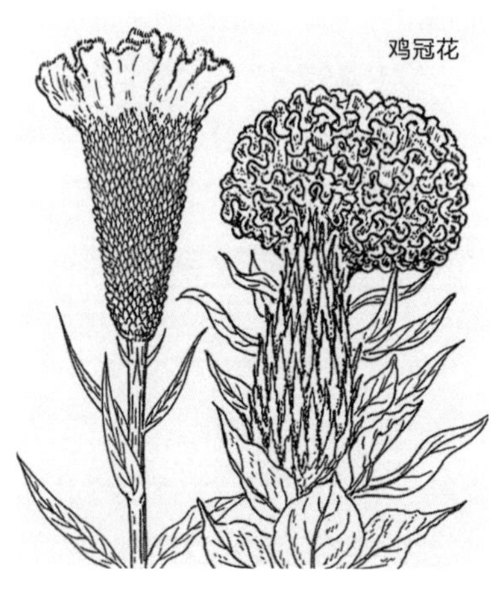

大波斯菊 菊科

浅粉色或白色的大波斯菊随风摇摆的景象，十分漂亮。原产自墨西哥高原的一年生草本植物，明治时代经欧洲传至日本。高度可达2米以上，9月~10月开花。以前，农家庭院前经常能够见到很高的大波斯菊。

春季播种后，随着温度上升而逐渐生长，日照开始变短时长出花芽并开花。但是，容易被台风等强风大面积吹倒。可以立起支柱种植，或即便放任不管，倾倒的茎部也会向上抬起。如想要培育较矮的大波斯菊，可将播种延迟至7月左右，或者在生长过程中剪断，使下方的侧枝继续生长。无论如何，这种植物的生命力较为顽强，光照充足就能健康生长。

曾经，大波斯菊是秋季花卉。最近，出现了提前开花的大波斯菊，初夏也能观赏到花卉。春季播种，经过两个月左右，植株尚未长到1米也能开花。

还有一种外形相似，但种类不同的硫华菊。仔细观察叶片，就能轻易分辨。春季播种之后，初夏开始会一直开花，能够欣赏至秋季。

可以收集许多大波斯菊或硫华菊的种子，在庭院或空地上种满一片。

芫荽　伞形科（芹亚科）

芹亚科植物均带有浓烈香气，芫荽的香气尤其独特。干燥后的果实，还可用作饮料、香烟、酱料中的香辛料。是一种原产自地中海沿岸的古老植物，在《旧约圣经》中也曾有过记述。

春季播种，避免受到霜降危害。生长期在90~100天，期间可撕下叶片，用于沙拉、汤或炒菜。在温暖地区，秋季播种后5月左右也可收获。

开过白色小花之后长出大种子，种子变成褐色即可采集。其种子可用于烹饪各种美食，如咖喱、泡菜、香肠等。

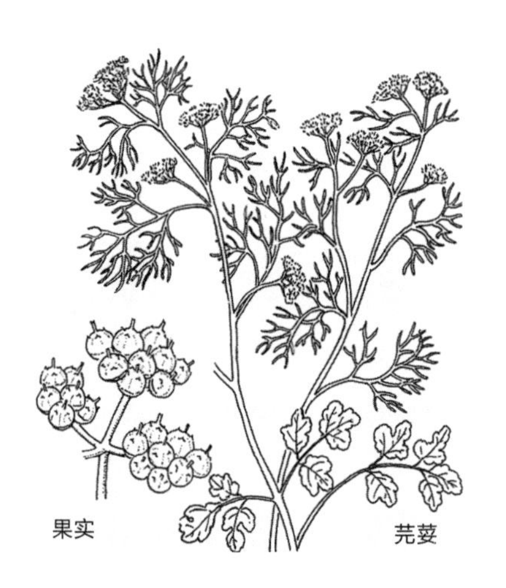

聚合草　紫草科

是生命力极其顽强，且生长快的植物。如果是从荒地开始庭院种植，绝对推荐这种植物。以前作为牧草引进至日本，大多已在牧场及周边野生化。原产自欧洲及西伯利亚以西，在英国被改良种植。

通常无种子，分根后繁殖。较大的根可分切为几份，种植方式简单。5月~7月粉色、紫色或黄白色的花垂下开放，也非常可爱。小叶片可裹上面粉炸制后食用，十分美味。如果喜欢草木染，还能利用其叶片制作染料。

聚合草种植于庭院是最好不过的选择，有助于制作堆肥。聚合草的根部深入土壤中吸取养分，叶片充满矿质元素。所以，能够摘取不断生长的叶片，将其放入生态桶内，制作优质的堆肥。

采摘叶片时，必须佩戴手套。植株整体附着粗毛，徒手采摘会感觉刺痛。或许会舍不得大量采摘，但实际培育过程中会对其惊人的繁殖力感到惊讶。

樱花 蔷薇科

将樱花种植于庭院时，应事先考虑环境条件。生长空间是否充足？樱花喜阴，为其营造的条件是否影响周围植物？如果在充分考虑环境条件之后种植，每年都能在庭院里赏花，绝佳享受。

“漂亮的樱花不修枝”，很久以前人们就已总结出这样的经验，樱花最好不要修枝。修枝之后伤口容易腐烂，从而导致其枯萎，应尽可能以自然状态培育。

樱草 报春花科

樱草野生于日本的东北地区及中部山岳，属于宿根草。在水流附近或湿地生长，5月左右开白色或深粉色的可爱花朵。特别喜湿的一种植物，所以在庭院培育时只能生长于池塘边缘。

樱草

开花之前确保照射充足日光，到了夏季要放置在无阳光直射且地面温度较低的环境下，保证樱草能够健康生长。耐寒性强，最不适应夏季的干燥。

近亲之中，还有一种植株上分段开花的日本报春花。樱草或日本报春花的野生种较为罕见，发现也不要采摘，可在园艺店中购买到许多园艺品种。

前期可购买苗种植，之后可以自己繁殖。新芽在叶片根部长出，可在秋季或早春用新芽分株繁殖。花期结束后可采集种子，播撒于能够一直保湿的土壤中，冬季放在室外，春季就能发芽。此外，长出几片叶片之后，转移至想要种植的场所。夏季在湿度足够的环境下度过，来年就会开花。

仙人掌的近亲 仙人掌科

仙人掌是原产自美洲大陆的植物，叶片基本已经退化，茎部呈多肉状，且内部带有水分和养分。

仙人掌的种类非常多，此处先介绍叶仙人掌、团扇仙人掌、仙影拳等。

叶仙人掌接近树叶形状，但这种叶片的根部带刺。花形漂亮的大花樱麒麟在园艺店内经常能见到。培育在充满腐叶土和堆肥的土壤内，春季至秋季用喷壶喷水，使其不至于太干。冬季保持干燥，0℃也不会枯萎。

团扇仙人掌的近亲大多具备较强的环境适应能力，温暖地区可在庭院培育。日本的静冈县、宫崎县，能够看见培育较大的团扇仙人掌（宝剑形状）。

此外。仙人掌中包括常见的孔雀仙人掌（月下美人是其近亲）、蟹爪兰等。这些植物能够经受住结冰前的临界低温，但需要提早观赏其花卉时，冬季最好也要保持在10℃以上温度。

8月末至10月，花芽在20℃左右的温度条件下，光照时间达到12小时左右时长出。所以，需要提前1个月控制浇水，保持一定干燥感是关键。

任何仙人掌都能轻易扦插繁殖。20～30℃是扦插的适宜温度，切口需要干燥1周左右时间，再将其埋入沙土中，3～4周便能长出根系。

一串红

唇形科

道路两旁常见，5月～10月开的鲜红色花极具观赏性。作为春播的一年生草本植物培育，在原产国则为宿根草，可长至树木般大小。

种子在4月～5月播种。但是，需要20℃左右温度，所以在气温达到足够高时才能播种。

花期结束后长出种子，成熟后变成黑色的种子会自然漏出掉落。所以，趁着种子八成熟的时候采集，阴干后即可使用。

鼠尾草也是其近亲，作为香草，还可用于肉类烹饪、煮食、香肠等。并且具有杀菌作用，可泡茶饮用，入浴时浸泡使用还有抑制炎症的效果。

4月下旬至5月播种培育，也

一串红

可插芽种植。属于宿根草，种上之后每年都能观赏。带有香气，不易沾染虫害，是非常容易培育的香草。

毛地黄　　玄参科

原产自欧洲的二年生草本植物，可作为药用。又称之为“洋地黄”。

栽培简单，选择排水良好的地点，4月~5月播种。夏季的酷热或冬季的严寒都能经受住，通过漏出的种子繁殖也不在少数。

5月~7月，延伸至接近1米的茎部上方开出吊钟状的花。从下方依次盛开的花，让人赏心悦目。生机勃勃的花卉，给庭院增添变化。

仙客来　　报春花科

仙客来属于多年生草本植物，

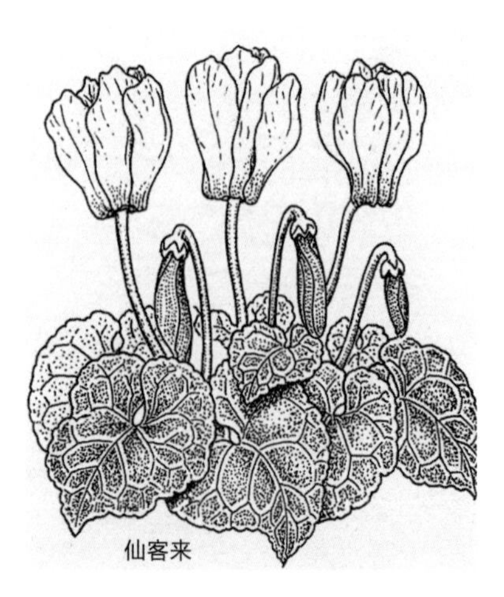
仙客来

带有块茎。但并不通过块茎培育，大多买来已开花的盆栽。

耐寒性强，一枝花的花期长达一个月左右，冬季至春季能够长时间观赏。

品种数量也很多，3月左右芽开始伸长，5月~6月开花。

通过种子繁殖时，需要在花期后、种子漏出之前采集，并立即播种于苗床。之后，仅根部伸长，第二年春季长出芽，所以应在秋季将其苗移栽至需要种植的场所。播种后第二年，就能看到花开。

发芽需要20℃以上温度，如果播种延迟，第二年秋季之前就等不到根部长出。

芍药　　毛茛科

芍药原产于中国、西伯利亚地区等，是一种耐寒性强的宿根植物。在充分施肥、充分浇水的土壤中能够茁壮成长。购入盆栽的芍药后，要选择日照充足的地方种植。

繁殖可以选择分株，操作很简单。8月末~9月，挖出芍药的根部，仔细观察根部的芽，用手撕开即可。虽然根部硕大的芍药开花十分美丽，但经过3年后，芽会发育过多，最好进行分株。选择合适的地方种植分出来的部分，并覆盖3cm左右厚度的土。这样，芍药的根部会一边发育，一边度过寒冬。转年3月的时候便会发芽，5月~6月开花。

收集种子应该在花朵凋谢后、种子掉落前进行，收到的种子要立刻播到苗床。这时播种的种子只会生根，到第二年春天才会发芽。第二年的秋天，可以将苗移出苗床种植。从播种开始，经过两年的时间，就能够看到芍药花了。

芍药发芽的温度在20℃以上，如果播种的时机较晚，要等到第二年的秋天才能够发育出根部。

大滨菊 菊科

庭院内开满白色的花，让来访的客人赞叹其美感，也不失为一件乐事。大滨菊是由品种改良天才伯班克改良的园艺品种之一。通过种子或分株就能轻松繁殖，一次培育成功之后就能每年在庭院内观赏到。春季播种后放任一年，在第二年春季就会开出漂亮的花。花期之后，还能采集许多种子。

此外，植株茎的底部长出腋芽后开始发育，秋季将腋芽分开种植即可。它是种耐寒性强的植物，种植期为10月份左右。如果延迟种植，容易受到霜降侵害，附着并不深的根部甚至会枯萎。移栽之后，在新的场所使根部紧密附着，避免受到霜降或冬季严寒的侵害。

秋牡丹 毛茛科

9月~10月开花，花形与菊花相似，但并不是菊花的近亲。与阿尔泰银莲花、鹅掌草、水仙银莲花等相同，属于毛茛科银莲花属。

原产自中国，在日本京都的贵船山附近也有种植。与菊花一样，是一种秋季庭院内观赏的宿根草。

紫红色的花较多，也有浅红色或白色。其白色花与春季至初夏盛开的滨菊、大滨菊有所不同，更加

秋牡丹

醇厚有质感。地下茎伸长繁殖，初春将其分株种植。而且，应在光照不太强的场所培育。

棕榈 棕榈科

棕榈及芭蕉均为热带植物，庭院内种上这类植物，营造出十足的南国风情。棕榈属于常绿树，可培育至3~5米大小。

其特点是树干周围的棕榈皮，老树叶的叶荚部分仅剩下纤维。用此纤维，可制作绳子、扫帚、坐垫等。对野鸟来说，这些纤维是筑巢的好材料。

此外，叶片干燥后敲打加工，还能编织成帽子等。查阅棕榈纤维的各种使用方式，自己尝试制作也是很有趣的。庭院内种上棕榈，增添许多乐趣。

棕榈通常分为雄树和雌树，5月开出浅黄色穗状花。果实为圆形，繁殖时在秋季将充分成熟的果实摘下，剔除果肉部分之后播种于苗床。第二年的4月~5月就会发芽。在庭院内种植棕榈，确实很有趣。

绵枣儿 百合科

耐寒性强，秋播的鳞茎适宜大部分环境。原产自欧洲、非洲、亚洲的温带地区。花色为浅粉色、紫色等，可成片种植，5月左右开花，景色迷人。

多年放任不管，也能年年观赏到许多花朵。如果感觉花朵太多，可在秋季移栽。

有一种称作“聚铃花”的植物同为绵枣儿属，原产自西班牙、葡萄牙。10个左右吊钟状的小花聚合一起，稍稍向下垂的姿态十分可爱。

野姜花 姜科

英文名“Ginger Lily”，是生姜、阳荷的近亲。园艺中所说的野姜花，大多是指姜花的近亲。近亲之间，叶子形状相似，但野姜花特别大且漂亮。8月~9月开的花呈

野姜花

纯白色，气味芬芳。原产地是印度及马来西亚等地区，中国内陆在夏季也能培育，高度可达 1～2 米。

通过根茎繁殖，4 月左右将其根茎分切后种植。选择光照条件良好的位置，土壤覆盖 10 厘米左右，但应避免干燥。植入充满腐叶土的土壤中，在其上方用落叶护盖。

此外，开黄色花的金姜花也是按同样方式培育。

瑞香

瑞香科

原产自中国的常绿灌木，春季散发出甜美清香。树形呈球状，开花时尤其漂亮。花的颜色大多为紫红色，但也有白色花。将开花的枝叶放在房间内，香气充满整个房间。

花期之后的果实形状难得一见，因为日本基本都是雄树。在小石川植物园等可偶见雌树，花期之后会结出红色果实。

在光照良好、排水良好的环境下，生长茂盛。繁殖时，插条方式最为简单。出梅时节剪下新枝，修剪掉下方的树叶后插入背阴处。

温度低于 -10℃时会枯萎，在寒冷地区的冬季需要移栽至花盆内，放在室内过冬为宜。

忍冬

忍冬科

原产自中国、日本、朝鲜的半常绿藤蔓植物，初夏开花，极其清香。花刚开始为白色，经过一段时间后变为黄色，两种颜色的花交错其间，所以又称“金银花”。在寒冷的冬季这种植物也不会落叶，忍冬就是由此得名。忍冬常缠绕于庭院的院墙或拱门上，开花时节异常漂亮。生命力顽强，容易打理，选择光照条件良好的环境种植即可。近亲之中，还有开红花的贯月忍冬。

繁殖在 5 月～6 月左右，在枝节下方剪下 10 厘米左右未开花的藤蔓顶端。将其插入装水的杯子中，根部长出后，种于土壤中即可。

忍冬

水仙 石蒜科

原产自地中海沿岸，从古希腊及古罗马时代就已经开始栽培。给人纯洁感的花，受到许多人喜爱。

在温暖地区，有正月开花的中国水仙，小花如同子房般汇集一起，在茎部顶端开放。又称为野水仙，因为野生较多。许多花汇集开放，香气扑鼻。此外，还有3月左右开花的近亲喇叭水仙。花形更大，更加华丽。

鳞茎在10月左右可植入堆肥充足的土壤内。种上之后，基本能够确保健康存活3年左右。也可放任不管，但如果长得过分繁茂，花期结束、叶片枯萎之后挖出，要将繁殖的鳞茎分开。分开的鳞茎装入网兜内，放在通风良好的场所保存，秋季重新种植。

试着根据花的特点，区分水仙的种类。首先，中国水仙的花形如同子房般，花香味十足。并且，花瓣颜色为白色，喇叭部分（植物学中称作“副花冠”）为淡黄色，颜色对比更显漂亮。此外，还有副花冠边缘如同涂着口红的口红水仙。

花形大的为喇叭水仙，每年都会有新的改良品种推出，并分别赋予合适的名称。如果对品种改良有兴趣，可以自己试着采集种子培育。水仙之中也有花期后果实胀大的，发现这类水仙时可采集种子。种子培育和鳞茎培育的情况有所差异，可能会长出不可思议的花。

香雪球 十字花科

低矮、大面积开花，用在庭院边缘会格外漂亮。花期从3月至6月左右，能够过夏的地区，到了凉爽的秋季也能开花。

最早是原产自欧洲地中海沿岸

地区的宿根草。但是，在夏季酷热地区也会枯萎，多作为秋播的一年生草本植物培育。在酸性土地上难以培育，播种前稍稍撒一些石灰或草木灰，翻耕后更佳。土地满足条件后，9月末左右播种。寒冷地区可春播，花从夏季至秋季持续开放。

香豌豆　　豆科

香豌豆是一种叶、花及不断延伸的藤蔓均给人柔软感觉的植物。

一年生草本植物，10月初播种后，第二年早春长出芽，5月左右即可观赏到开得很大的花。白色、粉色、紫色的花朵，给人以柔美的印象。

根据某位神父的记录，这种植物的原产国为意大利的西西里岛。在古代，修道院的庭院内也有栽培。

这种漂亮的花之后在欧洲及美洲经过改良，出现了许多品种。颜色变得更丰富，有黑色、红色、黄色等。

栽培时，需要注意选择光照充足、排水良好的环境。并且，不宜用酸性强的土壤，最好事先用石灰或草木灰等处理。如同细雪般整体播撒石灰或草木灰后翻耕。

铃兰　　天门冬科

铃兰开花时，其甜美的香气让人忘乎所以。它是一种耐寒性强的宿根植物，在北海道草原盛开的铃兰极为有名。

铃兰原产自欧洲，本是森林中生长的草类，喜欢从树荫之间照射来的阳光。适宜排水良好的环境，带有土壤的石块旁边也能生存。而且，适合用于假山花园。

在园艺店常见的是德国铃兰，花形大，因为在德国栽培较多，由此得名。

铃兰通过地下茎繁殖，到了秋季即可分株。花期之后，结出红色果实。

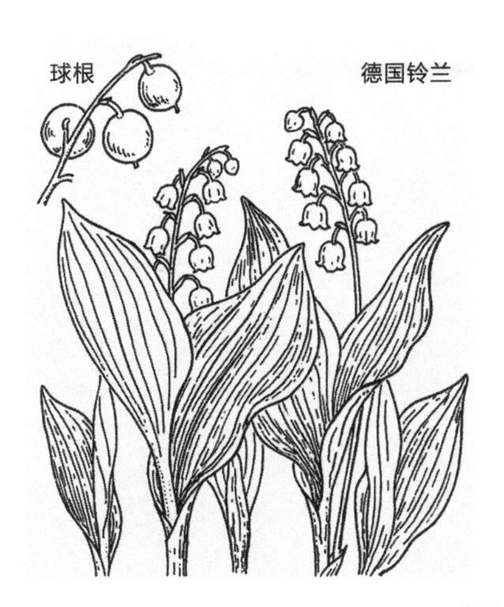

甜叶菊 菊科

原产自南美的多年生草本植物，世界上最甜的植物之一。将其叶片撕碎后咀嚼，会对其甜味感到吃惊。多为春季植苗培育。

夏雪片莲 石蒜科

许多人将其称作“铃兰水仙”，开花的形态确实与铃兰相似，就连叶片形状也很相似。实际上，它是与水仙为近亲的球根植物，9月~10月种上之后，来年4月末至5月开出水滴般的花。纯白的6片花瓣顶端带有零星的绿色斑点，甚是可爱。

原产自欧洲，栽培与水仙相同，在10月结束前完成定植。植入堆肥充足的土壤之后，可确保健康存活3年左右。如果过分繁茂时，花期结束、叶子枯萎后挖出，分开鳞茎。

夏雪片莲

天竺葵 牻牛儿苗科

常见窗边摆放的观赏盆栽，大多都是天竺葵。原产自南非的干燥地区，较干燥的盆栽环境中也能健康生长。

喜欢夏季凉爽、冬季温暖的气候。所以，夏季放在通风良好位置，冬季放在窗边阳光充足位置。

在日本关东以南的温暖地区，直接种植于庭院也可过冬。

通常，春季和秋季连续开花。在温暖地区及温室中，任何季节都能开花。

繁殖时，插芽方式最为简单。春季或秋季，剪下新伸长的芽顶端部分，插入土壤中。选择不会漏水的容器，装入沙子，将芽插入充满水分的位置，1周内便会长出根。之后，移栽至已装入盆栽土的花盆中即可。

种子同样在春季或秋季播种。不适应高温高湿和严寒环境，喜欢温暖的阳光，这一点与我们人类倒是很相似。

千日红　　苋科

千日红因花期长而被人熟知。

7月～8月开出白色、浅粉色或紫红色的花，如同小毛线团，且始终保持此状态盛开。也有色彩鲜艳的品种，比如美洲千日红。

属于春播的一年生草本植物，4月～5月播种。如同蒲公英般，种子带有绒毛，播种时混着沙土一起播撒。

也可作为干花观赏，花开时剪下茎部，倒挂晾干即可。趁着花色尚未褪色时剪下，可将漂亮的色彩保留下来。

草珊瑚　　金粟兰科

漂亮的红色果实，大多与朱砂根一起种植于庭院内。草珊瑚

与朱砂根均为日本本州中部以南温暖地区野生的常绿灌木，在背阴环境下也能健康生长。但是，朱砂根属于紫金牛科，两种植物并不是近亲。

5月～6月扦插繁殖即可，或者通过种子培育也很有趣。成熟后的果实放入潮湿的沙子中，到了春天之后剥掉外皮，仅将种子播撒即可。

百里香　　唇形科

适合盆栽，如果种上一片，西餐烹饪时会很方便。如果种植于庭院，四周都会变得清香。

购买幼苗种植很简单，但通过种子种植也不难。播种时，选择光照良好、排水良好的场所。

原产自地中海沿岸的常绿小灌木，冬季在温暖地区也能保持常绿。到了春天开始长新芽，种上之后每年都能观赏。百里香种类较多，有的还会散发出柠檬香气，插芽或扦插都能轻松繁殖。

竹　　禾本科

竹是一种长得非常快的植物，自古以来就在我们的日常生活中扮

演重要角色。早春新萌的竹笋是美味的食物，长大后的竹可用于制作容器，或者作为引水用的管子（农业时代没有金属水管）。还可用于搭建庭院的院墙或园艺工作不可或缺的梯子，甚至能搭建房屋。竹子大小有所区别，大的有毛竹，小的有竹叶草（属于黍亚科，而非竹亚科。——编注），但植物特性基本相同。

竹身的挺拔、叶子的颜色及形态等尤其漂亮。如果能够就近取材，还能用于搭建种植蔬菜的支架，或藤蔓攀附的架子。但是，第一年的竹较柔软，无法用于支柱。此外，纤细矮小的寒竹、茎部呈黄色的金明竹等近亲还能用于盆栽种植。

多肉植物

多肉植物是指根、叶子或茎部之中含有较多水分的植物，大多在干燥的土地或盐分较多的土地中生长。特别是南非、北美南部至中南美等地，可谓是多肉植物的宝库。

仙人掌也会被归于多肉植物，但其种类太多，大多另当别论。

培育多肉植物的基质多为沙子或石子，属于碱性。这是因其原产地降雨量少的缘故。

多肉植物中，番杏科的成员较多，此外，还有景天科、萝藦科、百合科、马齿苋科的成员。下面所示的芦荟属于百合科。

多肉植物一般难以适应高温高湿的环境。因此，避免其腐烂是关键。夏季放置于凉爽场所，冬季放置于温暖且通风的场所。

为了改善土壤的透气性，最好加入足够的腐叶土，并混入石灰或草木灰等。

大丽花　　菊科

大丽花原产自凉爽的墨西哥及

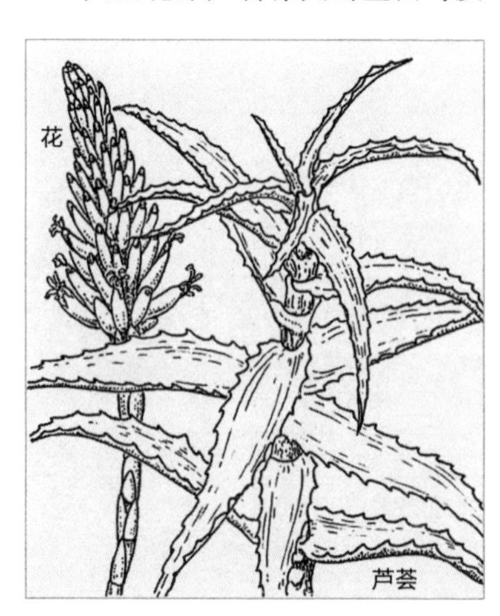

危地马拉的高原地区。在日本，可作为春播的球根植物培育。在夏季酷热地区，夏季处于成长休止状态，到了凉爽的秋季再次开始成长并开花。但是，在日本的信州、东北及北海道等夏季也很凉爽的地区，夏季也能健康成长并开花。

花期结束之后，温暖地区可直接过冬。但是，日本东北以北的寒冷地区，应挖出放入谷壳中，在4~5℃条件下保存。

根形似细长的番薯，称作“块根”。新芽长在块根与茎部相连部分。所以，分切块根时，要避免切掉此芽。按1个块根带1个芽的原则，用修枝剪分切。没有芽的块根无法种植培育，应注意。

此外，花期后采集种子，4月左右播种，秋季就能开花。

千鸟草　　毛茛科

花形如同飞燕般的姿态，又名“飞燕草”。

原产自欧洲南部的秋播一年生草本植物，发芽温度低，10月之后播种为宜。发芽之后可直接过冬，但寒冷地区应注意霜降保护。春季开始繁茂生长，5月开出粉色、白色、蓝色的漂亮花卉。茎部挺直可达80厘米左右，最好使用支柱支撑，避免茎部倒伏。

茶　　山茶科

常绿的灌木，喜欢温暖土壤。

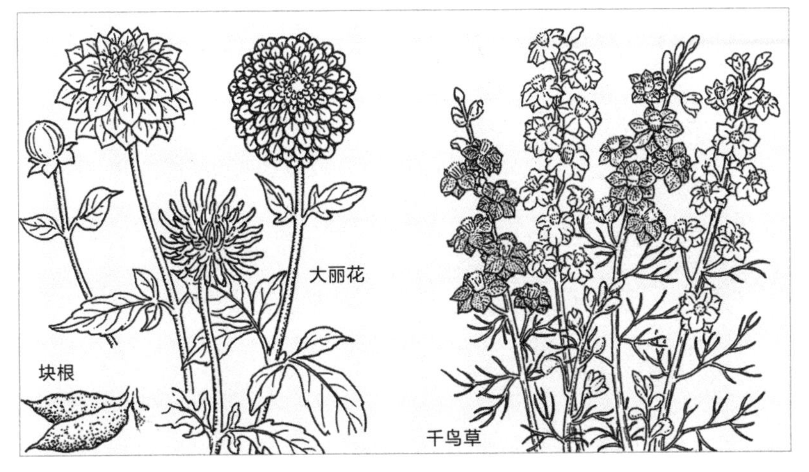

是山茶、茶梅的近亲，10月~11月开出极其漂亮的白花。

种植于庭院，既能观赏到花卉，又能自己采摘新芽炒制茶叶。将采摘的新芽放入平底锅内，用文火耐心炒制。颜色改变，散发出清香之后，即炒制完成。炒茶制作方法简单，清香四溢。

在日本栽培时，日本海侧以新潟县的村上市为地理极限，太平洋侧以岩手县的大船渡市为地理极限。以南地区，均能观赏到茶树篱。可插条培育，通过种子种植也很有趣。采下果实后取出种子，再埋入土中。移栽时连同盆栽土一起转移，避免弄伤根部。

郁金香　　百合科

日本的郁金香栽培，大多在新潟县及富山县等面向日本海的地区。其原因是冬季有雨雪，能够充分保湿。太平洋侧冬季非常干燥，缺乏湿气。

原产自地中海东部沿岸至中亚，3月~5月开花。在庭院或花盆内培育时，使用充满堆肥或腐叶土的土壤，秋季植入鳞茎后，冬季也要不时浇水。

观赏完花之后，不要立即剪掉。叶子还在活动，鳞茎之后还会胀大。

叶子枯萎之后，挖出鳞茎放在阴凉环境下保存，秋季将其分切种植，繁殖出新鳞茎。较大的在第二年会开花，较小的要再等一年。

杜鹃花　　杜鹃花科

日本全国的山中可见的灌木，非常适合日本的酸性土壤。北方地区冬季落叶，南方地区常绿。其种类较多，羊踯躅、毛白杜鹃等。花色也较为丰富，有白色、紫红色、黄色等。

花期从5月至7月，根据种类而异。花期结束后，会立即长出新

西洋杜鹃

芽。所以，花期结束后放任不管，秋季或冬季修枝可能会剪掉花芽，导致来年无法开花。因此，修枝要选择在花期之后。剪掉伸长的枝叶，修正形状，侧边如长出新枝，新枝的顶端整除花芽。

其近亲中，也有可盆栽种植的西洋杜鹃。以日本的杜鹃为基础，在欧洲经过改良而成。耐寒性差，北方地区的冬季最好搬到室内越冬。在温暖的室内，冬季也能观赏到花。如花盆小了，在3月至梅雨季节结束前换盆。4月~6月扦插繁殖。

山茶 山茶科

山茶主要生长在温暖地区，在日本各地野生的山茶，开的花非常漂亮。与近亲中的茶梅极其相似，但茶梅在10月末至冬季开花，山茶在春季之后开花。

看到山野中盛开的野生山茶花，为这种漂亮的花卉而感动，更想将其种植于庭院内。室町时代，开始园艺品种的改良，江户时代的《百椿图》中也有出现。繁殖时可扦插，或者，花期过后采摘较大的果实，从种子开始培育。在温暖、排水良好的环境，能够健康生长。

扦插最适宜的季节是出梅之后1个月以内。将当年伸长的枝叶剪成15厘米左右长度，剪掉下方的树叶，1/3左右长度插入土壤。枝叶剪断后在水中浸泡1天左右，或用黏土团包住切口。

扦插之后不要忘记浇水，避免土壤干燥。并且，放置于无阳光直射的场所。过了9月开始长出根部，可充分接受光照。

南蛇藤 卫矛科

在日本全境的山中野生的落叶藤蔓性植物。是卫矛、西南卫矛的近亲，秋季的红叶很漂亮，花期之后结出红色果实，亦可供观赏。

南蛇藤分为雌株和雄株，两者一起才能结出果实。繁殖时，冬季将新枝划伤后压入地面，盖上土后进行压条。

雏菊 菊科

又称“春菊”。原产自欧洲的宿根草，在日本的信州及东北以北地区同样作为宿根草培育，生长繁茂时可分株。

耐热性差的植物，在温暖地区无法过夏。因此，夏季应搬移至凉爽环境，或作为秋播的一年生草本植物培育。9月播种，小苗状态过冬，4月~5月开花。如在8月播种，在温暖地区的冬季也能开花。种植在室内，冬季也能开花。

如果种植于庭院，自播的种子也可培育。但是，基本上经不住夏季的酷暑及干燥。因此，需将种子培育而成的苗移栽至花盆内，放在凉爽环境下过夏为宜。

旱金莲 旱金莲科

又称“金莲花”，最近作为一种香草，学名定为旱金莲。比莲叶

雏菊

稍小的圆形叶片尤其可爱，橙色或黄色的花也很华丽。

原产自南美的秘鲁及哥伦比亚等高山地区，是一种喜欢凉爽气候的植物。5月~6月和10月~11月开花，夏季在比较凉爽的地区，也能一直看到开花。

春季播种的一年生草本植物。9月播种后，在温室或室内培育，冬季至春季都能观赏到花。种子磨碎之后可替代辣椒粉使用。尚未成熟的种子用醋泡，香气十足。

长萼石竹的近亲 石竹科

在日本山野中野生的长萼石竹，每年夏天都会开出让人感到惊艳的漂亮花卉。

长萼石竹的近亲是原产自中

国、日本、西伯利亚和欧洲的多年生草本植物，并改良出许多园艺品种。

长萼石竹、须苞石竹、康乃馨等都是园艺品种。长萼石竹整体带有白色粉末，看似灰绿色。长萼石竹原产自中国，曾经称作大兴安石竹、北石竹等进行区分。

康乃馨有室外直接种植培育的种类和温室培育的种类。温室培育的花形较大，但直接种植培育的生命力顽强，所以更适合庭院种植。秋季播种之后，作为一年生草本植物培育。

品种改良是指使花更大或更漂亮，但看到原种的长萼石竹，会觉得其美感丝毫不逊色于改良品种，每一种花都有其独特的美感。说到长萼石竹的近亲，还包括高雪轮 、雁皮、毛剪秋罗等。

毛剪秋罗的特点是整体给人银色的印象。触感非常柔软、舒服，与法兰绒布料的质地相似。适合日本的气候，可健康生长。植株高达 50～60 厘米，5 月末左右开白色、紫红色或浅红色的花，与烟幕般的叶片相互映衬，更显漂亮。

毛剪秋罗

南天竹

小檗科

原产自日本的常绿灌木，在本州中部以南的温暖地区培育。秋季有红叶，冬季则可观赏大红色的果实。培育时，选择背阴环境。

冬季采集成熟的果实，揉搓去掉果肉之后取出种子，放入沙子中保存。之后，到了 3 月份埋入盆栽土中。待根部长出，接着长出芽时就已接近夏季。过程虽长，但观察生长状态确实很有趣。此外，不要忘记浇水。通过扦插、压条、嫁接、分株等，也能轻易繁殖。

山梅花

虎耳草科

6 月开白花，气味芳香如同柑

橘。闭上眼睛，能够感受到更浓郁的香味。

生命力顽强的落叶灌木，在日本的任何地区均能健康生长。扦插在落叶之后的两个月内进行。选择未开花的第一年枝，剪成20厘米左右插入土壤中，放在光线良好的场所。

插芽也能繁殖，但需要在5月左右剪下新伸长的枝头。并且，插入含足量水分的沙或土壤中。

花芽长出的9月之后，不要进行修枝。将山梅花制作成小巧的盆栽，也能让人赏心悦目。

刺槐 豆科

又称洋槐，叶片根部带刺。6月左右开白花，香味十足。

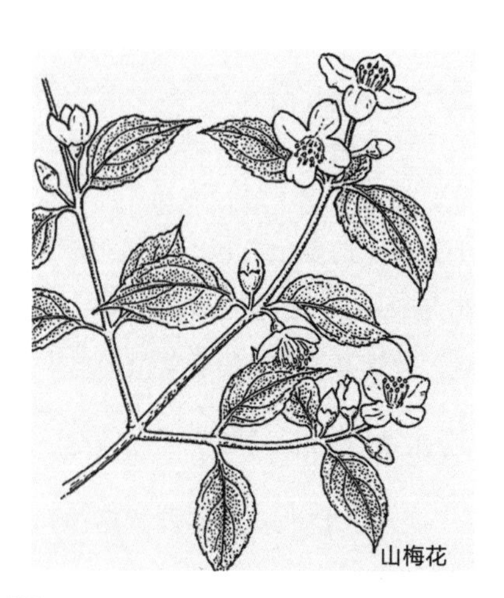
山梅花

如粗放管理，可生长到高度达20米左右的落叶乔木，成长快。但是，也可培育低矮植株。园艺品种较多，其中也有不带刺的无刺刺槐。

还有一种作为街边景观树的国槐，属于不同属的植物。花期之后，从豆荚中采集种子。

长春花 夹竹桃科

原产自印度及马达加斯加岛，是一种宿根植物，但长大后如同树般。有光泽的叶子，白色及深粉色的花，到了夏季每天都会盛开，所以得名长春花。

日本除亚热带气候地区，通常将其作为春播的一年生草本植物培育，6月～10月开花。即使盆栽种植，也能充分观赏。

4月～5月，在选定的场地直接播种。花期后形成的种子放任不管就会飞走，应及时采集。

近亲中耐寒性较强的还有蔓长春花等。攀附于墙面或石垣，4月～5月开紫色的花，格外漂亮。花期后的茎部变成藤蔓延伸，顶端钻入地面后长出根部。

合欢　　豆科

夏季，流苏般的粉色花吸引许多蝴蝶的情景，真的让人兴奋。仔细观察，花并不是粉色。细细长长的是雄蕊，其根部为白色，顶端为红色，所以像是粉色。花形如同绢丝般柔软、光亮，所以又称“绒花树”。

属于落叶乔木，喜光，背阴条件下无法培育。观察合欢四周，会发现掉落种子生长而成的小树苗，可以用其培育。

喜林草　　紫草科

高度仅有20厘米左右的一年生草本植物，深蓝色的小花很漂亮，可作为庭院的地表覆盖物种植。是北美加利福尼亚附近常见的野生草类，经常作为野花种子售卖。秋季在庭院或花盆内播种，5月~6月开花。耐寒性强，粗放管理也能健康成长。

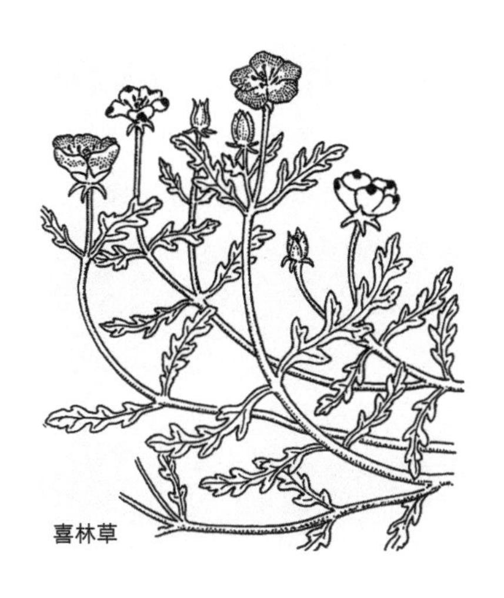
喜林草

在5月左右开许多紫色小花的就是法色草。雄蕊、雌蕊延伸飞舞，让人沉迷其中。此外，9月末播种为宜。

凌霄　　紫葳科

如同夏季般火热的橙色花，缠绕于栅栏或其他树木上盛开的样子格外漂亮。这种让人感觉到南国风情的花卉，却是原产自中国的藤蔓性植物，在日本东北地区也能经常见到。据说从平安时代传至日本，是一种历史久远的植物。

茎部的节长出附着根，抓住树干或墙壁向上攀附。攀附于木制墙面可能会使墙面被腐蚀，水泥墙面或特意搭建让其攀附的棚架则没有问题。在光照及排水良好的环境下能够健康成长，1年左右藤蔓就会延伸出惊人的长度。

葡萄架当然很好，但由凌霄组成的树荫也很不错。上一年长出的枝叶上会开花。繁殖时，在落叶之后剪下生长超过1年的枝进行扦插。

锯草 菊科

叶子呈锯齿状，由此得名锯草。此外，还有凤尾蓍、西洋锯草、红花西洋锯草等。夏季，小花簇拥盛开，尤其漂亮。最近，也会作为一种香草售卖。

原产自北美、欧洲、亚洲等地，分布广泛。是生命力极其顽强的宿根草，粗放管理也能生长繁茂。可笔直生长达到60～80厘米高度，茎部坚韧，不需要支柱辅助生长。花期结束后，秋季分株繁殖。而且，应选择光照及排水良好的环境。

近亲中，还有仅能生长至15厘米左右高度的绒毛蓍草。多匍匐地面生长，适宜用于地面装饰植物。叶片带有白毛，如同地毯般柔软。

锯草

香草

即将介绍的罗勒、薄荷都是香草。此处，对香草整体共通的特点进行说明。

香草与蔬菜不同，几个世纪以来一直采用同样方式栽培。品种改良也同蔬菜一样，并没有太多变化。

许多香草原本生长于地中海附近，最适合在光照良好的条件下培育。不适宜多雨、潮湿，以及极端寒冷的环境。

在庭院培育时，最需要注意的是排水。浇水之后，容易存积水分的土壤不适宜香草生长。

肥料必须使用腐叶土或堆肥，否则无法确保香草原本的香味。据说如果使用化学肥料，香草中包含的精油含量会产生变化。这一点不难想象，很久之前培育香草就是采用堆肥。另一个需要注意的就是根部需要遮盖保护。雨水猛烈时，泥土会溅到叶片上，导致病害。此外，这种遮盖能够防止杂草抢夺养分。

大多数香草具有较强的虫害抵抗力。将各种香草聚集在一起种植，抵抗虫害的能力会更强。此外，杀虫剂会改变香草中精油的成分，绝对不能使用。

以上几点得到注意，培育的香草既能使庭院更加丰富，也能帮助其他植物预防病虫害。

罗勒　唇形科

罗勒是意大利料理中不可或缺的调味料。在意大利面的酱料中加上一点，会产生让人惊喜的美味，甜美、清香，让人心醉。

原产自热带亚洲，是容易栽培的一年生草本植物。在霜降结束之后，4月~6月播种。气温越高生长越好，后期生长快。排水不好、雨水不断等，会导致叶片变黑。此时，应尽快采摘。

适合配上番茄一起烹饪，或者培育时在旁边种上番茄。注意，番茄应种植于向阳一侧，避免背阴。

日本薄荷的近亲　唇形科

清香怡人的日本薄荷，在日本是野生的宿根草。以前大范围栽培出口，现在野生的较为常见。与作为香草售卖的薄荷口感不同，两种均可种植于庭院内。

日本薄荷的近亲生命力都很顽强。这类植物的种子应及时采集，分株、扦插也可繁殖。茎部呈四方形，也是唇形科的特点。薄荷有胡椒薄荷、荷兰薄荷等，品种数量多。如果繁殖过多，还可泡茶使用。

此外，还有会开红色大花的香柠檬，花色惹眼。也可将其泡茶，清爽芬芳。摘下花或叶放入水壶中，倒入热水后等一会儿就能饮用。也可加点蜂蜜，美味倍增。

随意草　唇形科

又称“虎尾花”，除了具备唇

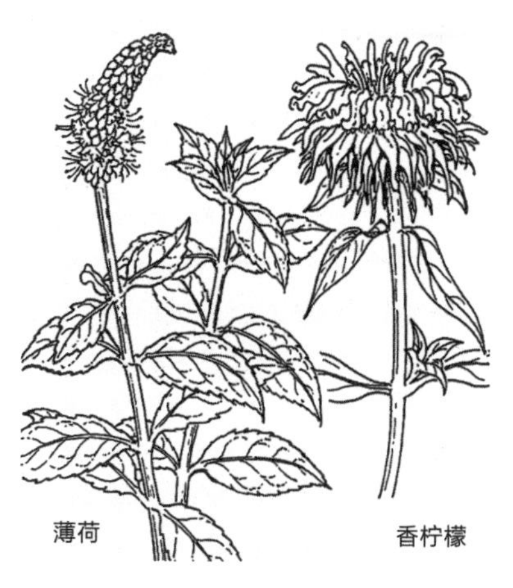

形科茎部四方形的特点，在7月到9月还会开浅紫色的花，形似麦穗。原产自北美的多年生草本植物，耐寒性强，生命力顽强。

地下茎不断生长，春季适合分开种植。高度可生长至1米左右，需要培育低矮的开花植株时，在长至20～30厘米高度时剪掉茎部上方，茎部可从侧边伸出，使整体能够均衡生长。

玫瑰　　蔷薇科

通常认为玫瑰需要非常精细的种植管理。其理由在于玫瑰是一种需要足量施肥的植物，并且容易受到病害。

但是，并不是所有玫瑰都是如此。人管理得越精细越容易受到病虫害，任何植物都是同样的。在山野中生长的野蔷薇、魏氏蔷薇等用于改良品种的台木，越接近野生品种，生命力越是顽强。

此外在公园等地种植的玫瑰的近亲也不需要精细管理，它们生命力顽强，我们能轻松种植。对比大型玫瑰，花形小的更显漂亮。

玫瑰原产自亚洲、欧洲、北美等，分布范围广泛，改良品种不胜枚举。而且，世界各地最受大家喜爱的花就是玫瑰。光照及排水良好的环境，玫瑰最喜欢。它还需要足量堆肥的肥沃土壤。晚秋买来需要种植的玫瑰苗木，首先挖出约50厘米见方的坑，在其中足量堆肥之后盖上土，再将苗木植入其中。

花期之后定期施加肥料也很重要。植入后第二年，距离植株50厘米左右埋入堆肥，春季玫瑰便能顺利生长。

玫瑰的花芽在2月末左右长出，花芽长出之后至花期的时间非常短。修枝只要避开这段时间，任何时间均可。即使将上一年长出的枝叶剪掉一半，到了春季它也能茂

木香花

密生长。

三色堇

堇菜科

如果是种植于温暖地区，三色堇在冬季也能开花，寒冷地区则在春季至夏季及秋季开花。

耐寒性强的一、二年生或多年生草本植物，即使在寒冷地区的室外种植，也能正常过冬。如果使用落叶等遮盖，也能忍受接近 -9℃的环境。冬暖夏凉，这是三色堇培育的关键。三色堇是原产自北欧的植物，不适应夏季的酷热及干燥。

秋季播种，但如果想冬季开花，可在8月播种。此时，土壤太厚可能成为问题。地面温度在10～15℃是最适合发芽的温度。

因此，应该将播种后的花盆放在阴凉位置。仔细观察家中环境，找到最阴凉的地方即可。如果是寒冷地区，夏季也很阴凉，就非常适宜。芽长出之前，注意保湿。比三色堇花形小的堇菜，耐寒性也比三色堇更强，是容易培育的品种。

无论是三色堇还是堇菜，都适宜从种子开始培育。花期之后长出种子，注意及时采集。但是，想要长时间观赏花卉时，也可提早摘掉种子。

红花石蒜

石蒜科

又称曼珠沙华。原产自中国及日本，在秋季开红色的可爱花朵，其花开也标志着秋播植物可以播种了。

花期结束后长出叶子，第二年春季伸长，夏季枯萎。田地除草通常在种植时节后的夏季，红花石蒜基本不受影响，可以长久存活，在田边等地常见。

如果植入鳞茎，可作为花卉日历。相对于人类制定的日历，植物对自然更加敏感。

虞美人
罂粟科

又称虞美人草，原产自欧洲中部。从春季至夏季，大红色的花开成一片，十分壮观。种子发芽需要15℃左右，需在地表温度低至此温度的10月左右开始播种培育。种子非常小，但生命力顽强，漏出的种子也能繁殖。无霜降的条件下能够过冬，5月～6月开花。

同属罂粟科的近亲中，还有开花非常大（直径10厘米左右）的冰岛罂粟，耐寒性极强。

此外，还有原产自美国的俄勒冈州及加利福尼亚州的花菱草（又称“加利福尼亚罂粟”），粗放管理也能依靠自播的种子繁殖。贫瘠的土壤也能适应，如同野草般健康、漂亮。

向日葵
菊科

菊科植物中花形最大的，且植株较高的就是向日葵。原产自北美，可培育至2～3米，7月～9月开花。如果想要培育高大的向日葵，必须选择光照良好的场所，并在耕地后充分堆肥。4月左右播种，足量浇水之后就会繁茂生长。向日葵属于需要大量水分及肥料的植物，即便是盆栽，也能生长至2米左右高度。

相反，如果不想其长得太高，可以减少施肥，并将播种时间延迟至6月～7月，这样就能长得较矮。不适宜移栽，直接播种于土地中培育。

如植株太高，可能会被强风吹倒，最好捆绑支柱。花期结束之后，向日葵的种子还能食用，也能作为鸟类的饲料。当然，还能在第二年用于播种。

百日菊
菊科

夏季开花，且花期非常长，甚至长达一百天，由此得名。是容易吸引蝴蝶的花卉，适合种植于庭院。原产自墨西哥，适宜高温及一定程度的干燥，但经不住低温及高湿。所以，在光照持续良好的夏季会格外健康。4月~5月播种培育，属于一年生草本植物。

勺子形状的花瓣称作“舌状花”，正中央则为“管状花”。许多人喜欢八重瓣的花，但蝴蝶更喜欢一重瓣或半八重瓣花。这是由于舌状花仅有雌蕊，管状花有许多花蜜及花粉。看凤尾蝶停留在一重瓣的百日菊上吸食着花蜜，一重瓣向我们展示着自己的魅力。

风信子

天门冬科

浅粉色、蓝色及紫色的花给人温馨感觉，许多花汇集的状态显得分外华丽。原产自地中海沿岸及南非，多在4月开花。

10月左右，在光照及排水良好的环境下植入鳞茎。耐寒性强，可直接过冬。为了鳞茎能够储藏足够营养，花期结束后摘掉花，使营养更多的流入鳞茎。自然分球繁殖，可在秋季分开植入。也可用水栽培。

茴香

伞形科

从根部长出的叶片顶端呈翅膀状随风飘动，非常漂亮。原产自地中海沿岸的宿根草，播种可选在春季或秋季。

茴香叶片的根部部分胀大，形状很有趣。其植株收获之后切薄可放入沙拉或汤中，增添清爽香味。叶子非常适合鱼类烹饪，烧或蒸时可以加上一点。

夏季开黄色花，之后长出细长的种子，要在干燥环境下收集种子。其种子有助于消化，烤面包时放上一点，会散发出类似泡菜的香味。可以试着咀嚼，口中一定会留下清香。

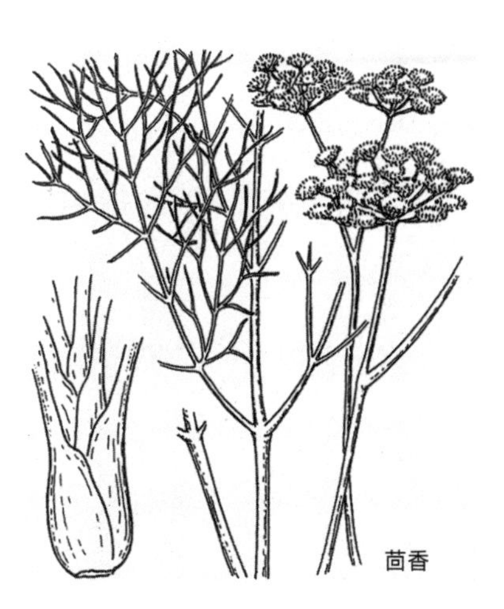
茴香

辽吉侧金盏花　毛茛科

属于宿根草，在2月~3月早春温暖的天气条件下会开出鲜艳、光亮的黄色花。原产自西伯利亚、中国东部、朝鲜、日本，耐寒性强。花开前需要经历低温，初冬时节将植株放置于接近结冰的低温环境下，之后将其挪至室内就会开花。

以盆栽售卖的在观赏过花卉之后，可移栽至夏季阴凉的场所。可以用修剪下的草等遮盖其植株四周，避免干燥。

盆栽可用分株繁育。难以分开时，可用刀切开根部。也可从种子开始栽培，但避免干燥是关键。用种子培育的植株开花约在6年后，分株繁殖开花较快。

辽吉侧金盏花

洋水仙　石蒜科

9月~10月植入鳞茎，3月~4月开花。花期因温度而异，盆栽如放在室内，则在冬季开花。放在朝南的窗边，让花苞充分接受温暖阳光的照射，等候其早日开花也很有趣。

原产自欧洲，气味芬芳，从旁边走过就能闻到。花开时，花的重量容易压倒茎部，需要立起细支柱支撑。

种植时，在土壤中放入足量的堆肥及腐叶土。植入鳞茎后，霜降之前放在光照充足的环境下培育是关键。长出两片叶子时，已经出现花芽。叶子枯萎后挖出，将新鳞茎中长出的小鳞茎分开进行繁殖。

报春花　报春花科

红色、橙色、黄色、粉色、紫色等花色丰富的报春花，经常用于盆栽种植。有原产自黑海附近高加索地区的Primula juliae，以及原产自欧洲的多花报春花。其特性与樱草共通，可参照进行种植。耐寒性强，不适宜夏季的酷热及干燥是其特点。

夏季应挪至凉爽位置。只要多

注意，夏季避免太热，栽培并不困难。秋季，进行分株，如从种子开始培育，播种时要避免干燥。

蓝费利菊　菊科

蓝费利菊原产自南非，适宜温暖、土壤干燥的环境。如果环境满足要求，可整年开花。

花通常在春季及秋季开，在日本冬季寒冷的条件下会枯萎，盆栽在冬季最好挪至室内。繁殖时，插芽最简单。秋季剪下嫩枝，插入湿润的沙子中即可长出根系。也可直接在地面培育，到了春季后移栽至花盆内。

最适合种植于假山花园，蓝色带有光泽，尤其漂亮。

秋海棠　秋海棠科

原产自热带及亚热带，种类繁多。喜欢温暖潮湿的环境，干燥时叶片会变成黄色落下。试着想象热带雨林，秋海棠就喜欢这样的环境，阳光直射不多，但酷热潮湿的环境。适合在室内培育，温暖地区也可放在室外。此时，应避免夏季阳光直射，放在阴凉环境下。过冬满足10℃以上条件即可。此外，还有能够适应更低温度的品种，也就是原产自巴西的四季秋海棠。春天及秋天，会开许多红色及粉色的小花。生命力顽强，依靠自播的种子也能繁殖。繁殖时，可采用分株、插芽、插叶、播种等。种子极其细小，1克约3万粒。

原产自中国的秋海棠是耐寒性强的宿根草，在日本庭院内也能经常见到。其他植物难以生长的潮湿、背阴环境，秋海棠依然能健康存活。秋季花期之后，新生的小种子落下繁殖。

近亲中的球根秋海棠与其他秋海棠不同，不适宜高温高湿的环境。更适合在高原寒冷地带、日本东北以北地区栽培。花形大，且漂亮。

秋海棠

丝瓜及葫芦　葫芦科

均为原产自热带的植物，适合在温暖地区栽培。如在无霜降的北方地区及时播种，光照条件良好且不太干燥的环境下也能健康生长。

属于藤蔓性一年生草本植物，需要搭建藤蔓攀附的棚架。9月末左右可收获果实。丝瓜及葫芦均有雄花和雌花，丝瓜的黄色花清晨开放之后傍晚凋谢。相反，葫芦的白花是在傍晚开花之后清晨凋谢。所以，葫芦的花粉依靠蛾子传播。

丝瓜的嫩果可食用。削掉皮后切开炒制或油炸。培育较大的丝瓜可以称量其长度及重量，保留记录。丝瓜瓤晒干后还能刷锅。

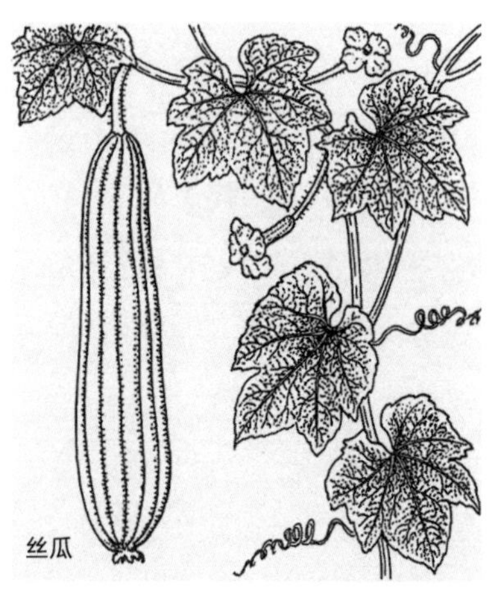
丝瓜

丝瓜成熟之后，筋部之间隆起，将其切下后浸水使其腐烂。皮及果肉变软后，充分搓揉清洗并使其干燥即可得到丝瓜瓤。

葫芦口感苦涩，不可食用，但可试着制作水瓢等。将完全成熟的葫芦摘下，浸泡在水中使表皮剥落、茎部腐烂，开孔后用筷子等取出内部的种子及果肉，干燥后即可使用。需要表面光亮时，可用布涂抹少量植物油。

矮牵牛　茄科

矮牵牛原产自巴西南部及阿根廷，属于宿根草。在日本，寒冷的冬季会使其枯萎，所以多作为春播的一年生草本植物培育。

但是，冬季放在温暖的室内则不会枯萎。并且，秋季插芽之后放在室内培育，可为春天做准备。扦插使用不带花芽的嫩枝，插入潮湿的沙子中即可，非常容易长出根系。即使带有花芽，将花芽部分摘掉之后插入也能长出根系。

2月～3月将柔软的枝叶放倒，盖上土即可。接下来会继续长出根系，整体更加繁茂。

预计霜降结束之后移至室外，接着就会繁茂生长、开花。酷热时节停止生长，也不会开花。但是，在日本东北以北等凉爽的地区，夏季也经常开花。在夏季生长停止的地区，到了秋天又会开花。

花期结束后长出种子，发现种子就尽可能收集。也能从种子培育，发芽的最佳温度为 20～25℃，所以在达到足够高温度的 5 月左右播种为宜，9 月左右达到类似温度条件时也可播种，并将其放入室内或温室内培育。种子极其细小，播种后只需一定湿气，没有土壤也能存活。

土壤中放入腐叶土或堆肥，就能顺利培育。用苗床培育之后，也可移栽。品种非常多，开花后下垂的 Surfinia 的花期较长，容易培育。

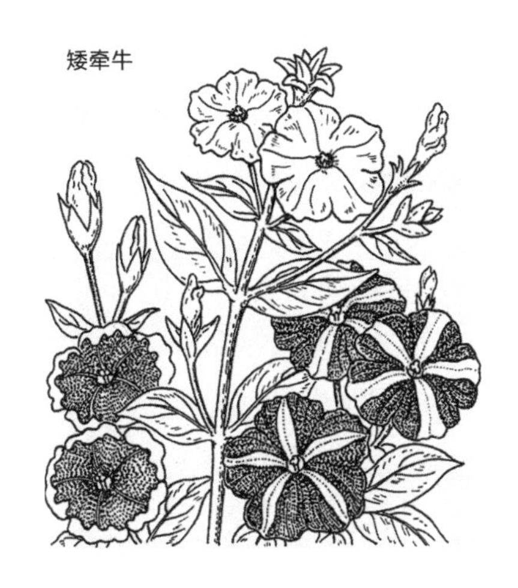

荷包豆　　豆科

豆子可作为蔬菜食用，开的红花也很漂亮，通常作为观赏植物培育。原产自热带美洲，如果仅用于观赏花卉，日本任何地区均可种植。但是，夏季如无昼夜温差的地区，花期后可能不会结出果实。所以，更适合日本的东北地区、北海道及信州地区。

播种在春季霜降之后。

天芥菜　　紫草科

又称苦龙胆草，紫色的花非常漂亮，气味芬芳，在日本，无法度过寒冷的冬季，应移至室内。即便在室内，最好也要确保温度在 4℃以上。

春季至初夏开花，夏季停止生长，到了凉爽的秋季继续开花，插芽就能轻易繁殖。

秋季剪下嫩枝头，剪掉下方的叶片，插入含水分的沙子中。放在无阳光直射的光线良好位置，根系就会长出。园艺店内通常作为香草售卖，可从盆栽开始培育。

凤仙花　　凤仙花科

花、茎均富含水分的凤仙花，只要充分浇水就能健康生长。在无霜降的春季播种培育，温暖地区在6月～7月播种后，秋季也能开花。

摘下红色的花，用花瓣的汁液染指甲，这是孩子们经常玩的游戏，所以又称“指甲花”。果实成熟后，用手轻轻触摸就会弹出种子。

凤仙花是原产自印度及中国南部的一年生草本植物。而且，还有一位近亲——非洲凤仙花，原产自非洲桑给巴尔岛。这种凤仙花的茎部水分多，是一种能够从茎部分泌葡萄糖的植物。

非洲凤仙花的果实与凤仙花一样容易弹出，漏出的种子也能健康生长。庭院内开满整片非洲凤仙花，这情景让人兴奋不已。凤仙花不适宜强烈光照，夏季在无阳光直射的环境下能够繁茂生长。

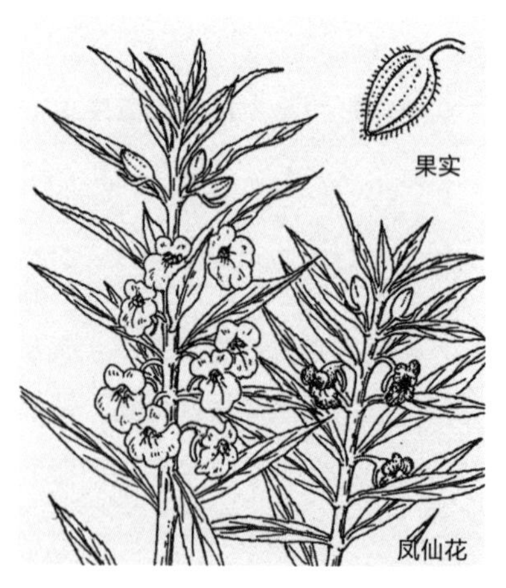

种子成熟弹出之前，应及时采集。冬季干燥之后保存，到了4月开始播种，初夏就会开红色、粉色及白色的可爱花朵。盆栽种植时，千万不要忘记浇水。

贴梗海棠　　蔷薇科

早春开花，极其漂亮。在日本的九州、四国及本州，能看到野生的委海棠。

庭院中常见的是贴梗海棠，原产自中国的落叶灌木，花比委海棠更大，花期后的果实大小为直径8厘米左右。果实成熟之后，香味十足。与木瓜海棠是近亲，尚且坚硬的时候就能制作果味酒。削皮后同苹果一样切块，在砂糖汁中浸泡之后就能食用。

春季和秋季，可通过分株、扦插、压条等繁殖。

木瓜海棠又称毛叶木瓜或木桃，在日本关东以北地区常见栽培。到了秋季之后结出黄色的大果实，其香味比贴梗海棠更加浓郁。

果实表面光滑，但带有细小绒毛的榅桲也是贴梗海棠的近亲。

牡丹的近亲　　芍药科

牡丹原产自中国，是一种耐寒性强的植物，适合在北方地区栽培。大多以苗木售卖，可在8月末至9月植入苗木。地表温度降到20℃以下时，根部开始发育。而且，移栽及分株均在这个时期进行。

在排水良好的土壤中足量堆肥后植入即可。不适宜干燥环境，夏季建议用割下的草等遮盖根部周围。

3月左右开始长出花芽，5月开始开花。花有时会被自身重量压弯，需要提前立起支柱。也可从种子开始繁殖，但需要趁着夏季播种。嫁接时，大多选择Glaucidium palmatum或苗龄三年左右的芍药幼苗。

芍药是耐寒性强的宿根草，植入时期与牡丹相同，但需选择光照条件好的环境，也可从种子开始繁殖。

近亲之中还有一种称作花毛茛的植物，花形虽小，但尤其漂亮。9月左右植入块根，耐寒性强，仅用枯草等遮盖就能过冬。

琉璃苣　　紫草科

琉璃苣在6月~8月开的小花如同繁星一般惹人喜爱。这种花可直接撒在沙拉上，也可用糖腌渍后食用。秋季播种之后，形态如同花结般过冬。叶子及茎部带有细毛，春季及秋季开出许多花，整体有种奇妙的朦胧感。是自古以来就有栽培的香草之一。

木茼蒿　　菊科

原产自非洲西北海域的加那利群岛，高度接近灌木的多年生灌木。从春季至夏季，持续开花。但是，耐寒性弱，霜降后会枯萎。

在没有霜降的地区，建议选择光照及排水良好的地面种植。不适宜夏季的干燥气候，根部周围最好用割下的草等遮盖。如果在有霜降的地区，可以在霜降之前移栽至花盆后放在室内。

木茼蒿是较为罕见的难以长出种子的植物。但是插芽简单，秋季进行即可。将伸出的枝叶剪下6~7厘米，剪掉下方的叶子，将其插入湿润的沙子中。根部没有水分会枯萎，注意避免干燥。

木茼蒿

北海道黄杨　　卫矛科

在日本温暖的海岸地区野生的常绿灌木，可作为庭院的树篱。

带光泽的深绿色叶片很漂亮，有的还有斑点。花期之后，秋季长出的红色小果实极其可爱。果实成熟之后裂开，种子从中漏出。

生命力非常顽强的树木，光照好坏均能健康生长。扦插繁殖最为简单，将6月末左右长出的新枝剪下，在水中浸泡一晚后插入潮湿的土壤中即可。

裂叶月见草　　柳叶菜科

在夏季的傍晚时分，裂叶月见草的花让人赏心悦目。在贫瘠的土壤中也能培育，不需要太多管理。

原产自阿根廷及智利的宿根草，傍晚开3厘米左右的黄色花，黎明凋谢后变成红色。及时收集种子，在庭院中播种即可。

红萼月见草比裂叶月见草长得更高，可超过1米，开的花也有8厘米左右。原产自北美，现已改良成二年生草本植物的园艺品种，曾经在日本作为观赏用途，目前已经野生化。

月见草也是在夏季傍晚开花，但开的是白花。

万寿菊 菊科

春季至秋季持续开花的万寿菊使庭院变得明亮。原产自墨西哥的植物，其品种非常多。大致可分为两种，一种是植株高度可达 80 厘米左右的非洲万寿菊，另一种是高度在 30 厘米以内的法国万寿菊。但栽培方法是相同的。

万寿菊带有独特气味，将叶片撕碎后咀嚼就能体验到强烈的气味。或许就是这种气味使得周围虫子很少，据说在蔬菜旁边种上万寿菊，还能预防线虫。花可供观赏，亦能守护其他植物避免受到虫害。

春季 4 月 ~ 5 月播种培育，但在白天时长短时才能开花。所以，春季应提前放在室内或温室内培育，或者趁着时长短使其长出花芽并开花。

种子

法国万寿菊

在白天时长较长的夏季，长出花芽也不能健康生长。但是，到了 9 月白天时长变短时，又会突然开花。

非洲万寿菊被风吹倒，能从接触地面的茎部长出根，再次繁茂生长，利用这一点可以培育出植株较大的非洲万寿菊。插芽也很简单，可试着自己繁殖。

不需要培育得很大时，可延迟播种时间，在 7 月左右播种为宜。秋季，可使其开出低矮的花。霜降会导致枯萎，但 9 月在花盆内播种进行室内培育，也能在冬季看到花开。只要我们愿意，一整年都能观赏到此花。

朱砂根 紫金牛科

在日本温暖地区的山地中野生的常绿灌木，背阴环境下也能健康生长。原产自亚洲东部，夏季开出不起眼的小花。之后，秋季结出红色果实。果实在冬季长期存活，能够将庭院点缀得更加明亮，带给我们更多欢乐。鸟类也喜欢其果实，鸟类吞食果实之后，种子也会随粪便排出并发芽。

通过扦插繁殖，6月初选择无花芽的嫩枝剪成6~7厘米，插入湿润土壤中即可。根部长出之前，注意保持土壤湿润。

水草

有池塘的庭院内，种植水草必不可少。即使没有池塘，也可利用水槽、脸盆、装水的容器等。绿色叶子浮出水面的样子使人感到清凉，而且大多数水草会开漂亮的花。此外，水草的根部还为水中许多生物创造了容身之处。

可根据生活方式，对水草进行分类。首先，是根部不接触水底土壤，浮在水面的，包括凤眼蓝、水浮莲、貉藻。其次，是根部在水底，叶子浮出的，包括眼子菜、睡莲等。

根部在水底，但植物的一部分长在大气环境中的包括芦苇、宽叶香蒲、野慈姑。而且，我们平常食用的水芹菜也属于此类。

最后，根部在水底，并且植物整体浸入水中的包括水蕴草、水车前、梅华藻等。

管理水草时，应确认水草的上述生长状态，通过合适的方法培育。可先种植于花盆内，再将花盆浸入水中。如水草不适宜整体浸入水中，可在花盆下方垫上石块等。

凤眼蓝、水浮莲、水罂粟等原产自热带，在冬季较为寒冷地区无法过冬。这种情况下，应在秋季将其放入水中，并在室内进行培育。睡莲耐寒性强，直接过冬没有问题。

木槿

锦葵科

原产自东亚，生命力非常顽强的落叶灌木，夏季开的花尤其漂亮。可培育出高大繁茂、繁花似锦的花树，也可制作低矮的树篱。

扦插培育简单，落叶后新长出树枝或第二年的树枝剪成约20厘米长度，插入需要制作树篱的位置即可。在根系稳固之前，不要忘记

朱槿

浇水。根系稳固之后，第二年夏季就会开花。花期结束后，秋季将其修枝变矮，会从下方长出新枝，形成下方茂盛的树篱。

木槿的近亲中，开大花的木槿在温暖地区繁茂生长，初春可插条繁殖。

近亲中还有带有热带风情的朱槿，花开一天后即凋谢，但能接二连三开地开出漂亮的花。冬季必须在约 4℃以上条件下才能过冬，盆栽观赏之后可移至室内过冬。

葡萄风信子　　天门冬科

秋季种植的小型球根植物，3 月～5 月开花，蓝色的小花格外可爱。粗放管理即可，在雨水流经处及河流附近的石缝间经常能够发现。适合种植于光照及排水良好的假山花园。

原产自地中海沿岸，耐旱性强，长期粗放管理也能健康生长好几年。大片开放的样子，让人神往。叶片枯萎之后挖出鳞茎，并立即分植。

紫珠　　马鞭草科

在日本各地山野中野生的落叶灌木。花形小，不起眼。但是，到了秋季，紫色的小果实尤其漂亮。

在背阴、潮湿的土地上能够健康生长。果实成熟后有红色、黄色和紫色的。繁殖时，在落叶之后将新长出的树枝剪成 20 厘米左右，进行扦插，也可使用种子繁殖。

近亲中还有一种小紫珠，分布在更南方的四国、九州等。果实更加紧密，也很漂亮。

矢车菊　　菊科

又称矢车草，原产自欧洲的秋播一年生草本植物，耐寒性强，呈花结状态过冬。到了春天，叶片伸开。

4 月～5 月带花苞的茎部延伸，开钴蓝或粉色的柔美花卉。

八角金盘　五加科

日本关东以南温暖地区背阴环境下较多种植的常绿灌木。在花少的冬季，这种植物会开出白色的花。虽名“八角”，但仔细分辨叶片裂口的数量，分为7片或9片的也不在少数。在日本属于原生植物，生长繁茂。种植时，可直接播种，或者扦插培育。春季，只需剪下40～50厘米的枝叶，取下端的叶片插入土壤中，就能牢牢生根。

棣棠花　蔷薇科

在日本各地的山地中自然生长，4月末开花，黄色的花格外鲜艳。在庭院种上一棵，春季即为一景。秋季分株后种植即可，耐热性及耐寒性兼具，大部分环境中均可培育。新枝呈绿色且形态优美，从地面延伸勾勒出绝妙曲线。

剪断枝后抽出中心部分“髓”，可制作成“吹管”玩乐。

虎耳草　虎耳草科

原产于中国及日本的喜阴宿根草（多年生草本植物），在排水良好的背阴环境下，无论寒暑都能繁茂生长。初夏，开出小花，甚是可爱。细枝匍匐生长，可由此截出新植株，剪下种入土壤中即可。此外，有的虎耳草还带有斑纹。

比其叶片大出许多的喜马拉雅虎耳草原产于喜马拉雅，是一种具有极强耐寒性的植物。不但叶片大，早春盛开的浅粉色花也很漂亮。繁植时，选择在冬季进行分株。

喜马拉雅虎耳草

百合　百合科

百合是种子中仅有1片子叶的单子叶植物。据说全世界约有96种百合，日本作为世界上有名的百合原产国，拥有其中的15种。

5月左右至盛夏是百合的花

期，它能将庭院装饰得更加华丽。10月左右植入鳞茎，鳞茎上下随即长出根系。花期之后，使鳞茎在凉爽环境下储藏之后生长所需养分。所以，也可采用在根部周围覆盖腐叶土、割下的杂草的方法。夏季，其他植物也会繁茂生长，找到背阴、凉爽的环境并不困难。

日本具备野生百合健康生长的优质土壤条件等，只需管理好环境即可种植。发现自然开花的百合之后，仔细观察使其开花的环境条件，作为参考。

大多数百合通过鳞茎或种子繁殖，但卷丹（又称虎皮百合）无种子，其叶子根部长出珠芽，将其埋入土壤中便能轻易繁殖。

也有通过种子就能轻易繁殖的，比如高砂百合。花期结束后采集种子播种即可，第二年就会开花。只要周围环境满足要求，自播的种子就能生长。

花期较早的欧洲百合，5月左右即可观赏到红色或橙色的鲜艳花朵。相比其他百合，花瓣之间较通透，香味较平淡，但花色极其丰富。

气味芬芳的麝香百合，适合在温暖地区栽培。百合之中气味浓郁、花形较大的还有山百合。在欧洲有一种通过山百合改良的园艺品种“卡萨布兰卡”，花形大且纯白。

百合不仅能够观赏，其鳞茎还能用于烹饪。加热之后，带有独特的风味及口感。山百合、卷丹、汉森百合等也可食用。

欧洲百合

月光花 旋花科

又称夕颜花，能够结出大果实的蔬菜，花形与牵牛花相似。

原产自热带的春播一年生草本植物，夏季傍晚开超过10厘米的白色花，第二天清晨凋谢，香味宜人。

欧丁香　木犀科

花香四溢的欧丁香，在初夏开白色或浅紫色的花。花的名称及外形都散发着浪漫的气息，原产自高加索山脉至阿富汗地区。

日本东北地区以北繁茂生长，在碱性土地中长势尤其好。植入苗木之前，撒上石灰或草木灰混入土壤中。选择光照及排水良好的场所。繁殖时，分株或播种即可。

薰衣草　唇形科

因紫色的花和芬芳的气味广为人知的薰衣草，在法国及英国是调配香水不可或缺的植物。这种植物中富含的油分（精油）是其香味的源泉。

原产自地中海沿岸至加纳利群岛，欧洲自古以来就有栽培。可用于制作沐浴乳及肥皂，具有安神、放松的效用。花卉干燥之后泡茶，有舒适、安眠的作用。庭院内如有种植薰衣草，可折下一根揉碎后将其精油涂抹在手腕，感受一下气味。

据说其香气有驱除蚊蝇的效果，在第一次世界大战时，人们会用薰衣草涂抹伤员的伤口，避免蚊蝇感染。香草之中，薰衣草算是香气最芬芳的一种。不适宜高湿、高温环境，在日本的东北、北海道、本州的高原等夏季凉爽的地区繁茂生长。

可长成小灌木，分株培育，或春季播种之后培育，在清凉环境下经过夏季之后过冬，再从下一年开始生长。冬季，在根部周围使用割下的杂草等遮盖保护。

兰花　兰科

优雅的兰花吸引许多人喜爱。大多为原产自热带的品种，在日本需要在室内或温室内培育。正因为需要精细人工管理，才有许多人热衷于栽培兰花。其实日本也有野生的兰花，先从这些兰花开始介绍。春兰是一种生长于山地的背阴面的宿根草，开的花带有通透感。羽蝶兰是在关东地区以西山地中发现的兰花，大多生长于岩石缝隙。5月～8月开浅紫色的花，植株高度7～10厘米。

还有长在树干上的风兰，在日本南方地区较多，开气味芬芳的小白花。同为树干或石缝中生长的石斛，自古以来就被栽培用于观赏。

此外，在湿地中野生的朱兰，初夏开浅粉色的花。

这些兰花基本偏小，但与其相比，西洋的兰花体型更大。这类兰花统称为洋兰，原产地如下所示。印度、喜马拉雅至东南亚，热带美洲地区及非洲南部和马达加斯加附近。洋兰与其他兰花生长环境基本相同，适宜于温度高、湿度高的地区。

洋兰在日本如何度过冬季就成了问题。放在室内或温室，基本都能生长，但室内干燥的空气又成了一大问题。为了确保湿度在70%～80%，可在旁边放盆水，温室还可以在地面洒水。不需要太多肥料，也能健康生长。

接下来，介绍几种具有代表性的洋兰。首先是密花石斛，属于大型的附生兰花。附生兰花是指依附于树干、树枝、岩石缝隙等生存的兰花，其大部分根暴露在空气中。

盆栽种植方法对所有兰花类通用。首先，就是在花盆中放入一半容积的瓦片或轻石。接着，如果是附生兰花，以原产自热带的桫椤树作为支柱，并用水苔包住树干，这样兰花就能紧密附着生长。

大多数情况下，兰花都是通过盆栽形式栽培。冬季应控制浇水，避免温度降到10℃以下，6月～7月的成长期少量浇水，8月控制浇水并充分接受光照，到了9月就会

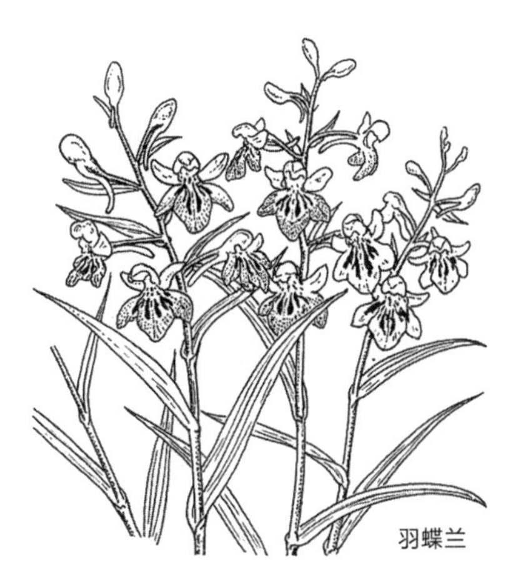
羽蝶兰

长出花芽。

蝴蝶兰是一种附生兰花，开的花带有圆边。比密花石斛更喜欢高温的环境，最好在20℃以上条件下培育。这种蝴蝶兰的近亲中，还有香草兰。7月～8月开花之后，长出豆荚般的果实“香草兰果”。果实自然状态下并不带有香气，而经过各种方法发酵之后就能激发出甜美气味。有的地方将其作为点心材料售卖，看到时可仔细观察。

此外，兰花之一、开花量大的万代兰等也是附生兰花，培育方法与蝴蝶兰相同。

有的兰科植物在热带地区为附生兰花，到了温带地区大多匍匐地面生长，日本的春兰就是如此。在地面生根的兰科植物还有兜兰的近亲，这类兰花大多为每个茎部开一朵花。兰花开花之后长出新芽，为了使其健康生长，每个月需要在盆栽土上撒一把堆肥，并每天浇水。之后，延伸的茎部在秋季长出花芽（第二年开花），随即胀大。兰花种植学问很多，多问多学是关键。

五色梅

马鞭草科

原产自热带美洲的灌木，花刚开始为黄色，接着变成橙色，之后变成红色，特别漂亮。有热带风情的鲜艳花卉，在东南亚也能经常见到。在蝴蝶飞舞的初夏至9月左右持续盛开，最适合在蝴蝶花园内种植。

但是，在日本的东北以北地区，冬季需移栽至花盆，并放在室内。只要室内温度足够，冬季也能观赏到这种花。

生命力顽强，枝叶碰到土壤就会长出根系，扦插种植也很简单。剪下新长出的枝，去掉下方的叶子，插入湿润的沙子或土壤中即可。秋季扦插，放在室内过冬，第二年的春天种在地里即可。

龙胆

龙胆科

在日本野生的宿根草，有虾夷

五色梅

龙胆、台湾轮叶龙胆等。生长于夏季清凉的环境下，适宜带有一定湿气的环境。

夏季之前可为其他草遮阴，夏末至秋季，开漂亮的紫色花。在庭院中培育时，满足相应的自然状态就能栽培。也就是说，不适宜光照充足、干燥的环境。相反，在杂草之中能够繁茂生长，每年开花。

喜光的植物很多，但喜阴的植物也不少。龙胆在花期过程中，光照良好也没有关系。其他生长时期，应充分浇水，做好遮盖避免干燥，在通风良好的环境下培育是关键。

茑萝 旋花科

原产自热带美洲及印度的宿根草，在温带地区作为春播的一年生草本植物培育。有叶片细密分裂的羽叶茑萝，也有叶片呈圆形的圆叶茑萝。5月播种，如果在光照及排水良好的环境下培育，夏季就能开红色的小花。藤蔓延伸生长，在窗边培育也会很漂亮。

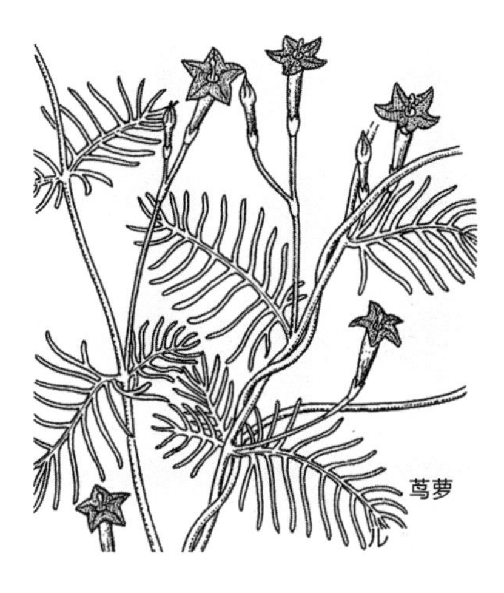
茑萝

龙胆

银扇草 十字花科

二年生草本植物，开紫色或白色的花，形似菜花。花凋谢之后，长出圆盘状的扁平果实，可制作成干花观赏。

秋季采集其果实中的种子，第二年的4月~5月播种培育。原产自欧洲，耐寒性强。夏季需使用杂草等遮盖，避免干燥。

羽扇豆 豆科

通常人们称其为鲁冰花，花向上盛开，5月左右开花，形态独特。为秋播的一年生草本植物或宿根草。宿根羽扇豆的改良品种多叶羽扇豆，穗长可达60厘米以上，形似朝向天空开放的烟花。花的颜色也很丰富，有白色、粉色、黄色等。

原产自北美的宿根草，分株繁殖即可，也可在秋季播种繁殖。耐寒性强，可在日本东北以北地区培育。

与此不同，还有一种作为秋播一年生草本植物培育的黄羽扇豆，耐寒性弱，原产自南欧。在温暖地区能够健康生长，如果是东京以北的地区，冬季必须做好降霜防护。5月左右开花。

迷迭香 唇形科

属于常绿灌木，原产自地中海沿岸。叶子尖细，叶片上方为绿色，下方为灰色，如同烟雾般。轻轻触碰就能沾上自然香气，在房间内摆上一个迷迭香盆栽，室内空气也会变得清爽。

日本关东以南的温暖地区能够培育得较大，寒冷地区在冬季做好保护也能长势旺盛。还能用于烹饪，只需一点就能增添口感。烹饪中，可用于肉食料理的香料，或者切碎后用于沙拉及土豆料理。

刚采摘的嫩叶可直接泡茶，对抑制头痛及失眠有效。用其泡的茶漱口，能清新口气。

5月左右逐渐变暖后播种培育，或进行扦插。将插条下方的叶子剪掉之后，插入湿润的沙子或土壤中即可。

棉花 锦葵科

自古以来就作为农作物栽培的植物，可用于织制布料等，原产自美洲、亚洲的热带地区。花格外漂亮，可以在庭院种植。5月播种之后，夏季开花。但是，果实收获需要达到平均20℃左右的气温。

蔬菜及水果图鉴

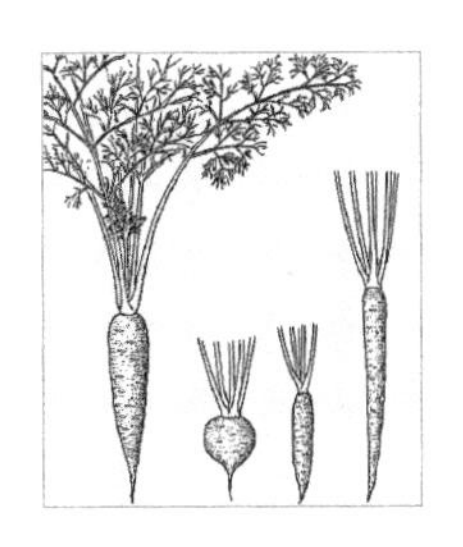

芦笋　天门冬科

原产自欧洲及西亚的多年生草本植物，在庭院内种植之后可收获10～15年。春季播种培育，第三年的春季即可食用。突出伸长的嫩芽用于食用，叶子及红色果实具有观赏价值。此外，最好在足量堆肥的土壤中培育。

草莓的近亲　蔷薇科

草莓种类较多，其中有多年生草本植物的近亲、灌木的近亲、山莓等。水果店或超市内售卖的草莓是草本类，是在荷兰由野生草莓改良而成的大颗粒草莓，所以称作荷兰大草莓。

日本广泛栽培草莓是在明治时代后半期开始。静冈县的久能山利用石垣进行栽培，白天被太阳晒暖的石头在夜间也能起到保温作用，加速了草莓的成长。

草莓的植株较矮，容易被其他杂草抢夺营养。所以，可以将土堆高或堆砌石块，在较高位置种植，石块的温度还能加速草莓成长。每年长出子苗，将其移栽繁殖即可。

此外，说到山莓，日本有黄果悬钩子、山楂叶悬钩子等野生品种，但并未改良成园艺品种。在欧洲及美国，经过改良的树莓及黑莓的品种较多，在日本的园艺店内也有售。

悬钩子属有的是灌木，也有的是藤蔓植物。藤蔓植物生长繁茂，一年可延伸10米左右。

地上生长的枝叶两年左右就会枯萎，每年新枝会不断延伸。繁殖时，8月末至9月将其茎部顶端作为压条繁殖即可。

茎部顶端长出根系，感觉很奇妙，且根部茁壮成长的概率很高。长出根部之后，冬季之前会发芽。之后，将其剪下，3月～4月种植于其他场所即可。

长出果实的枝第二年不会再结果，这是山莓的特点。修枝在果实采摘结束后进行，从枯萎的枝叶、

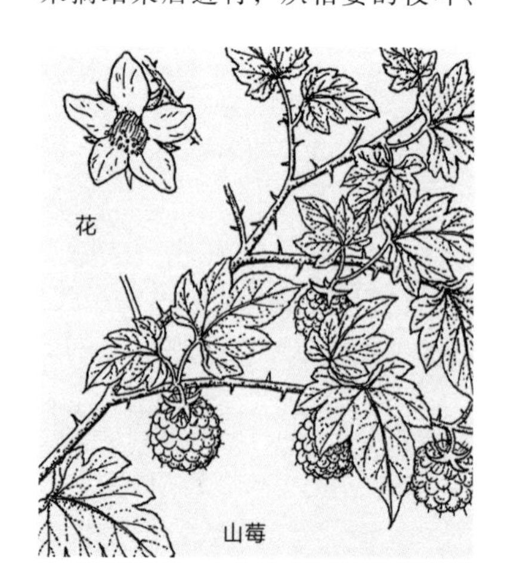

结果实的枝叶下方剪掉。

各种薯类

薯类是指植物在地下的储存器官，内含淀粉，外形隆起。在热带地区，至今还以木薯、野芋等薯类为主食。但是薯类中有毒的也不少，需要进行处理。由于省去了谷物脱谷等环节，挖出来就能作为食材，薯类作物得以广泛栽培。

我们能在庭院内培育的薯类包括日本薯蓣、芋头、土豆、红薯等。这些薯类的植物科属不同，性质也有所差异。此处统称为薯类。

日本薯蓣为薯蓣科植物，原产自日本，分为野生的自然薯及栽培种的长薯等。春季种植于堆肥充足的柔软土壤中，11 月左右即可收获。需要立起支柱，使其藤蔓盘绕。日本薯蓣的价值不仅限于可食用的地下部分，还有秋季采摘的珠芽。圆形珠芽内含淀粉，可以单独炒制，或者放在米饭内一起蒸煮也很美味。而且，将其埋入土壤中，同样能够生长。

芋头原产自中国、印度，属于天南星科植物，适合在温暖地区栽培。春季，将芋头的芽朝上埋入土壤中种植。芋头不耐干燥，光照持续的条件下浇水是关键。

红薯原产自热带，属于薯蓣科植物，在气温高的环境下健康生长。在北方地区，5 月～6 月将苗床培育的苗植入土壤，霜降之前就能收获。是日照越充足，越能茁壮生长的植物。5 月左右，可以植入市场售卖的苗，也可用家中发芽的红薯切块后植入。土地中基本不需要肥料，荒地反而能更健康生长。而且，如果氮肥太多，藤蔓及叶子会疯长，但可食用的红薯却长不大。

土豆原产自南美，属于茄科植物，3 月～4 月左右种植。喜欢凉爽的高盐地区，不适宜极端的寒冷或酷热。可购买种薯种植，也可使用普通食用土豆种植。如体型较

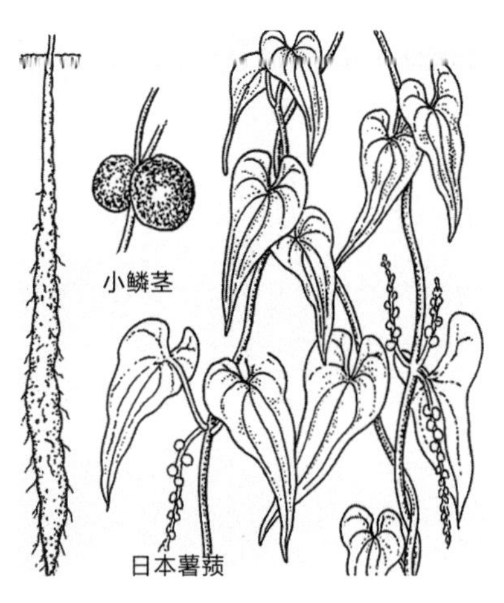

大，可切块后种植。在稍稍干燥的土地中能够健康生长。

果梅

蔷薇科

果梅在早春开花，气味芬芳的花可供观赏，6 月左右可收获果实。一棵难以授粉，最好种上两棵品种不同的果梅。原产自中国，秋季或早春将苗木种植于充分堆肥的土地中。6 月 ~ 7 月左右长出花芽，修枝适宜在果实收获后进行。考虑到每处枝叶光照均匀，将过于茂盛的枝叶修剪掉。收获的青梅可用于酿制梅酒，或者用砂糖及蜂蜜等腌制也很美味。

秋葵

锦葵科

木槿的近亲，夏季开的花格外漂亮。5 月左右，在光照良好、堆肥充足的土壤中播种培育。是原产自印度、马来西亚的植物，地面温度达到足够高时播种有利于之后生长。种子大，容易培育。清晨开、傍晚即凋谢的一日花，花期之后结出果实。果实焯水之后可食用，营养丰富且带有黏性。

生长 7 ~ 10 天的嫩果实可收获，如放任不管，可长大至 20 厘米左右。

柿子

柿科

苗木在秋季售卖较多，但更为寒冷地区在早春就要种植。柿子品种较多，有甜的或涩的，购买前应确认。涩柿子耐寒性强，北方地区也能栽培。

如通过种子培育，结出果实需要 8 年左右。如购买嫁接苗，第 4 ~ 5 年即可结果。

柿子果实中含有的单宁酸，在溶于水的状态下带有涩味，成为固体之后感觉不到这种涩味。所以，甜柿饼就是利用这种特性制作。干燥后的柿饼表面像是抹了面粉，其实这是果糖和葡萄糖。此外，涩柿子完全成熟后也会变甜。

南瓜 葫芦科

原产自美洲，容易栽培的蔬菜。春季播种或植苗，夏末就能收获。种上之后，一个苗能够长出4～5个果实。花分为雄花和雌花，雌花开放之后，可用手传播雄花的花粉，果实会长得更好，而且不需要太多肥料。

在日本都称为南瓜，但欧美等国家会根据食用方法，区分为以下三种。第一种是“pumpkin（南瓜）”，成熟后的果实可用于制作馅饼或饲料；第二种是“summer squash（矮性南瓜）”，果实成熟前用于烹饪，西葫芦是其近亲；第三种是“winter squash（冬南瓜）”，也就是所谓的洋南瓜或日本南瓜。

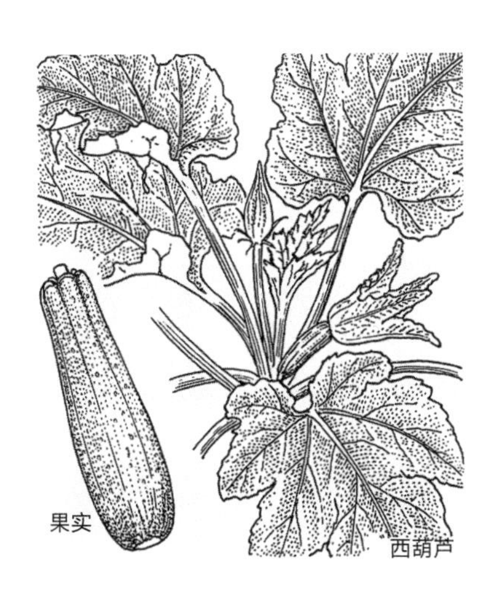

日本南瓜的表面带有深褶皱，果实水分多。洋南瓜分为栗南瓜、惠比寿南瓜等品种，口感软糯。洋南瓜耐低温能力强，两种南瓜都容易栽培，且都是味美的蔬菜，连作种植的口感更好。收获之后放在清凉环境下保存，冬季之前可食用。

猕猴桃 猕猴桃科

猕猴桃的树分雌雄，两种都有才能结出果实。属于藤蔓性，需要搭建棚架或网格。只要种植于堆肥充足的土壤中，之后基本不用管理。病虫害少，容易培育。总之，适合蜜橘种植的环境，猕猴桃也能健康生长。秋季，果实即可收获。

与日本野生的软枣猕猴桃、葛枣猕猴桃属于近亲，将这些果实横切开，就能发现同猕猴桃极其相似。

新西兰栽培的猕猴桃据说是由原产自中国的软枣猕猴桃改良而成。在冬季修枝，将过长、过茂密的枝叶剪掉。

树木果实

此处所说的树木果实是指核桃、栗子、榛子等坚果。

核桃属于胡桃科的落叶乔木，日本有野生的山核桃、核桃楸等。每年秋季，结出许多如同葡萄般的果实，这就是我们人类、松鼠、野鼠经常吃的坚果。将果实中的种子剥出，里面的部分可以食用，富含脂肪及蛋白质。

山核桃的外壳坚硬，用平底锅炒制形成裂纹之后方便剥开。核桃楸的外壳较薄，容易剥开。此外，还有一种可栽培的核桃叫作济源市核桃，果实大且壳薄，只是通常需要核桃钳夹开。培育时，可以将成年树旁边长出的幼木挖出种植，也

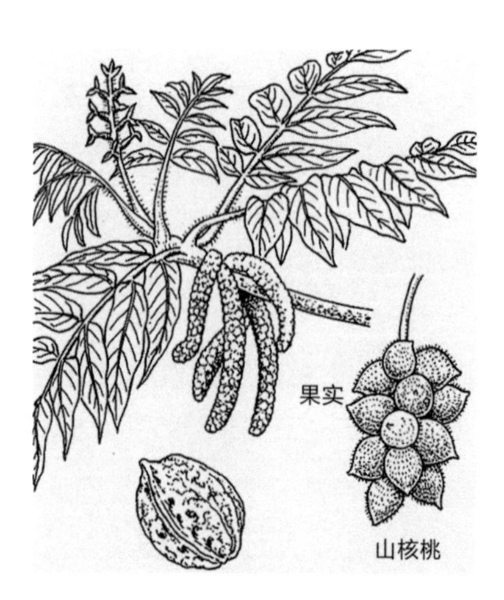

可使用种子培育。只要光照良好，并不需要太多管理。

栗子属于壳斗科的落叶乔木，日本的山野中也有野生的日本栗。容易栽培，但一棵难以授粉，需要种上品种不同的两棵。6月左右开花，9月~10月果实成熟。保存时，可直接冷冻保存，或者将可食用部分取出煮熟后放入瓶子中保存亦可。

榛子属于桦木科的落叶灌木或小乔木，在日本有野生。比欧洲榛子果实小，但香味浓郁。在光照良好的环境下种植，注意修枝就能健康生长。

卷心菜的近亲　　十字花科

卷心菜的近亲原产自欧洲，耐寒性强，冬季注意降霜防护就能栽培。温暖时期栽培会成为菜青虫的食料，在菜粉蝶等成虫不活动的时期栽培即可。足量堆肥的土壤最适宜，连作也没问题。

除了普通的卷心菜，从腋芽结球长成的甘蓝菜、不结球的羽衣甘蓝、花苞可食用的西蓝花及花椰菜、花茎可食用的球茎甘蓝、用于观赏的花牡丹等都是卷心菜的近

亲。其中，甘蓝菜、羽衣甘蓝、西蓝花可作为盆栽，具有观赏性。西蓝花的绿色花苞状部分切下之后，腋芽还会继续长出，能够长期收获。但是，形状与其相似的花椰菜仅能收获一次。

卷心菜秋播容易种植。秋季播种后培育，直接过冬后等待春季长成。3月~5月长出的春卷心菜，叶卷松散，非常柔软。在北方地区，4月~5月即可植入售卖的苗。同时期，菜粉蝶开始出现，需要一周左右时间捉虫。但是，如果更晚时期种植，菜青虫数量并不多。

卷心菜的近亲中，花椰菜不适宜严寒、暑热及风雨。所以，夏季应做好遮阳条件后播种培育，秋季才能收获许多。

西蓝花

黄瓜　　葫芦科

品尝刚采摘的黄瓜，水嫩嫩的口感让人每年都想种植。原产自印度的喜马拉雅地区，4月~5月左右播种即可。黄瓜的根系较浅，堆肥时需要大面积摊薄散开，确保根系均匀吸收营养。天气越热越健康，但不适应土壤表面变得干燥，可用沿着根部剪下的湿润杂草或稻草等遮盖以确保湿气。

花开之后开始结出果实，其成长速度惊人。如果没有及时收获，很快就会变成巨大的黄瓜。变大的黄瓜炒菜吃也很美味。此外，还有匍匐地面生长的黄瓜，同样容易培育。

胡颓子　　胡颓子科

日本野生植物，生命力顽强，在任何环境下都能健康生长。其中，红果胡颓子在初夏会结出大红色的果实。大部分胡颓子都带刺，但也有不带刺的，可结出2厘米左右大果实的多花胡颓子等苗木在园艺店内也有售卖。

通过分株、扦插等就能轻松繁殖，也可盆栽培育。可直接食用，也可煮过之后过滤种子，加入砂糖后调制为点心酱料，色香味俱全。

水田芥　　十字花科

原产自欧洲的多年生水生植物，在池塘旁边种上，随时需要随时采摘。茎部的节就能长出根，或者从园艺店买来的水田芥也能轻松培育。4月~9月开小白花。严冬季节，水上露出部分枯萎，水中部分仍然保持健康的绿色。

可在沙拉中大量添加，最适合搭配核桃、芝麻等沙拉调料。

桑　　桑科

原产自东亚的落叶灌木或乔木，但在温暖地区不落叶。日本以前有养蚕业，所以种植许多桑树。但是，随着养蚕业的衰落，无人管理的桑树也逐渐增多。

桑树的果实桑葚甜美可口，英文称作“mulberry”，是非常珍贵的水果。桑葚长大成熟之后，不但会被鸟类啄食，还会被庭院内的幼虫（害虫）蚕食。

此外，为了避免鸟类啄食黑莓、树莓等，也会特意种上桑树。不只是鸟类，我们人类也很喜欢这种甜美的果实。

桑树

初夏，可收获变成紫色的成熟桑葚，制作成美味的果酱或果汁等。因为没有酸味，稍稍加点柠檬会更美味。桑葚水分多，汁水沾到衣物上很难洗掉，采摘时最好穿戴不怕被染色的旧衣服等。

如果庭院内养鸡，种上一棵桑树，落下的桑葚还能成为鸡的饲料。

牛蒡　　菊科

最近，用牛蒡做菜的越来越少。其实，牛蒡富含纤维素，对身体有益，可试着在自家庭院内种植。牛蒡原产自欧洲、西伯利亚、中国，4月~5月播种后培育，当年11月左右就能收获。第二年的夏季开漂亮的花，是会结种子的二年生草本。培育时，适宜足量堆肥的土壤。等待收获需要一段时间，但尚未成熟的也能食用。间苗的同时，叶子及尚未成熟的根部都能食用。成熟后收获时，在植株周围挖出50～60厘米深度，轻轻拔出。仅掰下所需食用部分，剩余部分直接埋入土壤中保存。

生姜

姜科

原产自西南亚热带地区的多年生草本植物，阳荷也属于姜科。生姜喜欢高温多湿的环境，不适应干燥。5月左右将买来的生姜埋入土中，盖上割下的杂草，避免土壤表面干燥。

10月左右，生姜即可收获。但是，仅挖出所需用量，剩余的继续埋在土中。

阳荷在背阴环境下也能健康生长，且使用加入足量腐叶土的柔软土壤最佳。夏季，采摘长出的花苞食用。

西瓜

葫芦科

原产自热带的植物，据说不容易栽培，喜欢高温和强光。如果天气预报说今年夏天炎热，则适宜种植西瓜。

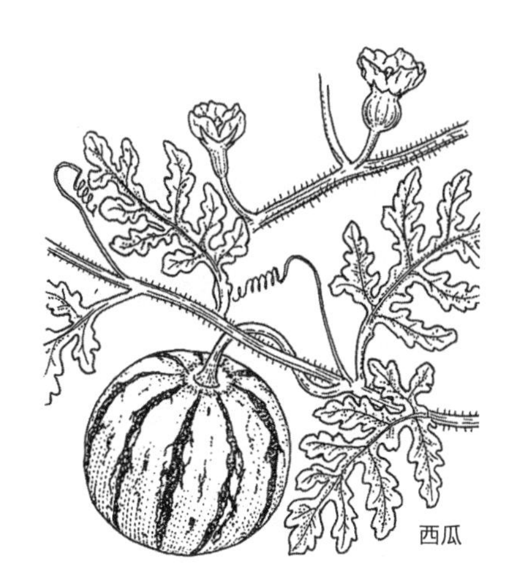
西瓜

在土中撒上石灰，堆肥之后耕地。5月植苗培育，长出雌花之后，帮助其授雄花的花粉。

茶藨子

虎耳草科

多栽培于欧洲，大致可分为欧洲茶藨子（欧洲醋栗）和红茶藨子（红醋栗）。

属于灌木，果实的形态及颜色都很漂亮，加工成果酱等也很美味。

分株或扦插均可健康繁殖。秋季扦插之后，长出根部之前充分浇水。不适宜夏季的高温，种植时应选择半天背阴的环境。

芹菜　　伞形科

叶子及茎部带有清香味。原产自地中海沿岸，古埃及就已出现的古老蔬菜。5月~6月，在堆肥充足的土壤中播种之后，10月~11月就能收获。

萝卜的近亲　　十字花科

种植各种蔬菜的过程之中，能品尝最长时间的就是萝卜。播种之后，只要浇水足够，两三天就能发芽，之后成长过程也很快。

大多数情况下会簇拥生长，必须间苗。过一段时间，就会长出小萝卜，将其整个放入沙拉中，叶片可用于拌菜或炒菜。

原产自亚洲至欧洲，栽培历史悠久。培育萝卜时如使用含腐叶土或堆肥的土壤，可以不施特别多的肥料。品种分为春播、夏播以及秋播，但最适合凉爽的气候，所以秋季至冬季栽培，则不用过多担心病虫害。

说到萝卜，通常让人想起细长的萝卜。但是，根据品种不同，还有神护院萝卜（圆萝卜）等又圆又大的萝卜。此外，生长最快的就是小萝卜（二十日萝卜）。一年中任何时节均能播种，但寒冷地区的冬季应在室内培育。而且，盆栽等也能轻易培育。如播种时仅撒一块地方，成熟后就会被一起收获，最好间隔距离播种。品种也各有不同，有的又红又圆，有的细长，也有白的。播种中，只要足量浇水，20 ~ 30天就能收获。而且，间苗的萝卜也可生吃。

此外，与罗布相近的还有芜菁，它还是春季七草之一。叶片好吃，胀大的根部也很美味。种植容易，春季或秋季播种培育。适宜清凉气候，初秋播种培育可避免与其他品种重合，有助于顺利生长。

根据根部胀大的程度，分为大芜菁、中芜菁、小芜菁，小芜菁的生命力特别顽强。在地方品种中，还有日野菜芜菁、酸茎等，这些品种的根部胀大体积小，大多连着叶子、茎部一起制作成泡菜。

玉米

禾本科

与水稻、小麦并称为世界三大农作物，原产自中南美。磨成粉之后制作玉米饼，或将颗粒剥下之后烘烤爆米花，也可提取淀粉（玉米粉），胚芽部分还能榨油，用途广泛。

选择光照良好的场所，加入足量肥料就能健康生长，适宜使用堆肥。玉米能长很大，植株之间最好相隔 30 厘米左右。一个植株可长出 1～2 个果实，果实顶端的毛变成深褐色，就到了收获期。有狸猫出没的地方一定要安装防护网，并且尽早收获。

保存时，蒸煮之后冷冻，可长时间保留原有口感。

番茄

茄科

原产自南美安第斯地区，温带地区为一年生草本植物，热带地区是可长至树木高度的多年生草本植物。最不适宜的就是湿气，在日本能否度过梅雨期是关键。但是，小番茄接近原种，生命力非常顽强，不在意气候多湿。

番茄整体带有独特气味，所以基本没有虫害。关键是选择光照良好的环境，在 4 月～5 月左右植入足量堆肥的土地中。自己采集的番茄种子也能健康培育。

腋芽繁茂延伸，应适时摘除，避免整体过分繁茂、不透气。花盆内也能栽培。

梨

蔷薇科

4 月开白色的梨花，格外漂亮。野生品种改良成又大又甜的梨，果实表面为褐色的是红梨，绿色的就是青梨。红梨无须套袋，青梨需要套袋培育。

种植时，将苗木植入加入足量堆肥及腐叶土的土壤中。花期后掐掉花朵集中的位置，减少结果的数量。

茄　　茄科

原产自印度的野生蔬菜，气温越高越能健康生长。因此，如在日本关东以北地区，5月的连休之后植苗为宜。播种种植需要3个月以上成熟，8月中旬即可收获。

土壤足量堆肥后翻耕。植苗时，最好立起简易支柱。但是，通常不会被风吹倒，根部也很结实。在果实尚未长大时收获，下次会结出更大的果实，还容易开花。

叶片经常出现马铃薯瓢虫，在其叶片背面产卵。发现之后，应仔细检查摘除。

胡萝卜　　伞形科

伞形科蔬菜的共通点就是喜欢水汽。特别是播种之后，应浇足量水，避免干燥。

胡萝卜原产自阿富汗附近，适宜清凉的气候，早春播种后初夏收获，或夏末至秋季播种后初冬收获，生长繁茂。虽说喜欢水汽，但排水不畅，总在湿漉漉的环境中也无法健康存活。

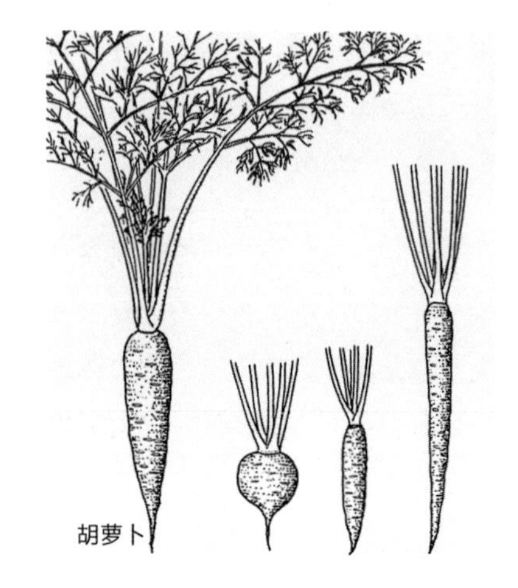

胡萝卜发芽后茂密生长，需要间苗。拔掉的小胡萝卜，生吃也很美味。

根据品种不同，胡萝卜的长度也会有所差别，长的可达30厘米以上。但是，容易培育的是5寸胡萝卜（15~20厘米）及3寸胡萝卜（10~15厘米）等。此外，还有更小的迷你胡萝卜。

大蒜　　百合科

通常食用胀大的鳞茎部分，但其实嫩叶、花茎部分也能食用。原产自中国，是葱的近亲。

9月~10月开始植入鳞茎。用蔬菜店购买的大蒜就行，将其分成一瓣瓣后种上即可。土壤需要堆肥并翻耕。冬季为了避免干燥，用割下的杂草遮盖。5月左右，叶子枯萎之后挖出，阴干之后保存。

葱的近亲

百合科

带有鳞茎的多年生草本植物，均带有强烈的独特气味。正是因为这种气味，很多动物都不吃，也很少出现虫害。利用这种特性，在容易出现虫害的植物旁边种上，相当有效。例如，在玫瑰旁边种上大蒜，不易产生虫害。

野生葱的近亲中，薤白、茖葱、北葱等开漂亮的花，被改良成许多观赏品种。其他还有洋葱、长葱、分葱、韭菜、虾夷葱、藠头等。

洋葱原产自西南亚，家常蔬菜，11月左右购买种苗培育。适宜排水性良好，但具有一定湿气的土壤，为了避免冬季干燥，最好用割下的杂草等遮盖。苗与长大的葱几乎无差别。到了春季长出叶片，拔掉茂密部分，还能当作叶洋葱食用，甘甜味美。收获之后，在通风良好的位置吊起存放。

此外，分葱、北葱等叶葱在秋季植苗或植入鳞茎。只需在空地上适当植入，之后就能健康生长。虾夷葱在春季播种，培育方式简单。北葱、藠头太过茂密时，将鳞茎挖出分根。比起其他葱类，多食用白色部分的长葱管理起来稍稍麻烦。培育过程中，从两侧用土盖上白色茎部。避免接触阳光，从而保持白色。

韭菜与北葱的栽培方法都很简单，3月左右播种或分株种植。每年春季和秋季即可收获，容易繁殖。初春时节，其养分可能被周围的野草抢走，需要帮助除草。

藠头原产自中国，极耐干燥，在任何贫瘠的土地中都能培育。8月左右，将买来的鳞茎种入花坛边缘等合适位置。第二年的夏季，叶片枯萎时即可收获。而且，开的花也很漂亮。

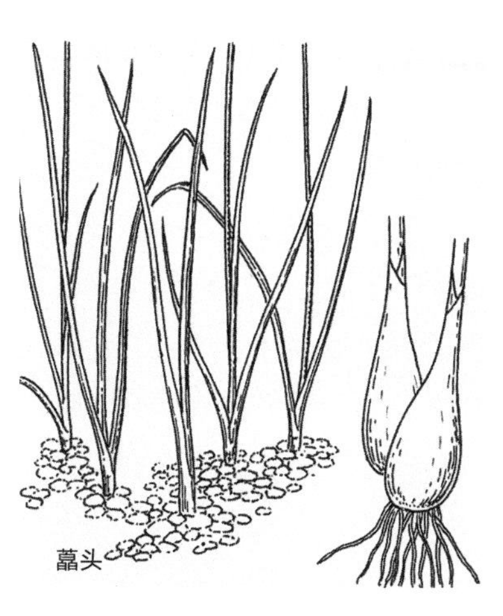

叶菜

叶子可食用的蔬菜（叶用蔬菜），与花、果实及根部可食用的蔬菜不同，播种至收获的间隔短。正因如此，只要温度条件满足，一整年都能栽培。

但是，在符合原产地气候环境的条件下培育出来的蔬菜会更美味。例如，菠菜一整年都有售卖，但其原产地是阿富汗附近，原本就是适宜凉爽气候的蔬菜。所以，秋季播种，冬季收获最美味。这种条件下培育的菠菜和温暖条件下培育的蔬菜，口感完全不同。

大多数叶菜，都会避开夏季培育。夏季是昆虫活跃期，预防虫害非常麻烦。如果认为昆虫是无害的，在这样的时节种植昆虫喜欢的蔬菜也是可以的。其实，夏季也有黄瓜、青椒等许多夏季蔬菜，不必非要种植叶菜。

但是，也有高温条件下能健康成长的蔬菜。一种名为红叶甜菜的藜科植物基本不会出现虫害，春季播种，夏季就能收获。最容易出现虫害的蔬菜就是十字花科的植物。

十字花科的蔬菜

十字花科的叶用蔬菜真的非常多。卷心菜就是其中之一。此外。白菜、田芥菜、小松菜、水菜、青梗菜、塌棵菜、小白菜、红菜苔等许多中国蔬菜都是十字花科，油菜也是十字花科。

即使有的种袋上写着春播或秋播均可，最好还是选择秋播，减少出现病虫害的机会。也就是说，关键在于将播种至收获的两三个月周期放在一年之中的哪个时期。初秋播种之后，初冬就可收获。如推迟播种，幼苗状态过冬，早春发育后即可收获。但是，叶用蔬菜好处在于成长过程中能够随摘随用。在积雪较深的地区，遮

白菜

盖处理后同样栽培。

一想到春季栽培这些蔬菜会出现菜粉蝶、黑脉粉蝶等幼虫争夺蚕食的场景，还是在轻松合适的时期栽培为好。所以，叶用蔬菜大多为秋季至冬季的蔬菜。

菊科的蔬菜

菊科的蔬菜中，包括茼蒿、叶用莴苣、皱叶莴苣、结球莴苣等。比起十字花科的植物，这些蔬菜不易出现虫害。试着将菊花的叶片撕碎，会闻到一股特殊的气味。所以，即使春播培育，出现虫害的情况也很少。茼蒿在5月开白色和黄色的可爱花朵，也可种植观赏花卉。嫩叶可食用，花也漂亮，是适合庭院种植的植物。

叶用莴苣的种类较多，结球的是结球莴苣，不结球的是长叶莴苣或皱叶莴苣，栽培方法均相同。考虑到随摘随用，不结球的使用更方便。收获时保留一棵，开花之后还能采集种子。第二年，这些种子又能培育出新的莴苣。

叶用蔬菜共通的特性就是不适宜酸性土壤，需要事先在土壤中播撒石灰或草木灰，并使用足量堆肥。

藜科的蔬菜

菠菜、红叶甜菜等都是属于藜科的叶用蔬菜。菠菜不适宜夏季的酷热，且不耐酸性土，需要在播撒石灰并翻耕后的土地中种植。以前叶片带有锯齿且茎部呈红色的本地秋播菠菜较多，最近大多都是圆叶的西洋菠菜。所以，试着培育少见的本地菠菜也很有趣。

红叶甜菜属于耐热耐寒的蔬菜，适合在其他叶用蔬菜不适宜培育的春季至夏季种植。即使将叶片撕得粉碎，仍然能够继续生长。

茼蒿

青椒　　茄科

原产自中南美洲热带地区，属于多年生草本植物，但在温带地区作为一年生草本植物栽培。辣椒的近亲，为了与其他种类区分，称作青椒或甜椒。

辣椒在全世界范围内属于栽培历史久远的作物之一，其品种繁多，亚洲的韩国及泰国，东欧的匈牙利以及南美的巴西等国家，烹饪菜肴时辣椒必不可少。通常，种上一两株辣椒，第二年一整年基本就够用了。

选择光照良好的地方，在足量堆肥的土地中就能轻松培育。4月～5月气温充分回暖之后播种为宜。喜高温，在酷热的夏季生长旺盛。为了避免太过干燥，应注意及时浇水。在窗边用花盆栽培，颜色会很漂亮，让人赏心悦目。收获之后，最好连着枝一起吊着晾干。需要时，剪下所需用量即可。

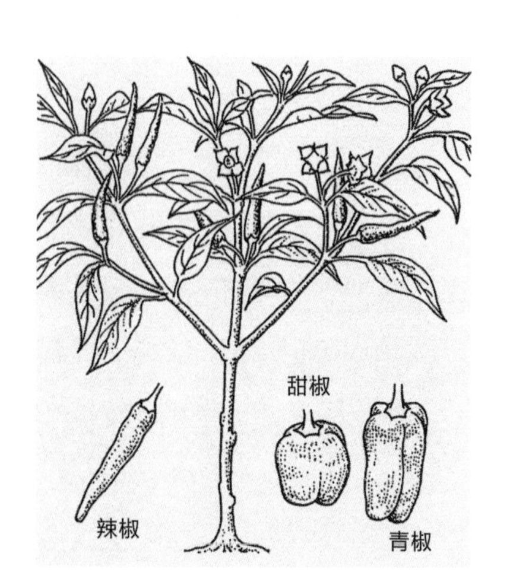

此外，没有辣味的甜椒、青椒也按相同方法培育。青椒成熟后比辣椒更大，植株之间保留50厘米左右间隔为宜。为了避免植株被果实成熟后的重量压倒，应事先立起支柱。花期之后，小果实开始胀大，每天能够观察其成长的状态也很有趣。如果未采摘，就会变成红色。使用红色和绿色的青椒制作的沙拉，看着就让人有食欲。还有肉厚的黄色青椒品种，口感微甜。

枇杷　　蔷薇科

在花少的冬季，枇杷树能够开出少见的白色花。枇杷原产自东亚，适宜在冬季温暖的地区培育。东京等城市的庭院、公园内也有种植。

花期后果实开始胀大，5月～6月结出带软毛的果实。水分充足且柔软的枇杷不适宜长期保存，品尝时期很短。将种子埋入土壤中，也能培育。只要排水良好，不用细心挑选土壤的问题。盆栽也能培育，但需要准备盆栽土。种上之后，第3年开始长出果实。

枇杷的果实能够食用，叶子还能泡茶。摘取5~6片枇杷叶，倒入足量水一起煮，水煮剩一半即可饮用，有助于解暑、止咳。在江户时代，夏季会售卖枇杷叶、肉桂、甘草等配制而成的凉茶。

葡萄　　葡萄科

葡萄原产自西南亚，叶形漂亮，到了秋季还会变色，还有果实累累的葡萄让人垂涎欲滴。苗木在秋季种植（寒冷地区为早春），但在园艺店内要问清楚哪一种适合家庭种植。

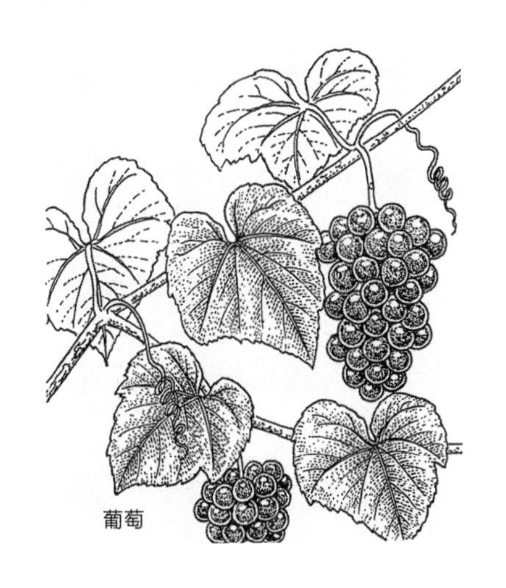
葡萄

选择苗木时容易培育是首要条件，即使是带点酸味的品种，也能加工成红酒或果酱，或者与其他甜味水果搭配。酸甜的葡萄也是别有一番滋味。

葡萄适宜在少雨、干燥的条件下种植，应挑选排水良好的土壤，下雨时容易积水的土壤环境绝对不允许。此外，葡萄的耐寒性较强。

种上之后第二年，开始将藤蔓引导至棚架或墙垣。首先，确认主干延伸的藤枝，将其固定于棚架。此主干之后会不断长出新枝，5月末开花。花期之前，将过于繁茂的枝叶修剪掉。保持整体营养均衡，才能结出大颗粒的果实。收获之后为了确保来年长势，应将其枝叶剪短。

西梅　　蔷薇科

李子的近亲，所以又称欧洲李。栽培方式简单，成熟期短，适合庭院栽培。而且，在园艺店内能够买到苗木。

秋季植苗，寒冷地区选择早春季节，并植入足量堆肥的土壤中。一棵无法结果，需要种上两棵不同品种。与李子的外形差异较大，果实呈诱人的紫色。

豆类

豆科

种植豆类植物不仅能够供我们食用，还能使土地更加肥沃。豆科植物的根部附着一类细菌“根瘤菌”，可固定土壤中含有的氮元素，不但豆子能够吸收，固定下来的氮元素还能使土壤变得肥沃。植物收获之后，根瘤菌还保留在土壤之中。

所以，种过豆类植物的土地再种其他蔬菜时，无须肥料也能健康生长。特别是玉米、十字花科蔬菜等需要大量肥料的植物，最适合在豆类植物之后栽培。

豆类植物中，最容易培育的就是原产自墨西哥附近的四季豆。如无藤蔓，花盆内也能栽培。不适宜酸性强的土地，应撒上石灰后堆肥培育。种子在霜降结束后，气温回暖的4月~5月播种。将种子分成两份，错开两周左右时间播种，收获期也会错开，可长期收获。

无藤蔓的四季豆不会长太高，但容易倒伏，应用短棒作为支柱立起，并用绳子拴在一起固定。

藤蔓四季豆的收获期更长，需要搭建2米左右的支柱，使藤蔓攀附生长。开花之后不久便会结出果实，生长速度快。即使采摘迟了，豆荚变硬，里面的豆子还是能够食用的。充分干燥之后，放入瓶子内保存即可。

此外，原产自西亚的豌豆属于不适宜酷热的豆类，所以在秋季播种培育。但是，在寒冷地区，适宜早春播种。同样分为有藤蔓及无藤蔓等种类，且藤蔓豌豆的收获期更长。在撒过石灰或草木灰，酸性减弱的土壤中播种。花形如同香豌豆般漂亮，适合盆栽种植。还有豆及豆荚均可食用的荷兰豆、青豌豆等品种。蚕豆也能按相同方法栽培。

大豆的栽培更为简单。4月~5月播种之后，不需要肥料，任何环境下都能培育。

8月中旬收获的嫩豆作为毛豆

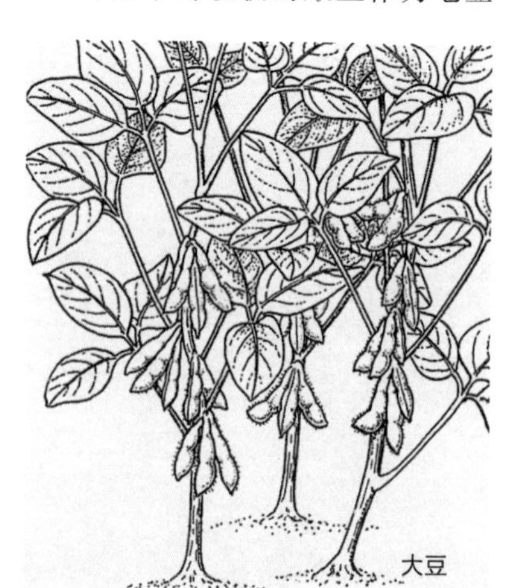

食用，非常美味。剩余的秋季收获，干燥之后作为大豆保存。

红豆在夏季播种，秋末收获。同样撒过石灰之后翻耕即可，方法简单。

豆类植物种上之后，第二年自己采集长出的种子试着培育也很有趣。种子大，且基本深都能健康培育生长。

柑橘类 芸香科

柑橘的种类非常多，所以我们可以试着对其进行分类。

首先，是可以直接吃的柑橘。包括温州蜜橘、南丰蜜橘、椪柑、八朔蜜柑、伊予柑、夏橙、甜橙、脐橙等。

其次，直接吃酸味重，但可用于调味的柑橘。包括柚子、醋橘、臭橙、酸橙、柠檬等。

除此之外，还有主要食用果皮的金橘，以及形状独特、可供观赏的佛手柑。

大多数柑橘在温暖地区都能健康生长，苗木需在3月左右的早春种植。只要光照及排水条件良好，培育并不困难。其中，原产自中国的柚子耐寒性强，在日本的东北地区也能培育。原产自日本的醋橘、温州蜜橘耐寒性强，冬季只要气温高于 –5℃就能正常过冬。

柑橘有着独特的香气，利用其果皮制作的砂糖煮汁十分美味。自家培育的柑橘无农药，可放心食用果皮。所以，可以试着使用夏橙、八朔蜜柑的果皮制作这种砂糖煮汁。直接使用带有苦味，用热水煮两次之后，放入砂糖和水一起用文火煮。也可将果皮切碎，制作成果酱。

柚子、柠檬带有尖刺，采摘果实时应小心。柚子尚未成熟的绿色果实及成熟后的黄色果实均有使用价值。将柚子皮放入浴盆内，泡完澡后全身都会散发出清香。寒冬季节的庭院内，鲜艳的柑橘也能增添色彩。

鸭儿芹　　伞形科

一种日本各地的山中稍潮湿地区较多的多年生草本植物。野生植物，生命力非常顽强，春季或秋季播种之后就能轻易繁殖。

鸭儿芹的栽培环境不需要特别挑选，花坛边缘、无法培育其他花草的背阴环境等都能种植。春季至秋季，任何时候都能随意采摘。在鸡蛋汤或高汤中稍加一点，其独特的香味能增加食欲。

属于伞形科，还能吸引金凤蝶产卵。鸭儿芹繁殖力强，被金凤蝶吃掉一点也没关系。而且，金凤蝶的幼虫蚕食菜叶的形态很有趣。

桃　　蔷薇科

3月~4月桃树就会开漂亮的粉色花，比樱花的花期更早。为了观赏花卉，已改良出许多观花品种。此处所说的就是果实味美、原产自中国的桃，油桃、杏、李子都是其近亲。

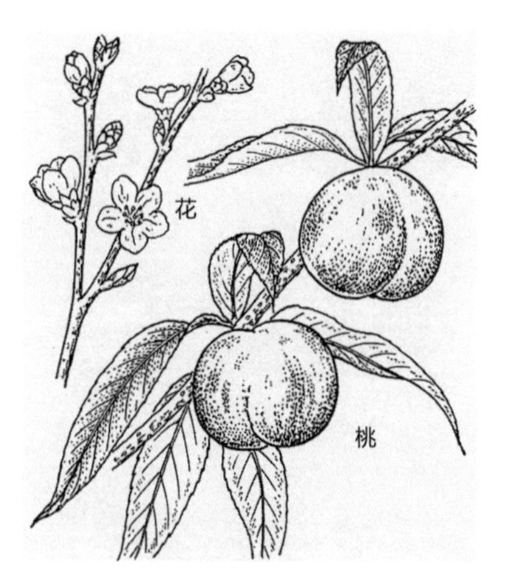

这些果树在光照及排水良好的条件下都能够健康生长，在日本的栽培历史也比较久远。经过改良后，越是又大又甜的品种，越容易出现病虫害。在园艺店内购买苗木时，应问清楚哪一种容易培育。与其他果树相同，秋季种植苗木，寒冷地区则选择早春。

购买小苗木种植，第二年生长很快。考虑如何使果树长得高大，确定周围培育什么样的植物较为合理。为了使果树整体能够均匀受光，要将多余的枝叶、杂乱的枝叶等修剪掉。

苹果　　蔷薇科

苹果在夏季气温18~24℃的凉爽地区能够健康培育，日本的东北地区、北海道、信州等都有栽培。正式栽培是从明治时代开始的，品种改良之后培育出又大又甜的苹果。经过改良的苹果看起来确实诱人，但不耐病虫害，且必须使用农药，这些方面令人遗憾。

苹果原产自欧洲东南部至西亚。欧洲栽培苹果的历史长达4000年之久，当初原种的酸苹果、小苹果至今还能买到，但不是直接吃，而是用于制作苹果酒或点心。

选择品种不同的两棵苗木种上，花期在4月～5月，到了秋天就会结出果实。果实刚开始为绿色，接受足够光照之后变为红色。所以，自然状态下出现一半红一半绿的情况是正常的。想要整体呈红色，就要贴反射膜使其均匀受光，或者通过人工转动苹果的朝向。如果是自家培育，观察苹果的自然成长状态也很有趣。

此外，苹果还有抑制土豆发芽的作用。需要保存大量土豆时，放上一个苹果，苹果会散发出乙烯，使土豆难以发芽。

掌叶大黄 蓼科

掌叶大黄可长出50厘米左右的茎和大叶片。春季，看到茎部顶端簇拥盛开的白花、紫花、红花，就能明白掌叶大黄是蓼的近亲。

将其泛红色的长茎剪下剥皮，切碎后拌上砂糖就是美味的果酱。还可用这种果酱代替苹果派中的苹果，制作成大黄派。

掌叶大黄原产自西伯利亚，不适宜酷暑及干燥，喜欢夏季清凉的地区。春季播种，第二年长大到一定程度后继续培育，茎部在第三年可以使用。属于多年生草本植物，种上之后可长年繁殖。

山葵 十字花科

山葵是在日本各地野生的多年生草本植物，在清澈的水流边常见。适宜在落叶树下方生长，夏季有树荫，冬季不妨碍光照。根部不接触水也能培育，适合盆栽种植。

可以用买来的山葵种植。秋季种植之后，会长出心形的可爱叶片。叶片带有辛辣味，凉拌很好吃。春季，长长的花茎伸出，开小白花。

山葵

索引

【五画】

【六画】

【七画】

【八画】

【九画】

【十画】

【十一画】

【十二画】

【十三画】

【十四画】

【十五画】

【十六画】

【十七画】

【十八画】

【十九画】

【二十一画】

图书在版编目（CIP）数据

园艺图鉴 /（日）里内蓝著；（日）藤枝通，（日）佐野裕彦，（日）岩立佳代美绘；普磊，张艳辉译. -- 成都：四川人民出版社，2019.4

ISBN 978-7-220-11130-3

Ⅰ.①园… Ⅱ.①里… ②藤… ③佐… ④岩… ⑤普…⑥张… Ⅲ.①园艺—通俗读物 Ⅳ.① S6-49

中国版本图书馆 CIP 数据核字 (2018) 第 262819 号

四川省版权局
著作权合同登记号
图进字：21-2018-478

Illustrated Guide to Gardening
Text by AI SATOUCHI
Illustrated by TSUU FUJIEDA, HIROHIKO SANO and KAYOMI IWATATSU
Text © Ai Satouchi 1996
Illustrations © Tsuu Fujieda, Hirohiko Sano, Kayomi Iwatatsu 1996
Originally published by Fukuinkan Shoten Publishers, Inc., Tokyo, 1996
under the title of SEIKATSU ZUKAN The Simplified Chinese language rights arranged with Fukuinkan Shoten Publishers, Inc., Tokyo through Bardon-Chinese Media Agency
All rights reserved

本书中文简体版权归属于银杏树下（北京）图书有限责任公司

YUANYI TUJIAN

园艺图鉴

著　　者	［日］里内蓝
绘　　者	［日］藤枝通 佐野裕彦 岩立佳代美
译　　者	普　磊　张艳辉
选题策划	后浪出版公司
出版统筹	吴兴元
编辑统筹	王　頔
特约编辑	李志丹
责任编辑	杨　立　邵显瞳
装帧制造	墨白空间・张莹
营销推广	ONEBOOK
出版发行	四川人民出版社（成都槐树街 2 号）
网　　址	http://www.scpph.com
E - mail	scrmcbs@sina.com
印　　刷	天津图文方嘉印刷有限公司
成品尺寸	129mm × 188mm
印　　张	12
字　　数	206 千
版　　次	2019 年 4 月第 1 版
印　　次	2019 年 4 月第 1 次
书　　号	978-7-220-11130-3
定　　价	70. 00 元

后浪出版咨询(北京)有限责任公司常年法律顾问：北京大成律师事务所　周天晖　copyright@hinabook.com
未经许可，不得以任何方式复制或抄袭本书部分或全部内容
版权所有，侵权必究
本书若有质量问题，请与本公司图书销售中心联系调换。电话：010-64010019

霜降和种植天数

初霜和最后霜降的天数：1960年秋至1990年春的平均值。

种植天数：无需担心霜降的年平均种植天数。

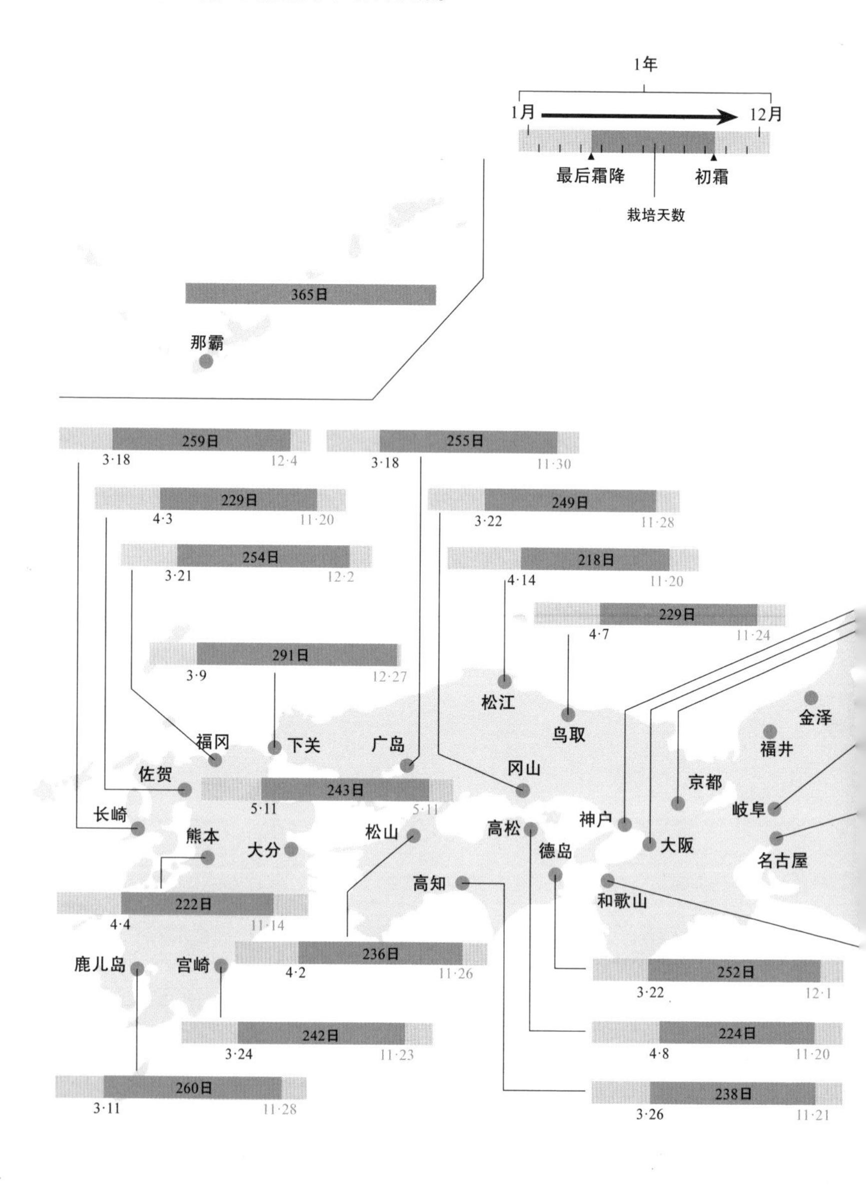